JN412179

측위기술의 이해

김현욱, 김성일, 임종태 공저

동일출판사

감사의 글

Acknowledgement

위치기반 서비스가 많이 사용되고 있지만, 기술이 다양하고 복잡해서 전체적으로 측위기술과 서비스를 이해하기 위해서는 어려움이 많았습니다. 측위기술은 최근 정의된 것은 아니고 오랜기간에 걸쳐서 개발되었기 때문에 이전 기술을 이해해야만 어느 정도 접근할 수 있습니다.

본 서는 측위기술을 어느 정도 쉽게 기술하여 ICT와 관련된 사람뿐만 아니라 일반인도 측위 기술과 서비스를 이해할 수 있도록 작성했습니다. 저자는 과거 세계 최초로 GPS 폰을 상용화했고, 이후 Wi-Fi 기반, 모션센서 기반 실내측위 기술을 개발한 경험과 상용화 과정에서 실제로 느끼고 경험한 사실을 기반으로 작성했습니다.

본 서적이 발간되기까지 주위에 많은 분들이 자문을 해주셨는데, 이 분들께 감사 드립니다.

본 서가 발간되기까지 도와주신 분들은 변재완, 이종봉, 이성범, 김헌배, 김희덕, 김경준, 양중근, 이준우, 김후종, 문병호, 김진형, 배성수, 윤상현, 강봉호, 임형진, 이문희, 정일옥, 김정택, 염희웅, 민복기, 주범수, 이창우, 정종태, 조성훈, 박준석, 조원득, 김형기, 이재훈, 최윤석, 임준석, 윤재명, 김민용, 고현철, 윤석근, 김희두, 엄재홍, 김용선, 어응규, 심상규, 양정웅, 고대건, 성경택, 이창욱, 최용욱, 구본석, 전병철, 신동헌, 김순진, 하태곤, 최병혁, 문병철, 김태훈, 이정훈, 이철희, 두호진, 김득화, 조재웅, 윤영섭, 김주한, 유현길, 민경기, 조진균, 이봉문, 이종혁, 정헌구, 임두루, 노재영, 임의택, 백운달, 신민수, 김수철, 이충성, 문지한, 최규훈, 박순구, 조동원, 진대연, 박윤기, 정재웅, 이상우, 손상목, 정대성, 채상호, 김보은, 김정표, 김재훈, 송재훈, 박문서, 김기동, 김상준, 이성익, 김영중, 박태준, 김종현, 최은석, 남기선, 최양준, 송호용, 유지봉, 전대인, 고현철, 유봉국, 양성준, 강민석, 김현기, 신주용, 정성한, 박효순, 함성식, 권오주, 임병근, 양승모, 이삼구, 김성섭, 박웅렬, 임준우, 하충만, 하병우, 한규영, 윤석진, 김상표, 양묘근, 성재모, 민병준, 김도형, 윤영신, 김남건, 김경태, 주병선, 정병록, 정태국, 이정용, 김철우, 박동일, 조성호, 조성민, 신동명, 김윤석, 최용규, 박지원, 강남기, 오성흔, 오석표, 손광준, 박시우, 강재현, 조채환, 천형주, 김승빈, 김경석, 최영조, 이관석, 김용태, 박성수, 윤종철, 김병철, 박지철, 장용재, 김영곤, 정기모, 김현중, 박주령, 김희철, 김병수, 심상우, 양시빈, 정종민, 류명환, 김성진, 백승윤, 최진태, 홍승표, 김기철, 조현덕, 이준성, 위인환, 양옥렬, 김정민, 서장원, 윤성룡, 이태형, 이석건, 김영락, 이동학, 이병인, 이도영, 임재우, 이현호, 윤종필, 이윤승, 박상진, 곽승환, 이기원,

김민형, 최준혁, 노해강, 신철원, 백승윤, 이상범, 김도용, 이원주, 김영훈, 김종석, 정우성, 박천민, 원창연, 김경민, 왕성호, 정희석, 서동희, 오상석, 김석태, 송양섭, 박진열, 권해문, 박용완, 황승익, 한대희, 김지훈, 황석희, 송병욱, 정찬욱, 이필우, 성효경, 최성호, 이성호, 김도완, 김형석, 원정현, 양진욱, 장호식, 정준용, 정해관, 안은영, 이준성, 최안나, 김영완, 고우리, 황인성, 이동영, 오종인, 김남구, 홍문식, 김필성, 강유경, 김봉환, 문병성, 박윤근, 어수안, 김재홍, 박종인, 김영우, 조삼모, 탁현욱, 정훈주, 김동현, 조현석, 유재명, 조형준, 조상현, 이영준, 김재동, 김기돈, 김원태, 하헌범, 노재헌, 김재원, 이태호, 박찬상, 정정문, 황승진, 차종호, 황인성, 이동영, 오종인, 김남구, 홍문식, 김필성, 오강영, 채원석, 류재철, 김형선, 최준규, 김윤석, 이종국, 최 혁, 박광철, 전창국, 김희수, 김영찬, 이종갑, 오인창, 김준모, 김동호, 정대연, 정인택, 이호준, 정구민, 이화춘, 이상민, 권장우, 천상훈, 민정원, 주영석, 이영철, 최규형, 신용식, 정재용, 조인창, 장준호, 박만호, 서준모, 양무근, 이관재, 김지성, 서동옥, 김현호, 김영석, 유건우, 윤상진 등 입니다. 책 발간에 도움을 주신 분들께 감사 드립니다.

본 서적에 대한 문의사항이 있으면, 대표 저자인 김현욱(hwkim7@gmail.com)에게 연락 부탁드립니다.

저자 일동

머리말

Preface

위치측위는 공간에서 특정 지점의 위치(주로 위도, 경도)를 파악하는 기술이다. 최근 측위 기술은 실내외에서 Cm 단위로 정확한 파악이 가능하고, 점차 정확도와 정밀도가 높아지고 있다.

따라서 사용자는 휴대폰으로 다수의 위치 파악 기술을 활용하여 다양한 서비스를 제공받고 있다. 대표적인 측위기술에는 실외에서 사용되는 GNSS와 실내에서 사용되는 Wi-Fi, UWB, BLE 등을 활용하는 삼변측량과 Fingerprinting 등이 있다.

GNSS의 대표적인 예는 미국의 GPS이며, 실외 환경에 많은 사람이 활용하고 있고, RTK와 SBAS 등의 오차보정 기술이 추가되어 정확도가 높아지고 있다.

또한 GNSS는 주요 국가에서 군사용으로 사용하기 때문에 각 국가는 GNSS를 자체 구축했거나 구축하고 있다. 미국 이외의 국가에서 GNSS를 개발하는 이유는 미국이 이미 범용화된 GPS의 신호를 정지시키거나 신호에 오류정보를 넣어서 전송할 수 있기 때문이다.

GPS 단말기는 실내에서 GPS 신호를 수신할 수 없지만 일부 지하철역, 지하 대형 쇼핑몰, 터널 등 공간에는 GPS 중계기가 설치되어 있어서 GPS 신호가 도달되지 못하는 지역에서도 GPS를 활용할 수 있다. 하지만, 이러한 방법은 많이 사용되지 않는다.

GNSS를 사용하지 못하는 지하나 실내 공간에서는 별도의 실내 측위기술이 사용된다. 대표적으로 실내측위 기술에 많이 사용되는 신호나 정보에는 Wi-Fi, UWB, BLE, 카메라, RFID, 관성센서, 지구 자기장이 있다.

일반적으로 실내측위에 많이 사용되는 신호는 Wi-Fi이다. Wi-Fi AP가 대부분 건물에 설치되어 있어서 추가 장치 구축 없이 측위를 활용한 서비스를 제공할 수 있어서 Wi-Fi를 활용한 측위가 많이 사용된다.

Wi-Fi를 활용한 실내 측위기술에는 Wi-Fi AP가 위치한 지점으로부터 단말기에 수신되는 MAC Address와 전계강도를 활용하는 삼변측량이나 Fingerprinting 방식이 있고, 시간 정보를 활용하는 FTM이 있다.

Wi-Fi 이외에 무선통신을 활용하는 다른 방식은 별도의 장치(일종의 Anchor)를 설치해야 하는 단점이 있어서 Wi-Fi 대비 사용은 낮지만, 최근에 UWB나 BLE를 활용하는 사례가 증가되고 있다.

Bluetooth SIG는 Bluetooth 기반의 신호 각도를 활용한 실내 측위기술이 정의되어 있다. 따라서 BLE를 활용한 정밀 측위는 이 기술을 활용한다. 일반적으로 Bluetooth 기술은 기존의 Bluetooth와 BLE가 포함된 개념이다.

BLE 측위는 Apple이 2019년부터 iPhone에 UWB를 추가하면서 활성화되고 있다. UWB 측위는 다른 기술 대비 더 정밀한 측위가 가능하고, 고유의 기술적인 특징으로 Cm 단위의 측위가 가능하다.

XR 서비스나 메타버스를 위하여 실내 측위기술인 VIO가 사용되고 있는데, 이것은 휴대폰의 카메라, 관성센서 등의 정보를 조합한 측위기술이다.

이러한 측위기술을 기반으로 이용자는 내비게이션, 길 찾기, 친구 찾기 등 다양한 서비스를 제공받고 있다. 차츰, 측위기술을 활용한 서비스가 점점 증가되고 있고, 다양한 기술이 적용되어 측위 속도가 빨라지고 정확도가 개선되는 추세이다.

목 차

Contents

01 측위 개요

02 주요 기술

03 GNSS

04 실내측위 기술

목 차

Contents

CHAPTER

01

측위 개요

CHAPTER 01

측위 개요

1 정의, 역사, 서비스

1) 정의

측위기술(Positioning Technology)은 공간에서 특정지점(즉, 위치)을 파악하는 기술이다. 실외 측위기술은 위성을 활용하는 GNSS(Global Navigation Satellite System)와 이동통신이 많이 사용되고, 실내 측위기술은 주로 Wireless Connectivity(예를 들면 Wi-Fi, UWB, BLE)를 활용한 기술이 많이 사용된다.

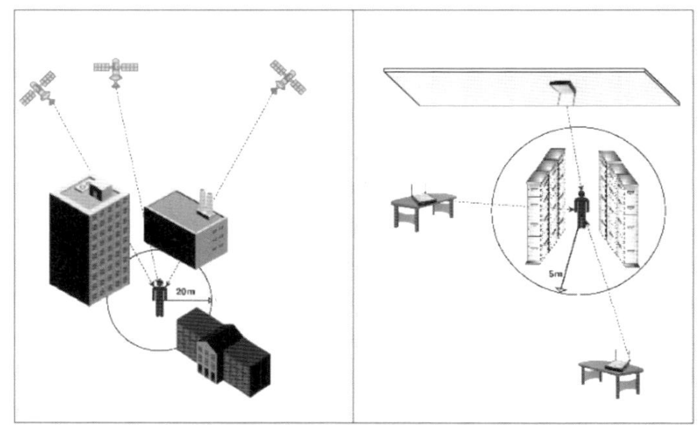

그림 1-1 실외측위, 실내측위

GNSS(Global Navigation Satellite System)는 전세계 위성항법시스템으로 미국의 GPS(Global Positioning System), 러시아의 GLONASS, 유럽의 Galileo, 중국의 BeiDou 등이 있다. 각 국가에서 추진하는 GNSS의 주된 목적은 군사용이며, 추가적으로 GNSS를 일반인에 개방하여 생활을 편리하게 해 주는 수단으로 활용되고 있다.

실외측위는 대부분 GNSS가 사용되지만, 경우에 따라서 이동통신망이 활용될 수 있다. 이동통신망을 활용하는 측위는 다수의 기지국에서 전송하는 신호를 휴대폰이 수신하여 측위서버로 전송한 다음, 측위서버가 다시 휴대폰으로 위치를 전송하는 방법이다.

측위기술을 LDT(Location Determination Technology)라고도 하는데, 일반적인 의미로 LDT는 이동통신망 위주의 측위기술을 의미한다. 또한 'Positioning Technology'는 지구중심 좌표계에서 절대 위치를 파악하는 기술이고, 'Locating Technology'는 레이다를 이용한 비행체 탐지와 같이 상대적인 위치를 파악하는 기술이다.

이런 의미에서 GNSS는 절대 위치인 Positioning 기술이며, 레이더나 관성센서를 활용한 위치파악은 상대적인 위치로 Locating 기술이다.

LBS(Location Based Services, 위치기반 서비스)는 사용자 디바이스가 항상 인터넷에 연결되어 있고, 사용자의 위치가 변경됨에 따라 해당 위치에서 사용자에게 원하는 서비스를 제공하는 것이다.

LBS와 유사한 서비스로 'Proximity Service'가 있다. LBS는 정확한 위치(예, 오차범위 5M 이내)를 기반으로 서비스가 제공되는 것이며, Proximity Service는 서비스를 제공하는 위치로부터 수십 m에서 수백 m 범위에 있는 사용자 대상의 서비스이다.

따라서 LBS는 정확한 위치인 "Where are you exactly?" 기반의 서비스이며, Proximity Service는 대략적인 근처인 "What are you near?"의 개념으로 제공되는 서비스이다.

측위를 통하여 얻는 정보는 PNT(Positioning, Navigation and Timing)이다. 여기에서 Positioning(위치)은 현재의 위치정보, Navigation(항법)은 이동중 위치, 속도, 방향 등을 파악하여 이동경로를 알려주는 것이고, Timing(시각)은 현재 시간이다.

이러한 의미에서 GNSS는 PNT를 위한 정보를 제공해줌으로써 PNT 항법 시스템이라고도 한다. PNT 정보를 제공하는 주체는 GNSS뿐만 아니라 이동통신망, eLoran(enhanced Long range navigation, 지상파항법시스템) 등이 있다.

PNT 정보는 자율주행차, 드론, 선박항해 등을 위한 필수적인 사항이며, 최근에는 더 빠른 측위와 더 정확한 측위가 가능한 기술이 도입되고 있어서 이러한 PNT 기술을 활용한 서비스가 증가되고 있다.

또한 대부분 국가는 이동통신망 기반의 측위를 비상상황(Emergency) 발생시 활용하고 있다. 대부분 사람이 휴대폰을 가지고 있으므로 재난상황 발생시 휴대폰 위치를 활용할 수도 있고, 차량 사고시 자동으로 비상상황을 관제센터에 알릴 수 있다.

무선측위란 이동통신망, Wi-Fi, UWB(Ultra-Wideband), BLE(Bluetooth Low Energy) 등의 무선통신 인프라를 사용하여, 전파세기, 신호 전달시간 등의 정보를 활용하는 측위기법이다.

2) 역사

사람이 기원전에는 현재 위치를 파악하거나 현재 위치를 다른 사람에게 전달하는 수단으로 연기를 발생시켜 정보를 전달했다. 이후 별자리를 활용하는 방법이 사용되었는데, 이것은 지구에 도달하는 다수의 별 빛 각도를 측정하여 위치를 파악했다.

이후, 이 시기에 별자리를 이용한 위치파악과 함께 비둘기를 활용했는데, 비둘기가 자기 집으로 돌아오는 습성(또는 본능)을 활용하여 위치를 파악했다.

방향을 알 수 있는 초보적인 나침반은 기원전 2세기에서 서기 1세기 사이, 중국 한나라에서 발명되었다. 이후, 범용화된 나침반은 1300년대 유럽에서 발명되어 항해에 많이 사용되었다. 이러한 나침반은 20세기에 액체를 이용한 자석 나침반으로 개량되어 크기가 작아졌다.

1900년 초에는 지상의 전파송신기를 활용한 삼변측량(Trilateration) 기술이 위치파악에 사용되었고, 이후 1970년대 후반에 미국에서 약 30개의 GPS(Global Positioning System) 위성을 활용한 측위기술이 사용되었다. 이후 GPS는 군사용과 함께 민간용으로 개방되어 범용화되었다.

GPS와 이동통신망이 결합된 A(Assisted)-GPS 방식은 1990년 후반부에 시작되었으며, 이 방식은 휴대폰이 GPS 신호를 빨리 수신할 수 있도록 이동통신망에서 부가적인 정보를 휴대폰으로 보내는 방법이다.

또한, 미국, 유럽, 러시아, 중국 등 주요 국가에서 추진하는 GNSS는 정확한 위치에 폭탄투하와 같은 군사목적이 우선이기 때문에 이들 국가는 경쟁적으로 GNSS을 구축하고 있다.

이것은 미국이 특정지역에서 GPS 신호를 끊거나 신호에 오류정보를 포함하여 보낼 경우, 군사목적으로 사용할 수 없고, 많이 사용하고 있는 민간목적에도 문제가 발생되기 때문이다. 이러한 배경에서 주요 국가는 자체 GNSS를 구축하고 있다.

최근에는 대규모 물류센터나 공장에서 자동화 시스템이 많이 도입됨으로써 실내에서 자율주행과 같은 측위기술이 필요해지고 있다. 이러한 추세에 따라 Wi-Fi, UWB, BLE 등을 활용한 실내측위 기술이 도입되고 있다.

3) 서비스

측위기술을 활용한 주요 서비스는 LBS와 Proximity Service가 있다. 이 중에서 LBS가 많이 사용되며, LBS는 사용자의 변경되는 위치에 따라 사용자가 원하는 정보를 제공해주는 서비스이다.

이러한 LBS는 주로 이동통신망을 통해서 제공되는데, LBS를 위하여 이동통신망에는 LBS Platform이 구축되어야 한다. LBS Platform은 휴대폰 측위와 관련된 서비스를 제공해주는 역할을 한다.

측위기술을 활용한 LBS의 응용분야는 Navigation, Tracking, Information Service와 기타 Application으로 구분될 수 있다. Navigation은 사용자가 원하는 위치로 이동하기 위해서 경로를 알려주는 것이고, Tracking은 사용자나 다른 사람(또는 장치)의 위치를 지속적으로 파악하는 것이며, Information Service은 해당지역에서 사용자가 원하는 정보를 제공하는 것이다.

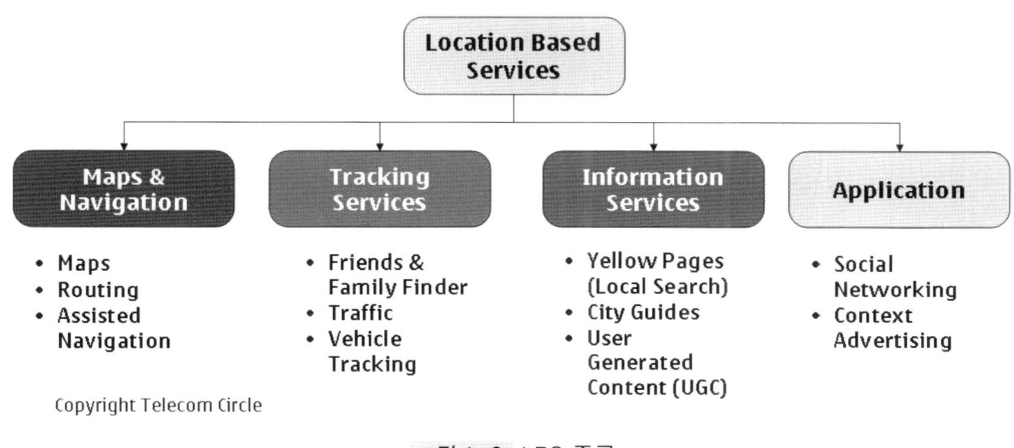

그림 1-2 LBS 종류

일반적으로 측위기반 서비스를 LBS(Location Based Services)라고 하지만, 이동통신기술을 정의하는 표준화 단체인 3GPP(3rd Generation Partnership Project)는 LCS(Location Services)라고도 한다.

따라서 LBS와 LCS는 같은 의미인데, 용어의 유래는 과거 미국방식 이동통신과 유럽방식 이동통신이 경쟁할 때, 서로 다른 용어를 사용했기 때문이다. 미국방식 이동통신에서는 LBS라고 하고 유럽방식 이동통신에서는 LCS라고 한다.

Location는 Tracking 서비스의 한 종류로써 실시간으로 사람이나 사물의 위치를 추적하여 관련된 서비스를 제공하는 것이다. 보통의 경우, Tracking 서비스는 RTLS를 의미한다.

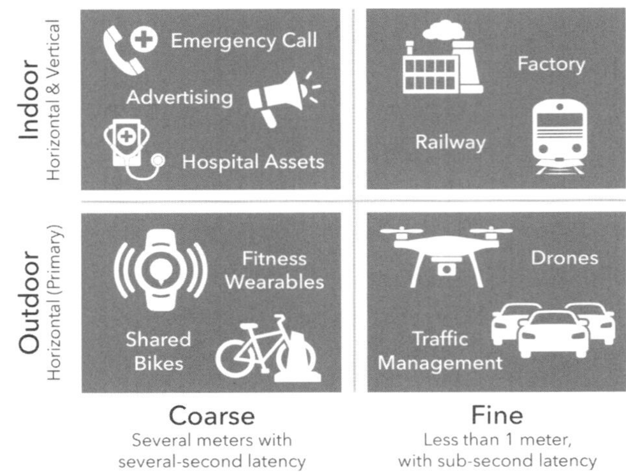

그림 1-3 실내외에서 측위 정확도에 따른 응용분야

측위 정확도와 실내외 구분을 반영한 측위 응용분야를 보면, 실외에서 정밀도가 높은 서비스는 자율 주행차, 드론 등이 있고, 정밀도가 낮은 서비스는 Wearable 기기를 활용한 응용 서비스이다. 실내에서 정밀도가 높은 서비스는 스마트 팩토리가 있고, 낮은 정밀도는 광고 서비스가 있을 수 있다.

또한 측위기술은 각 국가의 규제기관(즉, 정부)에서 비상시 사용할 것을 권고하거나 강제사항으로 규정하고 있다. 예를 들어 미국의 정부기관인 FCC(Federal Communications Commission)는 이동통신 기반의 eCall(Emergency Call, 비상전화)에 위치정보를 활용하고 있다.

교통사고와 같은 비상상황에서 이동통신망을 활용한 통화기능을 eCall이라고 하며, 이때 위치정보는 주로 이동통신망의 기지국 ID(즉, Cell ID)를 활용하여 사용자 위치를 파악한다. FCC는 Cell ID 기반으로 측위오차 50m 이내를 권고하고 있으며, 최근에는 위치 정확도를 높이기 위하여 Cell ID와 함께 GNSS(Global Navigation Satellite System) 동시 활용을 권고하고 있다.

이러한 측위기술을 이용하여 각 국가는 합법적으로 사용자의 위치를 파악하는 방법도 정의하고 있다. 이러한 방법을 'Lawful Intercept'라고 하며, 주로 비상상황 발생시 대응과 범죄 수사를 위한 목적으로 사용된다.

또한 Navigation(항법, 이동하면서 위치파악)에서 Map Matching이 사용되는데, Map Matching은 주로 이동중인 차량이 GNSS 측위오차로 도로 밖에 현재 위치가 설정될 경우, 도로에 위치를 설정해 주는 기능이다. 즉, 차량은 항상 도로에 있기 때문에 Map Matching은 비정상적인 측위를 보정하는 방법이다.

전세계적으로 과거 LBS 시장은 급속히 성장되었으며 앞으로도 성장세가 유지될 것으로 전망된다. 이렇게 시장이 확대되는 요인은 스마트폰, IoT(Internet of Things) 장치 등 다양한 디바이스가 많이 보급되고, 자율주행차와 같은 새로운 서비스에 활용되기 때문이다.

Memo

CHAPTER

02

주요기술

CHAPTER 02

주요기술

1 실내외 측위

1) 특징

측위기술은 크게 실외와 실내에 적용되는 기술로 구분될 수 있다. 대표적인 실외측위 기술은 GNSS와 이동통신망을 활용하는 방식이 있고, 실내측위 기술은 Wireless Conectivity(예: Wi-Fi, UWB, BLE), 카메라(주로 가시광선, 적외선), 음파, 지구 자기장 등을 활용하는 방식이 있다.

실외측위에 사용되는 기술 중에 이동통신망 방식과 함께 LPWAN(Low Power Wide Area Network) 방식이 있다. LPWAN은 IoT(Internet of Things) 서비스를 위한 무선통신망으로써 낮은 전력으로 먼거리 전송이 가능한 방식이다.

GNSS, 이동통신망 활용, Wireless Conectivity 방식은 전파를 사용하기 때문에 'Radio 방식'이라고도 하고, 이 외의 방식을 'Non Radio 방식'이라고도 한다. 또한 실내측위 기술은 다양하기 때문에 실내환경과 사용 목적에 맞게 기술을 선정해야 한다.

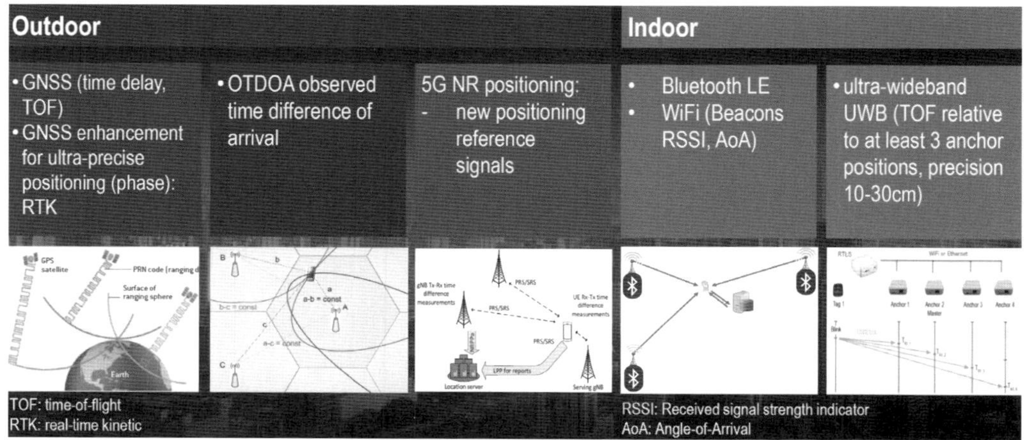

그림 2-1 실내외 측위 기술 종류(출처: R&S)

측위기술은 대부분 스마트폰에 적용된 기술(주로 칩)이 많이 사용된다. 일반적으로 스마트폰은 4G/5G 이동통신을 기본으로 GNSS칩, Wi-Fi칩, BLE(Bluetooth Low Energy) 칩이 포함되어있다. 따라서 실외측위는 GNSS, 실내측위는 Wi-Fi와 BLE가 많이 사용된다.

GNSS에서 오차보정을 통하여 위치 정확도를 높이기 위해서 OSR(Observation Space Representation), SSR(State Space Representation) 등의 기술이 사용되고 있고, 수신기에서 위성신호를 빠르게 받기 위하여 이동통신망과 같은 무선통신을 활용하여 성능을 증가시키고 있다.

실내측위는 이미 인프라가 구축된 Wi-Fi를 활용한 방식이 많이 사용되고 있다. 물론 정밀도가 높은 UWB와 같은 방식도 있지만, 투자비와 운용비 측면에서 Wi-Fi가 유리하기 때문이다. 또한 실내측위는 다수의 기술이 조합된 Hybrid 방식이 많이 사용되는 추세이다.

이러한 실내측위 기술은 물론 실외에서 사용될 수 있다. 하지만 Wi-Fi, UWB, BLE 등을 활용한 실외측위는 전파도달 거리가 멀지 않아서 넓은 지역(예: 공항, 제철소, 조선소)에서 사용하는 것은 한계가 있다.

따라서 실제로 많이 사용되는 기술은 측위를 위한 인프라가 이미 구축되어있고, 휴대폰에 관련 H/W가 들어있는 기술인 GNSS, 이동통신망, Wi-Fi이다.

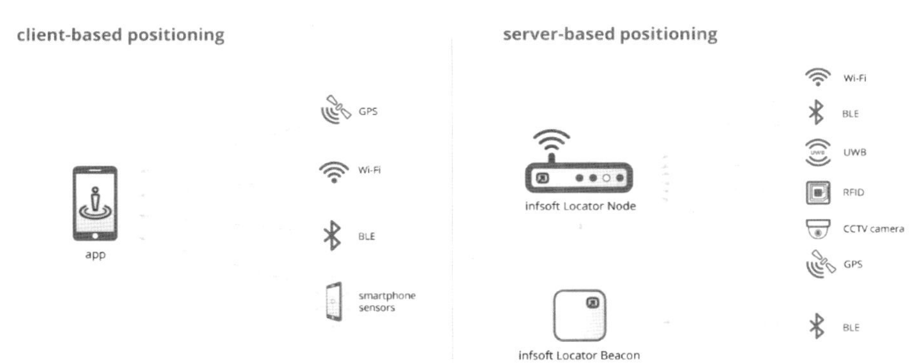

그림 2-2 Client Based, Server Based 방식 비교(출처: infsoft)

측위시스템에서 측위를 결정하는 주체에 따라서 Client Based 측위와 Server Based 측위로 구분될 수 있다. Client Based 측위는 단말기에서 측위를 결정하는 방식으로 대표적인 예는 차량에서 사용되는 Navigation 시스템이다. 이것은 별도로 외부와 연동없이 자체적으로 위치를 파악하는 방법이다.

Server Based 측위는 단말기에서 수집한 정보를 서버로 전송하고, 서버가 단말기의 위치를 결정해서 알려주는 방식이다. 이 방식의 대표적인 예는 A-GNSS이며, 휴대폰은 서버로부터 GNSS 정보를 받은 다음, GNSS 정보를 수집하여 다시 서버로 전송하여, 최종으로 서버가 위치를 결정하여 휴대폰으로 전송하는 방식이다.

Server Based 측위는 단말기가 항상 서버와 연결이 되어야 하므로 이동통신과 같은 무선통신 기능이 사용된다. Server Based 측위는 전파환경 변화가 있을 경우, 유기적인 대응이 가능하기 때문에 Client Based 측위보다 안전성이 좋고, 정확도가 높다.

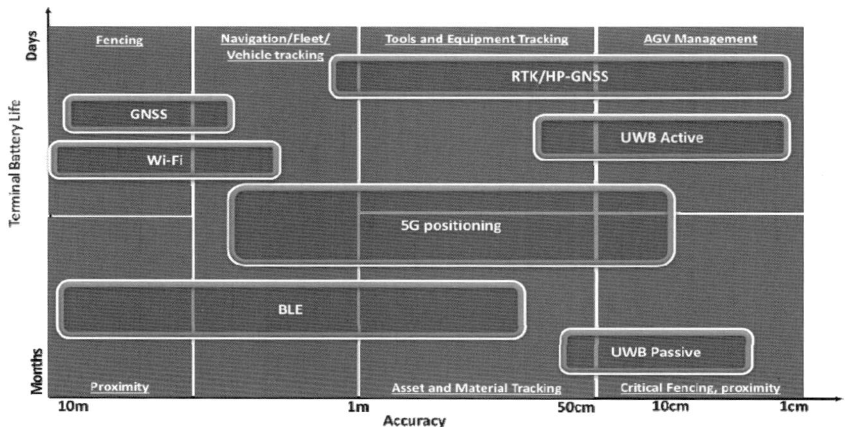

그림 2-3 측위정확도와 배터리 소모량 기준으로 측위기술 비교

또한 측위기술을 측위정확도와 배터리 소모량 기준으로 비교할 수 있는데, UWB는 측위 정확도가 높고 배터리 소모량이 적다. 이동통신망을 활용한 측위는 GNSS와 UWB의 중간 정도에 해당된다.

측위기술은 점차 실내외 측위가 동시에 가능한 Seamless 서비스를 제공하는 방향으로 개발되고 있다. 즉, 사용자가 GNSS로 측위 서비스를 사용하면서 실외에서 실내로 들어가면, Wi-Fi를 활용하는 측위로 자연스럽게 연결되는 방식을 원하고 있다.

Seamless 서비스란 환경변화에 상관없이 서비스를 제공받는 것이며, 이러한 Seamless LBS를 제공하기 위해서는 LBS Platform이 활용된다. 이 LBS Platform은 실내외 측위를 동시에 처리하는 기능이 구현되어야 한다.

2) 실외측위

실외측위는 실외에서 위치를 파악하는 기술로 주로 GNSS(Global Navigation Satellite

System)와 4G/5G 이동통신망이 사용된다. 일반적으로 실외측위에 사용되는 기술은 GNSS이며, GNSS는 다른방식 대비 상대적으로 간단하게 수신기를 구현할 수 있다.

GNSS는 기본적으로 수신기가 하늘이 보이는 환경에 있을 때 위치를 파악하는 기술이며, 휴대폰의 경우 GNSS 신호를 수신할 수 없거나 오류가 많을 때는 이동통신이나 다른 무선통신을 활용할 수 있다.

GNSS는 위성을 활용하여 지구 전체를 대상으로 측위가 가능한 방식이며, 이와 달리 지구 전체가 아니라 일부지역을 대상으로 위성을 활용한 측위시스템도 있다.

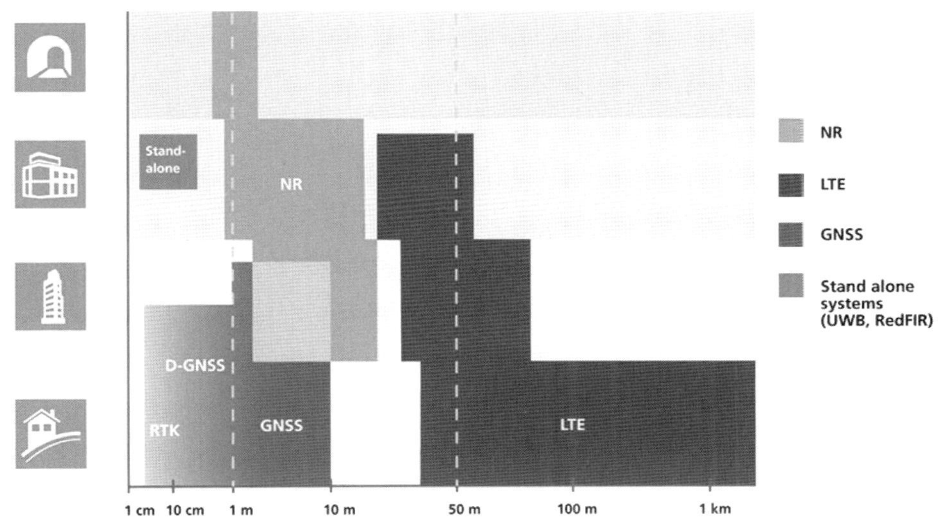

그림 2-4 실외측위 위주의 오차범위와 적용환경

실외측위 기술로 활용되는 GNSS와 이동통신 방식에서 측위오차가 낮은 기술 순으로 RTK(Real Time Kinematics), DGNSS(Differential GNSS), NR(New Radio), LTE(Long Term Evolution)가 있다. RTK와 DGNSS는 GNSS에서 오차보정 기술을 적용하는 방식으로 RTK는 GPS의 경우 Carrier 신호를 활용하여 DGNSS보다 더 정밀한 측위가 가능하다.

이동통신 방식에서 NR은 5G 이동통신으로 LTE보다 정밀도가 더 높은 것으로 알려져있다. NR은 OTDOA(Observed Time Difference of Arrival) 기능 개선과 같은 기술을 추가하여 LTE보다 정밀도가 높다.

5G 이동통신을 표준화 단체는 NR이란 용어를 사용하며, 하지만, 전세계적으로 과거 LTE를 많이 사용했기 때문에 5G와 비교되는 과거 기술로 LTE를 사용한다.

실외측위 기술에서 적용환경, 특히 실내 적용 가능성을 보면, 대부분 실내에서 GNSS는 사용하지 않고, 이동통신 방식은 어느 정도 실내측위로 사용할 수 있다. 물론 이러한 것은 기술적인 문제보다는 비용과 관련된 사업적인 사항이다.

즉, 기술적으로는 실내측위를 위하여 GNSS나 이동통신이 활용될 수 있지만, 비용(특히, 투자비, 운용비)이 높아서 많이 사용되지 않는다. 사업적인 측면에서는 이동통신 방식이 GNSS보다 실내측위 기술로 유리하다.

또한 휴대폰에서 GNSS를 활용한 측위에서 GNSS 단독 동작보다는 이동통신망과 연계되어 측위 시간을 빨리하고 측위 정확도를 높이는 방법을 사용한다. 이것은 휴대폰에서 GNSS 정보를 빨리 수신할 수 없기 때문에 사전에 이동통신망을 통해서 위성정보를 보내주기 때문이다. 이렇게 위성정보를 보내 주는 측위기술을 Assisted GNSS라고 한다.

3) 실내측위

실내측위 환경은 GNSS와 이동통신을 활용할 수 없기 때문에 실내측위 기술은 Wi-Fi, UWB(Ultra-wideband), BLE(Bluetooth Low Energy), 이미지 인식, 관성센서 등을 활용한 방식이 많이 사용된다. GNSS 신호는 실내에 도달하지 못하며, GNSS 중계기를 실내에 사용해도 정확한 위치파악이 쉽지 않다.

이동통신을 활용한 실내측위는 실내에서 삼변측량, 삼각측량이 어렵고, 실내에서 전파의 Multipath Fading으로 오차범위가 매우 크다. 따라서 GNSS와 이동통신을 활용한 실내측위가 많이 사용되지 않는다.

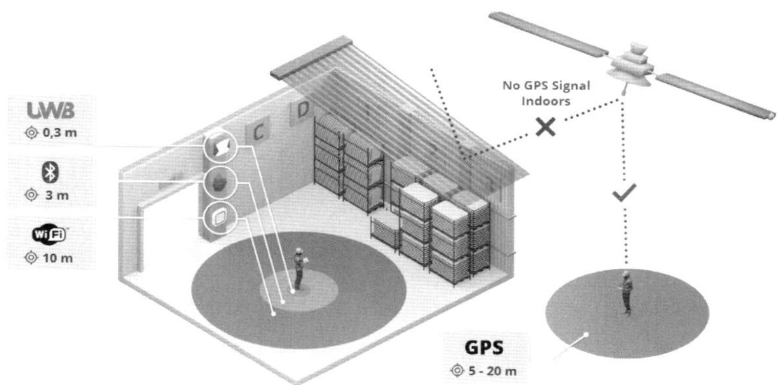

그림 2-5 실내측위 개념(출처: sewio)

GNSS가 주로 사용되는 실외 측위기술과 달리 실내측위 기술은 다수의 기술이 있기 때문에 목적에 맞는 기술을 선택해야 한다. 초기에는 실내측위를 위하여 건물외부에서 GNSS 신호를 받아서 건물내부에서 GNSS 신호를 전달하는 GNSS 중계기를 많이 고려했었다.

하지만 GNSS 중계기를 활용할 경우, 추가적인 설치비용(즉, GNSS 중계기)이 요구되고, 실내에서 정확한 위치(True Position)을 설정하기 어려우며 실내에서 전파의 난반사, 회절 등으로 인한 불규칙한 전파 분포로 오차가 많이 발생된다.

따라서 대부분의 경우 GNSS 중계기를 사용하지 않고, 무선통신 기술인 Wireless Connectivity 기술이 많이 사용한다. 일반적으로 실내측위에 많이 사용되는 무선통신 기술은 Wi-Fi이다. 이것은 Wi-Fi AP(Access Point)가 이미 많이 설치되어 있어서 이러한 장치를 그대로 사용할 수 있기 때문이다.

Technology		Accuracy	Range	Suitable for
Wi-Fi		< 15 m	< 150 m	area detection
BLE	4.0	< 8 m	< 75 m	area detection
	5.1	< 1 m with line-of-sight		
UWB		< 30 cm	< 150 m	area detection
RFID		presence detection only	< 1 m	spot detection

그림 2-6 실내측위 기술, 특징(출처: infsoft)

Wi-Fi 측위는 UWB나 RFID(Radio Frequency Identification) 대비 측위오차가 상대적으로 큰 편이지만, 별도의 장치를 설치할 필요없는 휴대폰으로 쉽게 활용할 수 있기 때문에 Wi-Fi가 가장 많이 사용되고 있다.

만약, UWB, BLE, RFID와 같은 방식을 사용할 경우, 실내에 별도의 장치(즉, Anchor)를 설치해야 한다. 물론 UWB와 RFID가 Wi-Fi보다 측위 정확도가 높지만, 시설투자비와 활용성을 모두 고려하면 Wi-Fi가 유리하다.

예를 들어, 실내측위에 BLE를 간단한 방법으로 측위기술을 구현할 수 있지만, BLE Tx(또는 BLE Beacon)를 실내에 설치해야 하고, 초기 투자비도 필요하지만 주기적인 관리를 위한 운용비용이 필요하다.

실내측위에 주로 사용되는 신호는 수신기의 수신 전계강도, 송신기와 수신기간 전파 전달시간, 송신기와 수신기간 전파 각도이다. 수신 전계강도는 송신기에서 송출하는 전파를 수신기가 받는 전파세기이다. 이러한 수신 전계강도를 활용하는 측위 알고리듬에는 다수의 송신기를 활용한 삼변측량과 전파지도를 활용하는 Fingerprinting 방식이 있다.

송신기와 수신기간 전파 전달시간은 송신기에 전파를 보낸 시점에서 수신기가 받은 시점을 계산하는 방식이다. 이러한 방식을 ToF(Time of Flight)라고도 하며, 용어가 의미하듯이 전파 전달 시간이다. 전파전달 시간을 알면, 송신기와 수신기간 거리를 알 수 있기 때문에 삼변측량을 통해서 위치를 파악할 수 있다.

송신기와 수신기간 전파 각도는 수신기에서 받는 전파의 각도와 수신기가 보내는 전파 각도가 있다. 이것은 다수의 안테나 요소로 구성된 Array 안테나를 활용하는 방식이다.

4) Hybrid 측위

Hybrid 측위는 다수의 측위기술을 조합하여 측위시간을 줄이거나 측위 정확도를 높이는 방법이다. Hybrid 실외측위는 GNSS와 이동통신망을 동시에 활용하는 A-GNSS (Assisted-Global Navigation Satellite System)가 있고, 실내측위에는 다수의 무선통신기술과 센서를 동시에 활용하는 방법이 있다.

A-GNSS의 경우, 기본적인 측위는 GNSS를 활용하면서 이동통신망에서 휴대폰으로 GNSS 정보를 사전에 알려줘서 GNSS 정보를 빠르게 수신할 수 있도록 도와주는 역할을 한다. 따라서 A-GNSS는 GNSS와 이동통신망을 동시에 활용하는 Hybrid 방식이다.

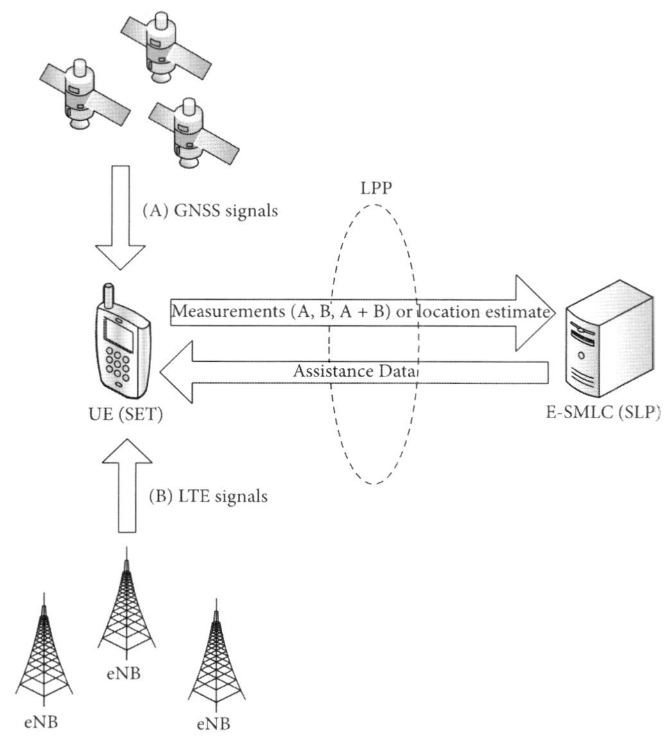

그림 2-7 이동통신(LTE)에서 Hybrid 측위

LTE(Long Term Evolution) 이동통신망에서 Hybrid 측위 동작을 보면, 단말기가 측위를 시작하면, 측위서버인 E-SMLC(Evolved Serving Mobile Location Center)는 단말기가 GNSS 신호를 빨리 수신할 수 있도록 'Assistance Data'를 전송한다.

단말기는 Assistance Data를 활용하여 수신할 수 있는 위성정보를 받기 때문에 빨리 수신 가능한 GNSS 신호를 받을 수 있다. LTE의 경우, 측위관련 데이터 송수신을 위하여 측위서버(즉, E-SMLC)와 단말기 간 별도의 Protocol인 LPP(LTE Positioning Protocol)가 사용된다.

GNSS의 한 종류인 GPS(Global Positioning System) 위성은 상공 약 2만 km에서 시속 약 1만 4천 km로 이동한다. 따라서 단말기는 매우 빠른 속도로 이동하는 위성 신호를 수신하기 위해서는 초기에 많은 시간이 소요된다. A-GNSS는 이러한 초기 수신시간을 줄이는 것이 주된 역할이다.

높은 건물이 많은 도심지에서 GNSS 전파는 회절, 반사, 굴절 등으로 각 경로별로 수신된 전파의 위상차이가 생기고, 신호의 순수성이 떨어져서 오류가 많이 발생된다. 결국, 이러한 상황이 심해지면 GNSS수신기(휴대폰)는 GNSS를 활용한 측위를 할 수 없다.

즉, A-GNSS는 이렇게 심한 오류가 발생되는 GNSS 환경에서 이동통신망의 주된 측위기술로 활용될 수 있다. 이처럼 Hyrbrid 방식은 측위 성능을 높이는 방법이며, GNSS를 수신할 수 없는 최악의 상황에서도 어느 정도 측위를 가능하게 한다.

최근 휴대폰은 GPS 뿐만 아니라 다른 방식의 GNSS(예, GPS+Galileo)를 동시에 수신하는 칩이 있어서 측위 성능을 높일 수 있다. 결국 이러한 방법도 Hybrid 측위로 볼 수 있으며, 이것은 다수의 GNSS 정보를 동시에 수신하여 빠른 측위와 측위 정확도를 높이는 방법이다.

실내측위의 경우, 다수의 Wireless Connectivity 기술과 다수의 센서(예, Inertial Sensor)를 동시에 사용하는 Hybrid 측위로 빠른 측위와 정확도를 높일 수 있다. 물론 이렇게 다수의 방식을 동시에 사용하면(Hyrbird 방식), 단말기에서 높은 Computing Power를 요구하기 때문에 관련 칩의 속도가 빨라야 한다. 또한 수신기가 빠른 처리를 하게 되면 배터리 소모가 많아진다.

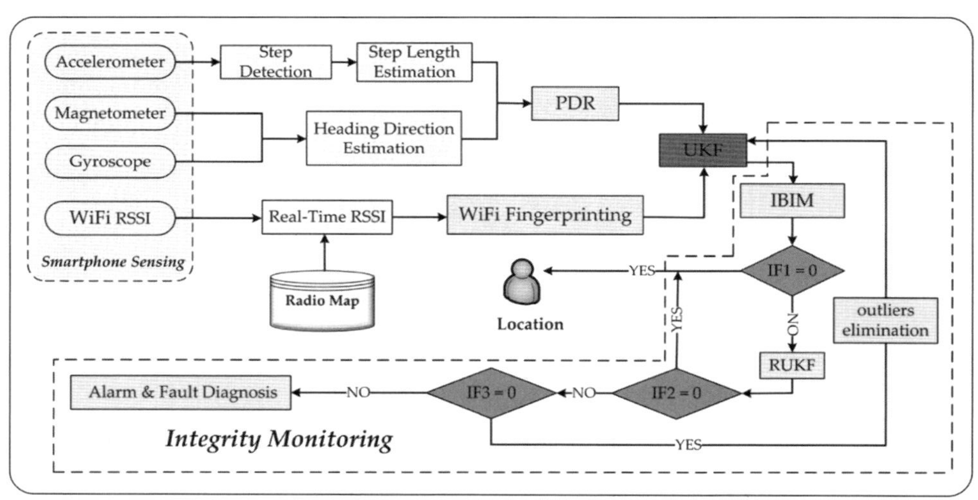

그림 2-8 Wi-Fi와 관성센서를 활용한 Hybrid 측위(출처: eurasipjournals)

Wi-Fi와 관성센서를 활용한 Hybrid 측위를 보면, Wi-Fi는 일반적으로 Fingerprinting 방식으로 절대적인 위치를 파악할 수 있으며, 관성센서는 특정지점을 기준으로 상대적인 위치를 파악할 수 있다.

이때 Fingerprinting의 전파지도 셀크기(예, 5m×5m)가 클 경우, 하나의 셀에서 정밀한 측위를 위하여 관성센서가 사용될 수 있다. 이 경우, 관성센서는 5m×5m 셀 내에서 수 Cm 단위의 측위에 사용된다.

절대적인 위치란 지구 좌표계에서 정해진 위도, 경도를 의미하고, 상대적인 위치는 측위를 시작한 기준점에서 이동한 후, 특정 지점의 위도, 경도이다. 즉, 절대적 위치는 항상 기준점이 있어서 측위가 가능하다.

Dead Reckoning(데드 레커닝)은 외부로부터 측위정보를 받지 않고, 단말기가 스스로 위치를 찾아가는 방법이다. 대표적인 예로 차량이 터널로 진입할 때, 터널외부에서는 GNSS를 활용하여 네이게이션이 가능하지만, 터널내부에서는 GNSS를 수신할 수 없기 때문에 관성센서(Inertial Sensor)를 활용하여 주행하는 경우이다.

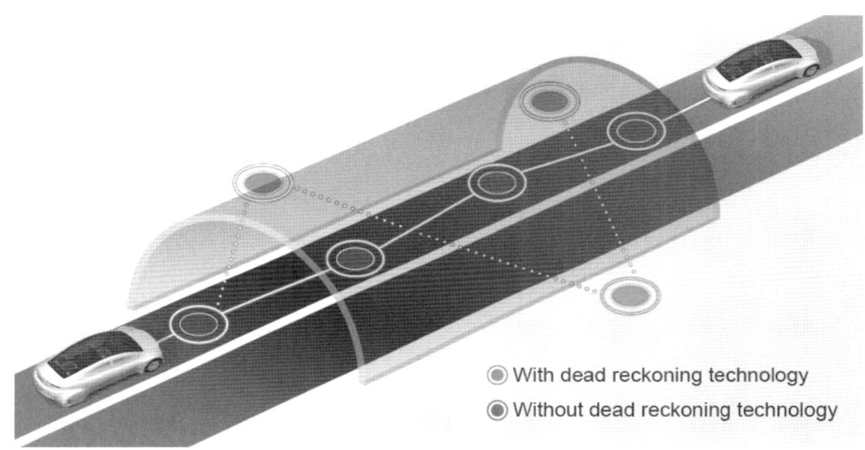

그림 2-9 터널에서 Dead Reckoning(출처: TDK)

이와 같이 터널에서 Dead Reckoning은 GNSS와 관성센서를 동시에 사용하는 Hybrid 측위이다. 관성센서를 활용한 측위는 초기값(즉, 터널 진입하기 전에 위치)을 기준으로 상대적인 위치를 파악할 때 사용된다.

'Dead'는 신호를 받지 못하고 있는 상태이며, 'Reckoning'은 추산한다는 의미로 신호가 없는 동안에는 추측하여 상태 정보를 갱신하는 것이다. GNSS를 수신하지 못하는 지역에서 사용되는 Dead Reckoning은 관성센서 이외에 초음파, 이미지, 레이다 등이 있다.

일반적으로 차량 Navigation 중에 'Map Matching'이 사용되는데, Map Matching은 차량 주행시 측위가 도로 밖에 설정될 경우, 도로 위의 현재 위치를 알려주는 기능이다. 즉, Map Matching은 측위 오차가 발생되더라도 차량이 도로 위에 있도록 유지해주는 기능이다.

기본적인 Map Matching은 단말 GPS 수신기에서 확정된 위치를 기준으로 진행방향을 설정하고, 1초마다 생성되는 위치 사이의 거리와 각도를 가지고 판단한다. 1초 마다 계산된 거리와 방향각을 보고, 현재 진행하고 있는 도로로 매칭할 것인지 아니면, 가장 근접한 다른 도로로 매칭할 것인지를 단말기가 판단한다.

2 측위에 사용되는 신호

1) 전계강도

실내외 측위기술로 무선통신이 많이 사용되는데, 무선통신을 활용한 측위에서 활용되는 신호는 주로 수신 전계강도(RSSI), 시간(Time), 전파 송수신 각도(Angle)이다.

측위에 사용되는 주된 신호는 단말기에서 측정한 전파 전계강도(즉, 전파세기), 시간정보, 전파의 송수신 각도이다. 일반적으로 전계강도를 활용한 측위는 간단하지만 오차범위가 크기 때문에 정밀도를 높이기 위해서는 시간정보나 신호 각도가 측위에 많이 활용된다.

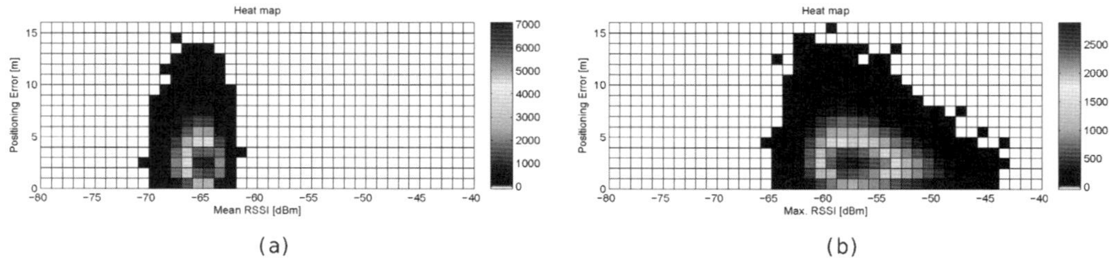

그림 2-10 Wi-Fi AP 출력에 따른 전계강도 분포(출처: MDPI)

전계강도를 활용한 측위는 수신기가 이동통신 기지국, Wi-Fi AP(Access Point), UWB(Ultra Wideband) Anchor 등에서 송출하는 전파세기를 측정하여 위치를 파악하는 방법이다. 전계강도는 전파를 송출하는 송신 안테나로부터 거리가 멀어짐에 따라 점점 약해진다.

전계강도를 활용한 측위는 세부적으로 삼변측량(Trilateration)과 Fingerprinting 방식이 있다. ① 삼변측량은 3개 이상의 전파 송출 장치로부터 수신기가 전파를 수신하여 위치를 파악하는 방법이고, ② Fingerprinting은 사전에 전계강도 분포지도를 구축한 다음, 수신기가 해당 지점의 전계강도 분포를 측정하여 이미 구축한 지도와 매칭시켜 위치를 파악하는 방법이다.

일반적으로 삼변측량은 전파 수신 전계강도인 RSSI(Received Signal Strength Indicator)가 활용된다. 즉, 수신 전계강도와 RSSI는 같은 의미로써 RSSI는 수신기가 받는 전파세기로 단위는 dBm 또는 mW 등이 사용된다.

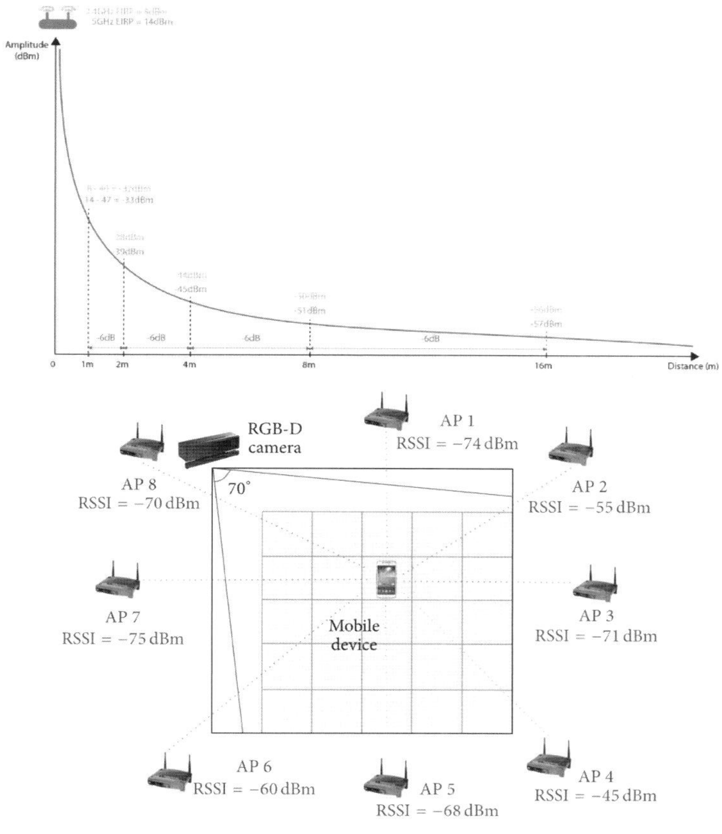

그림 2-11 Wi-Fi AP에서 거리에 따른 전계강도

이 방식은 측위 대상 단말기가 수신 전계강도를 측정하여 송출 지점으로부터 떨어진 거리를 알 수 있기 때문에 이를 기반으로 위치를 파악한다. 일반적으로 하나의 기지국이나 AP를 사용하는 것은 측위오차가 크기 때문에 3개 이상의 기지국을 활용하여 삼변측량으로 위치를 파악한다.

수신기가 측위를 위해서는 전파송출 장치의 물리적인 위치를 알고 있어야 전파세기로 수신기의 위치를 파악할 수 있다. 또한 전파송신 장치가 많으면 많을수록 수신기의 측위 정확도는 높아진다.

전파송출 장치(이동통신 기지국 또는 Wi-Fi AP) 수에 따른 정확도 비교를 보면, 1개 송출장치는 송출지점으로부터 얼마나 떨어져있는지만 파악할 수 있고 방향을 파악하기는 어렵다. 하지만, 3개의 송출장치를 활용할 경우, 수신기는 3군데서 신호를 받기 때문에 더 정확한 측위가 가능하다.

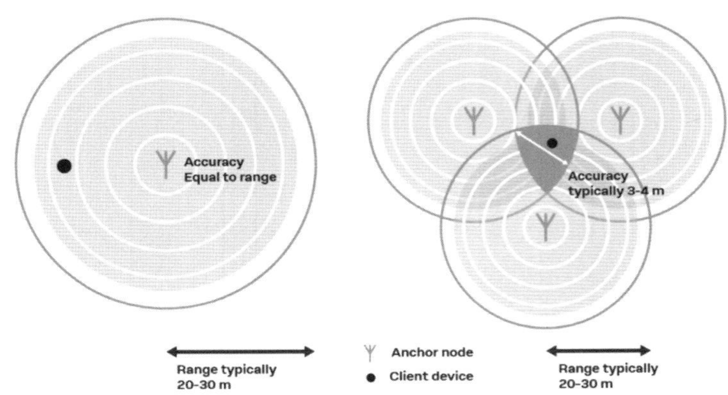

그림 2-12 전파송출 장치 수(1개 또는 3개)에 따른 정확도 비교(출처: u-blox)

Fingerprinting은 미리 측위대상 지역의 전파지도를 구축한 후, 단말기가 수신한 전파지도 패턴과 비교하여 위치를 파악하는 방법이다. 전파지도는 일반적으로 수m 이하의 사각형 셀로 구분되는데, 이 방식도 전파송출 장치가 많을수록 정확도는 높아진다.

일반적으로 전계강도를 이용하는 방식은 전계강도가 환경에 따라 변화가 심하기 때문에 정확도가 떨어진다. 전파는 건물 구조와 재료, 온도와 습도, 주변 사람의 분포 등에 따라 전파 분포 변화가 있기 때문에 오차가 크다.

이러한 이유로 삼변측량 방식보다는 Fingerprinting 방식이 많이 사용되는데, Fingerprinting 방식이 전파의 급격한 변화에 삼변측량보다 둔감하기 때문이다.

2) 시간정보

측위에 사용되는 신호로써 시간정보는 송수신 양단간 전파 전달시간을 활용하여 거리를 측정하는 방식이다. 즉, 이 방식은 전파 전달시간을 알면 송수신 양단간 거리를 알 수 있기 때문에 측정대상 장치는 다수의 장치(주로 3개 이상)와 통신으로 이루어진다.

그림 2-13 송수신 양단간 시간을 이용한 측위

송수신 양단간 전파 진행시간을 이용하면, 송수신기간 떨어진 거리를 알 수 있다. 이것은 전파의 진행속도가 물리법칙에 의하여 정해졌기 때문에 전파 진행시간에 전파 진행속도(3×10^8m/s)를 곱하면 송수신 양단간 거리가 계산된다.

이렇게 시간을 활용하는 방식을 ToF(Time of Flight)라고 하며, ToF에서 'Flight'는 Radio Wave Flight와 같은 의미로써 전파전송(또는 전파비행)이란 의미이다. 따라서 ToF는 전파의 진행시간이란 뜻이다.

전파진행 시간을 활용하는 방법은 크게 송수신 양단간 왕복으로 전파 진행시간을 측정하는 방법과 송신측에서 일방적으로 시간정보가 포함된 정보를 수신기에 보내는 방법이 있다.

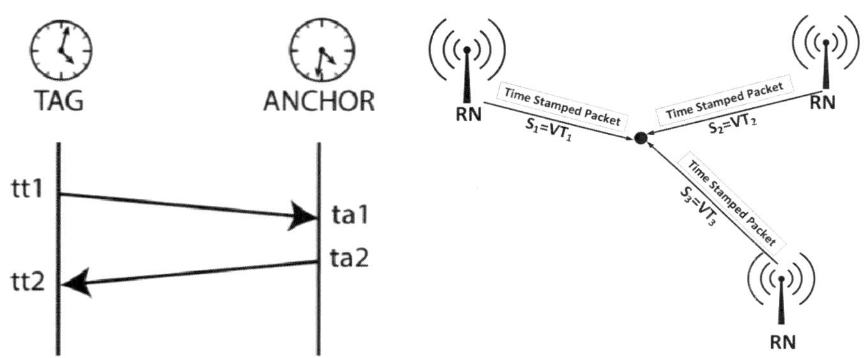

그림 2-14 시간정보를 활용한 송수신 양단간 거리 측정 방법

송수신 양단간 왕복으로 전파 진행시간을 측정하는 방식을 RTT(Round Trip Time)라고도 하며, 단방향으로 보내는 방식보다 측위 정확도가 높다. 이 방식(즉, RTT)은 송신측에서 시간이 포함된 정보를 수신측으로 보내고, 수신측은 다시 현재 시간정보를 송신측으로 보내서 송신기와 수신기간 소요되는 시간을 활용한다.

또 다른 방법으로 송신측에서 시간정보가 포함된 정보를 수신측으로 보내고, 수신측은 이 시간정보를 확인 후, 자신의 시간과 비교하여 전파 진행시간을 파악하는 방법이다. 이 방식은 송수신 양단간 시간이 동기되어야 한다. 반면, RTT는 송수신 양단간 시간적인 동기를 맞출 필요는 없다.

이렇게 시간정보를 활용하는 측위는 일반적으로 전계강도를 활용하는 측위보다 측위정확도가 높아서 GNSS(Global Navigation Satellite System), 이동통신 기반 측위, UWB(Ultra Wideband) 등에 많이 사용되고 있다.

3) 신호각도

송수신 신호각도를 이용한 측위는 Array Antenna를 사용하여 안테나의 각 Element에서 송신하거나 수신하는 전파의 송수신 각도를 활용한 측위이다.

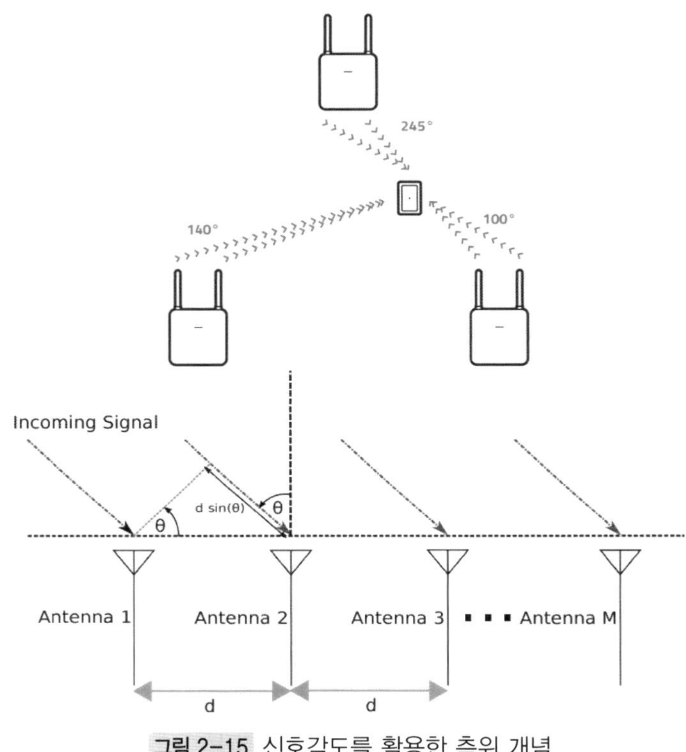

그림 2-15 신호각도를 활용한 측위 개념

신호각도를 활용한 측위에서 단말기는 각 송신장치에서 도달되는 전파의 각도를 활용하는 것으로 3개 이상의 전파 송출장치로부터 신호를 받아야 어느 정도 정확한 측위가 가능하다. 물론 1개의 신호 송출장치를 활용해도 되지만, 측위 오차가 크다.

이렇게 신호의 각도를 이용하는 방식에서 주로 사용되는 무선통신은 Bluetooth, Wi-Fi 등이다. 특히 Bluetooth 서비스를 정의하는 Bluetooth SIG는 Bluetooth 기반의 신호각도를 활용한 측위 방식을 정의했다.

Wireless Connectivity 기술에서 통신의 주체는 고정된 장치와 이동중인 장치와 같이 2가지 종류가 있을 수 있다. 이때 고정된 장치는 건물내부의 특정 위치에 고정된 것으로 Anchor, Locator, Beacon과 같이 불려지고, 이동이 가능한 장치는 Tag, Mover, Device, Mobile로 불려진다.

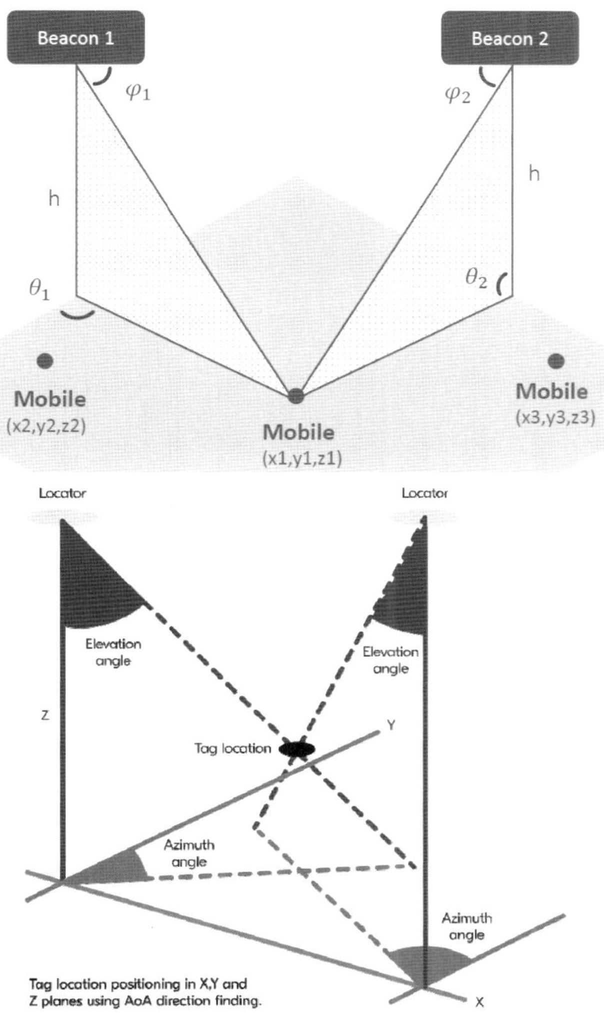

그림 2-16 단말기에서 신호도달 각도를 활용한 측위(출처: Nordic Semiconductor)

단말기에서 신호도달 각도를 활용한 측위원리를 보면, 단말기는 3차원 공간에 있다고 가정하고 송신 안테나로부터 도달되는 전파 각도를 측정하여 자신의 위치를 파악한다.

간단한 예로 단말기가 2차원 평면에 있다고 가정하면, 정해진 사각형 내에서 2개의 송신창치로부터 오는 신호 각도로 자신의 위치를 알 수 있다. 이러한 환경을 3차원으로 확대해도 같은 원리로 측위가 가능하다.

일반적으로 2개의 송신장치를 활용하면 2차원 공간에서 위치를 파악하고, 3차원 공간으로 확대 되면 3개 이상의 송신장치가 활용된다.

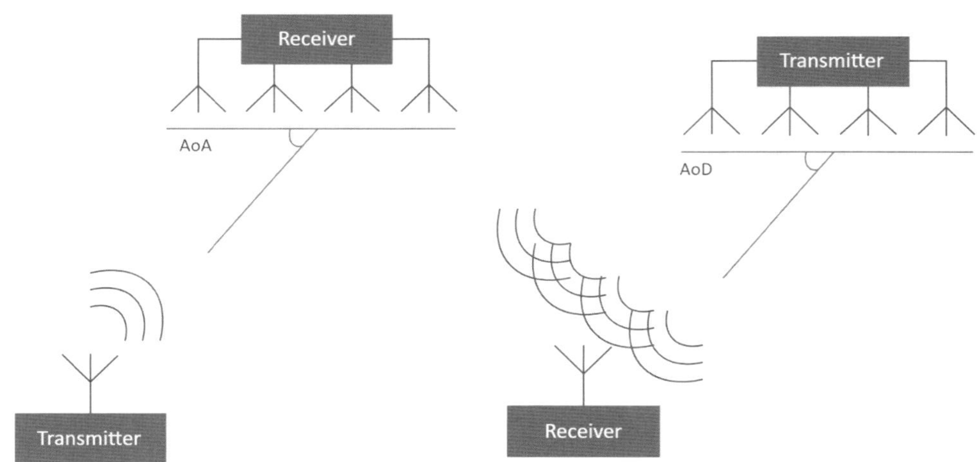

그림 2-17 AoA, AoD 개념

이렇게 신호의 각도를 활용하는 방법에는 AoA(Angle of Arrival)와 AoD(Angle of Departure)가 있다. 이러한 기준은 사용자 단말기가 처리하는 역할로 구분된다. 예를 들어 AoA는 단말기에 도달되는 신호각도이며, AoD는 단말기가 송출하는 신호각도이다.

AoA는 수신장치에서 다수의 안테나 Element가 있는 Array Antenna가 사용되고, AoD는 송신부에서 Array Antenna가 사용된다. 물론 송신장치와 수신장치 중에 어느 한쪽이 고정된 것이 아니고 두가지 장치가 모두 이동 가능한 장치가 될 수 있다.

3 측위 알고리듬

측위 알고리듬은 크게 Range Based, Fingerprinting, Proximity 등으로 구분될 수 있다. Range Based는 송수신 양단간 거리를 활용하는 방식으로 크게 삼변측량과 삼각측량으로 구분된다. Fingerprinting은 정해진 공간에서 전파세기 정도를 지도로 만들어서 단말기가 측정한 분포지도와 매칭으로 위치를 결정하는 방식이다. Proximity는 정확한 위치가 아닌 대략적인 공간의 범위를 결정하는 방식이다.

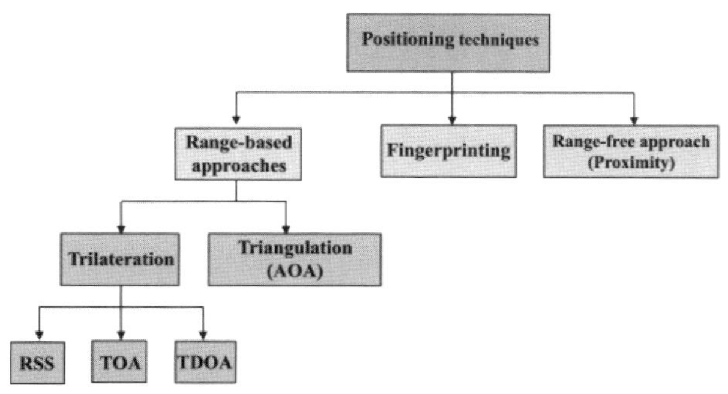

그림 2-18 측위 알고리듬 종류

Range Based 측위는 송신기와 단말기간 거리를 파악하여 위치를 결정하는 방식으로 이러한 거리 측정에 전파세기(또는 전계강도)나 전파의 송수신 각도가 활용된다. Fingerprinting은 주로 실내측위에 사용되며, Proximity는 반경 수백m나 수Km 지역을 대상으로 해당 영역에 서비스를 제공한다.

1) 삼변측량, 삼각측량

무선통신 신호를 사용하는 주요 측위 알고리듬은 삼변측량, 삼각측량, Fingerprinting 방식이 있다. 삼변측량과 삼각측량은 측정대상 단말기가 다수의 신호 송신장치로부터 받는 전계강도, 시간, 신호각도를 활용하는 측위방법이다.

삼변측량(Trilateration)은 이미 알고있는 3개의 지점을 활용하여 측위대상 단말기의 위치를 파악하는 기술이다. 이때 주로 사용되는 신호는 수신 전계강도, 시간정보이며, 2차원 또는 3차원 공간에 모두 적용할 수 있다.

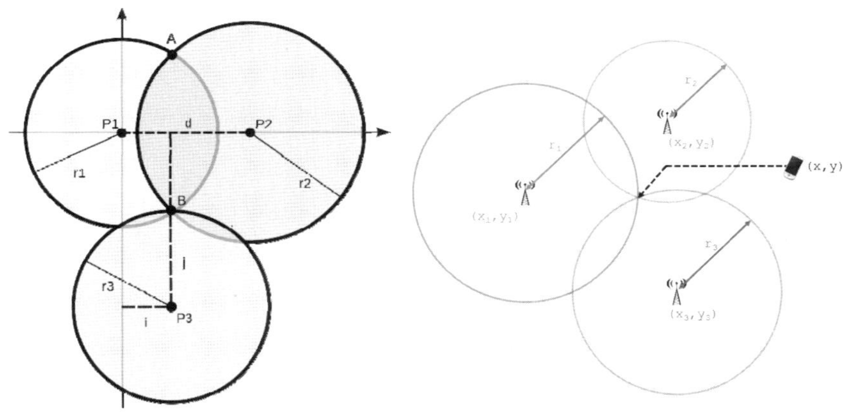

그림 2-19 삼변측량 원리

삼변측량(또는 삼변측위) 원리를 보면, 이미 알고 있는 기준점인 P1, P2, P3로부터 알고자 하는 B의 위치를 계산하는 방법이다. 먼저 P1 지점에서 B와 연결되는 반경인 r1을 측정하고, 같은 원리로 r2, r3를 측정하면 B의 위치를 파악할 수 있다.

즉, 삼변측량은 이미 알고 있는 3개의 지점으로부터 거리(또는 길이)를 활용하여 모르는 하나의 지점을 찾은 방법이다. 만약, 2개 이하의 기점을 활용하면 각 지점으로부터 방향을 알 수 없기 때문에 3개의 기준점을 사용한다.

측위는 대부분 무선통신을 활용하기 때문에 거리를 파악하는 방법은 전파 전송시간(또는 전달시간)이다. 전파는 송신측에서 수신측으로 전달되면서 물리적으로 정해진 속도로 진행된다. 전파는 빛의 속도와 같은 3×10^8m/s로 진행되기 때문에 속도에 시간을 곱하면 거리를 알 수 있다.

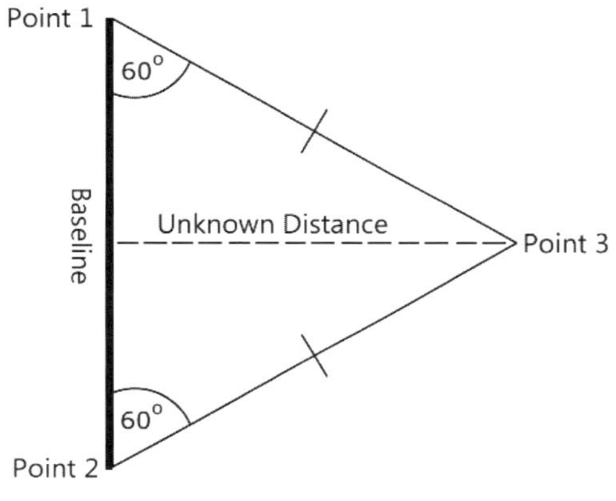

그림 2-20 2차원 환경에서 삼각측량

삼각측량법(Triangulation)은 측량 구역을 삼각형으로 분할하여 특정 지점의 위치를 결정하는 기술이다. 2차원 환경에서 이미 알고 있는 지점 P1, P2에서 모르는 지점인 P3의 위치를 파악하는 방법이다.

삼각측량법은 삼각형을 활용하는 방법으로 이미 알고 있는 지점인 P1과 P2에서 P1과 P2의 거리, 그리고 P1과 P2가 P3와 연결되는 각도를 알면, P3 지점을 알 수 있다. 만약 3차원 공간으로 확대한다면 알고 있는 지점은 3개가 되어야 한다.

2) Fingerprinting

Fingerprinting은 해당 위치에서 수신 전계강도 분포를 사전에 측정하여 지도(또는 데이터베이스)를 만든 다음, 수신기가 전계강도 분포를 측정하여 해당 지점의 전계강도 분포와 맞는지 비교하여 측위하는 방법이다.

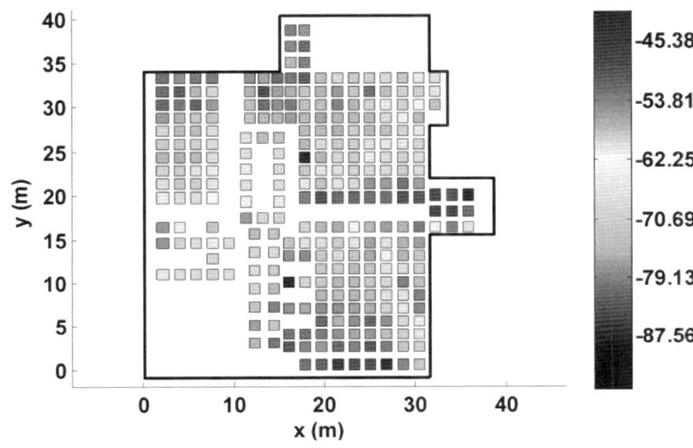

그림 2-21 Radio Fingerprinting Map 예

Fingerprinting의 사전적 의미는 '지문'인데, 전파에서 Fingerprinting은 특정 지점에서 전계강도 분포 지도를 의미한다. 이러한 Fingerprinting은 해당 지역에서 고유한 분포를 형성하기 때문에 이를 활용하여 측위에 사용될 수 있다. 일반적인 의미에서 전계강도 분포지도, 전파 분포지도, 전파지도는 같은 의미로 사용된다.

일반적으로 Fingerprinting은 단순한 수신 전계강도만 활용할 때와 비교시 정확도는 높다. Fingerprinting은 어느정도 실내 전파환경에서 Multipath Fading에 대한 고려가 되어있기 때문이다.

또한 Fingerprinting은 큰 규모의 지역에는 적합하지 않고, 규모가 작은 실내 환경에 많이 사용된다. 큰 규모의 지역의 대표적인 예는 이동통신으로 하나의 기지국이 서비스하는 지역은 반경 약 1Km 정도이며, 규모가 작은 지역에는 일반적인 빌딩이 있다.

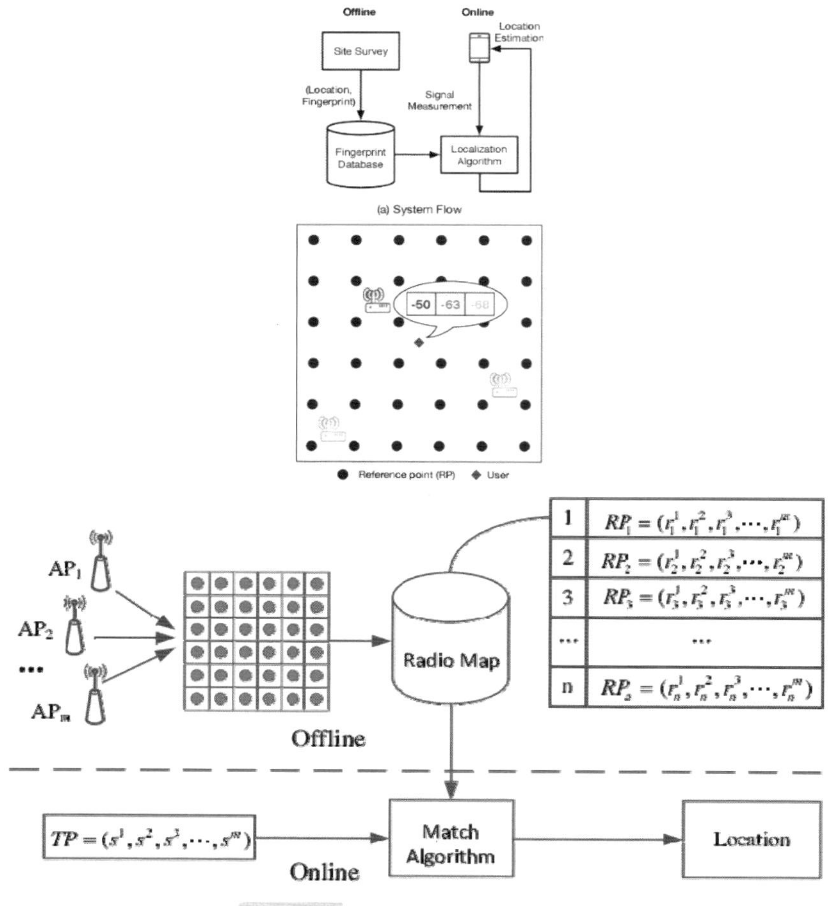

그림 2-22 Fingerprinting 기반 측위

Fingerprinting을 위한 전파지도 작성은 특정 크기의 사각형을 단위로 제작되는데 보통 가로 1m, 세로 1m 크기가 많이 사용된다. 또한 이러한 전파지도는 지도 제작장치에 수신되는 ID와 RSSI(Received Signal Strength Indicator) 값을 기준으로 작성된다.

Fingerprinting을 활용한 측위단계는 크게 Offline 절차와 Online 절차로 구분될 수 있다. Offline 절차는 전파지도(즉, Fingerprint Map)을 구축하는 단계로 단말기나 측정장치로 실제 환경에서 전파를 측정하여 지도를 구축하는 과정이다.

Online 절차는 해당 지역(주로, 실내)에서 단말기가 수신한 전파지도를 측위서버로 전송하여 측위서버에서 위치를 결정하여 통보하는 단계이다.

이러한 Fingerprinting을 활용한 측위는 Wi-Fi에 많이 사용되고 있으며, 전파지도는 Wi-Fi AP(Access Point)의 주소인 MAC(Media Access Control)과 수신 전계강도인 RSSI가 활용된다.

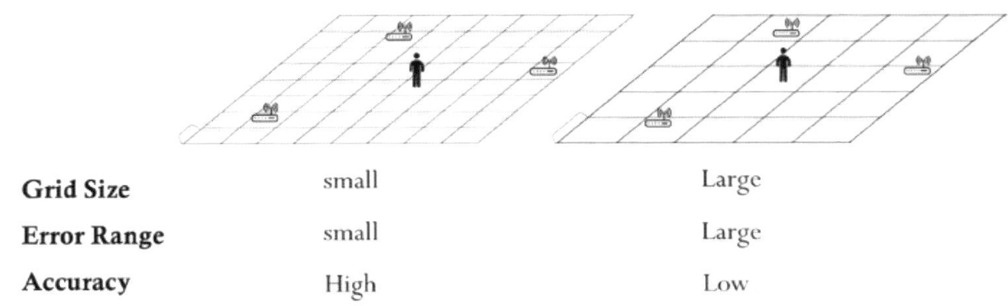

그림 2-23 전파지도에서 Grid 크기에 따른 특성

Fingerprinting에 사용되는 전파지도에서 하나의 단위(Grid 또는 Cell)의 크기에 따라 특성이 달라진다. 예를 들어 Grid 크기가 적으면 오류발생 범위가 적어서 Accuracy가 높아지고, Grid 크기가 크면 Accuracy가 낮아진다.

Grid 크기가 작을수록 측위 정확도는 높아지지만, 더 정밀한 전파지도를 만들어야 하기 때문에 비용이 증가된다. 따라서 이 방식을 활용한 서비스를 개발할 때는 최적의 크기를 결정해야 한다.

만약, Fingerprinting 방식으로 이동하는 로봇을 제어해야 할 때는 Grid 크기를 적게 해야 하고, 이동중인 사람을 대상으로 Promotion 서비스(예, 매장 쿠폰 전송)를 제공할 경우, Grid 크기가 커도 된다.

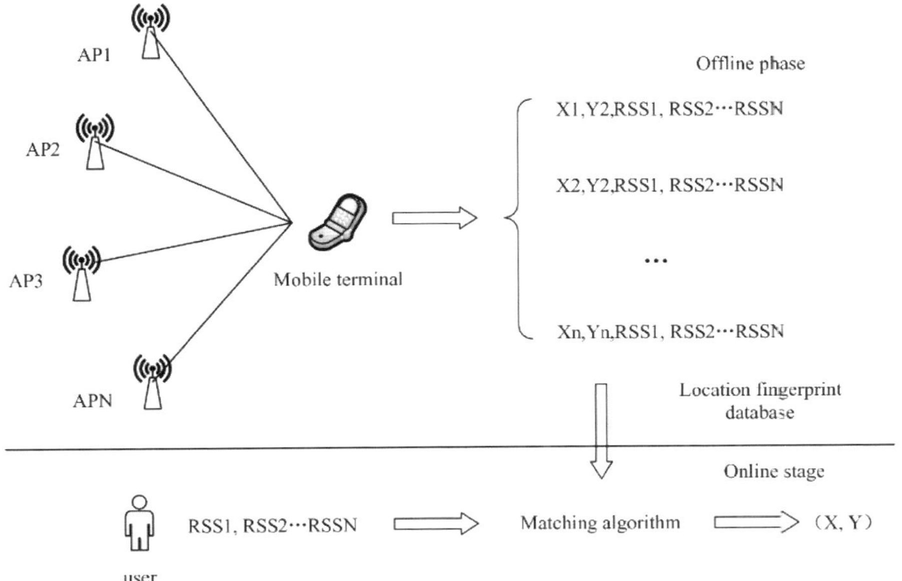

그림 2-24 전파지도 Maching Algorithm

Fingerprinting 알고리듬에서 이미 저장되어 있는 전파지도와 현재 단말기가 측정한 전파지도를 비교해서 위치를 파악해야 하는데, 이때 몇 가지 전파지도 Maching Algorithm이 사용된다. 이러한 전파지도 Maching Algorithm은 서버에서도 동작되는데, 서버에는 이미 저장되어 있는 전파지도와 측정 대상 단말기로부터 받은 전파지도를 비교하는 알고리듬을 사용한다.

대표적인 전파지도 Maching Algorithm에는 K-NN(K-Nearest Neighbors)이 있다. Fingerprinting에서 K-NN은 각 Cell(또는 Grid)에 일정한 규칙을 부여하여 가장 비슷한 속성을 가진 그룹으로 분류해주는 알고리듬이다.

삼변측량(Trilateration)과 Fingerprinting을 비교해 보면, 전체적으로 측위 정확도(Accuracy)는 Fingerprinting이 높다. Fingerprinting은 삼변측량(Trilateration) 대비, 전파환경 변화가 상대적으로 둔감하기 때문이다.

Method	Accuracy	Advantage	Disadvantage
Trilateration	Medium	Continuous positioning; no calibration phase required	poor positioning accuracy may occur, caused by environmental effects
Fingerprinting	High	Continuous positioning; environmental effects are considered in the calibration phase	Poor positioning accuracy in environment where surroundings change frequently

그림 2-25 삼변측량과 Fingerprinting 비교

삼변측량은 Fingerprinting과 달리 사전에 전파지도를 구축할 필요가 없기 때문에 상대적으로 간단하게 기술을 구현할 수 있다. 반면, Fingerprinting은 환경변화가 있을 경우 측위 정밀도가 낮아진다. 환경변화란 해당 영역에 새로운 기구물이 있거나 사람이 많고 적음에 따른 전파분포 변화를 의미한다.

3) Proximity

Proximity 기술은 주로 무선통신을 활용하여 사용자가 특정 장소로 가까이 다가가는 접근을 인지하는 방법이다. Proximity 기술은 일반적으로 측위 정밀도가 높은 것이 아니라 반경 수 m에서 수 Km에 들어오거나 나가는 사용자를 인지한다.

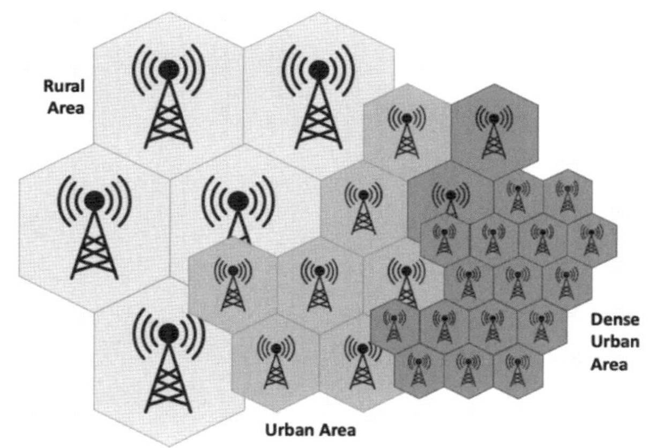

그림 2-26 이동통신 기지국을 기반으로 하는 Proximity 서비스

따라서 Proximity를 위한 기술은 이동통신, Wireless Connectivity와 같은 무선통신이 사용된다. 예를 들어 하나의 이동통신 기지국으로 한정하는 Proximity 서비스는 이동통신 기지국에 근접하는(들어오거나 나가는) 사용자를 센싱하여 서비스를 제공한다.

하나의 이동통신 기지국은 서비스를 제공하는 지역이 물리적으로 정해져있는데, 이 기지국 내에 있는 사용자를 대상으로 특정 서비스를 제공하기 위하여 Proximity 기술을 활용한다. 현재 기지국 커버리지를 활용하는 재난문자가 대표적인 예인데, 이것은 해당 지역을 서비스하고 있는 기지국에 있는 가입자를 대상으로 문자를 발송하는 것이다.

실제로 많이 사용되는 Proximity 기술은 BLE(Bluetooth Low Energy)와 Wi-Fi이다. 이동통신 기지국은 서비스 반경이 크기 때문에 타겟 고객을 대상으로 하는 서비스 제공에 한계가 있어서 서비스 반경이 작은 BLE나 Wi-Fi가 많이 사용된다.

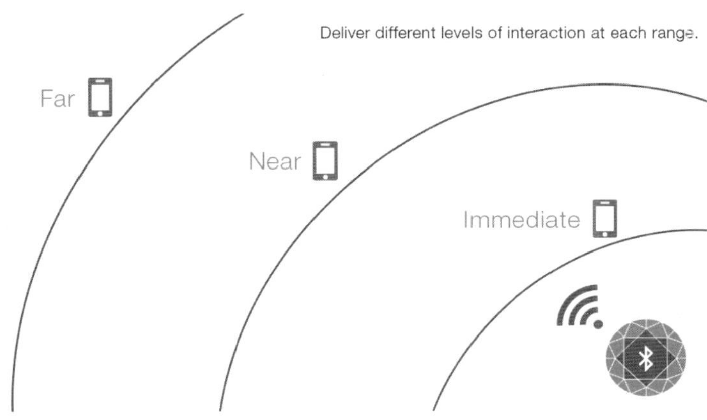

그림 2-27 BLE Beacon을 활용한 Proximity 기술

근거리 Proximity 기술의 대표적인 예는 BLE Beacon이다. BLE Beacon은 BLE의 방송 채널(Advertising Channel)을 활용하는 것으로 이 채널에 포함된 정보를 활용하여 Proximity 서비스를 제공한다.

BLE Beacon의 전송거리는 전파경로상에 장애물이 없는 Open Space 기준으로 최대 80m로 알려져 있으며, 이때 Proximity 서비스는 이 영역에 있는 사용자를 대상으로 주로 상품 판매를 위한 상품정보, 쿠폰 등을 전송한다.

BLE Beacon을 활용한 Proximity 서비스에서 단말기(주로, 휴대폰)에서 BLE 신호의 전계 강도에 따라서 정보 유형이 다를 수 있다. 예를 들어 BLE Beacon 신호가 약한 지역은 해당 건물에 대한 정보를 전송하고, BLE Beacon 신호가 강한 지역은 특정 상점의 상품정보가 전송될 수 있다.

4 이동통신 측위

1) 시스템 구조

이동통신망을 기반으로 하는 측위는 크게 ① GNSS를 활용하는 경우와 ② GNSS를 활용하지 않는 경우로 구분된다. GNSS를 활용하는 방법에는 GNSS와 이동통신 측위를 동시에 사용하여 상호 보완적으로 사용하는 Hybrid 방식도 있다.

Satellite Based Positioning:

Autonomous and Assisted Global Navigation Satellite Systems (A-GNSS) such as GPS and GLONASS

Mobile Radio Cellular Positioning:

Observed Time Difference of Arrival (OTDOA) and enhanced Cell ID (eCID)

Hybrid Methods:

Hybrid-GNSS or GNSS + Mobile Radio Cellular Positioning like OTDOA

그림 2-28 이동통신망 기반 측위기술 종류

GNSS를 활용하는 측위는 기본적인 측위기술로 GNSS를 활용하고, 이동통신망은 GNSS 측위를 도와주는 역할을 한다. GNSS를 활용하지 않는 기술은 이동통신 무선신호만 활용하는 측위이다.

Hybrid 방식은 GNSS와 이동통신망 측위(예, OTDOA)를 동시에 사용하여 상호 보완적으로 사용하거나 빠른 측위와 측위 정확도를 높이는 방법이다. OTDOA(Observed Time Difference of Arrival)는 하나의 단말기에서 송신한 신호를 다수의 기지국이 수신하여 측위하는 방식이다.

특히, Hybrid 방식은 GNSS 전파교란인 Jamming(방해전파)이나 Spoofing(기만)이 있는 경우, GNSS를 사용하지 않고 이동통신망만 사용하여 측위가 가능하기 때문에 GNSS 전파교란을 어느 정도 해결할 수 있다.

GNSS를 활용하는 측위는 이동통신망이 휴대폰의 GNSS 측위를 도와주기 때문에 이 방식을 A(Assisted)-GNSS라고 한다. 즉, 휴대폰이 GNSS 신호를 빨리 수신할 수 있도록 이동통신망에서 휴대폰으로 GNSS 위성과 관련된 정보를 전송하여 측위를 도와주는 방식이다.

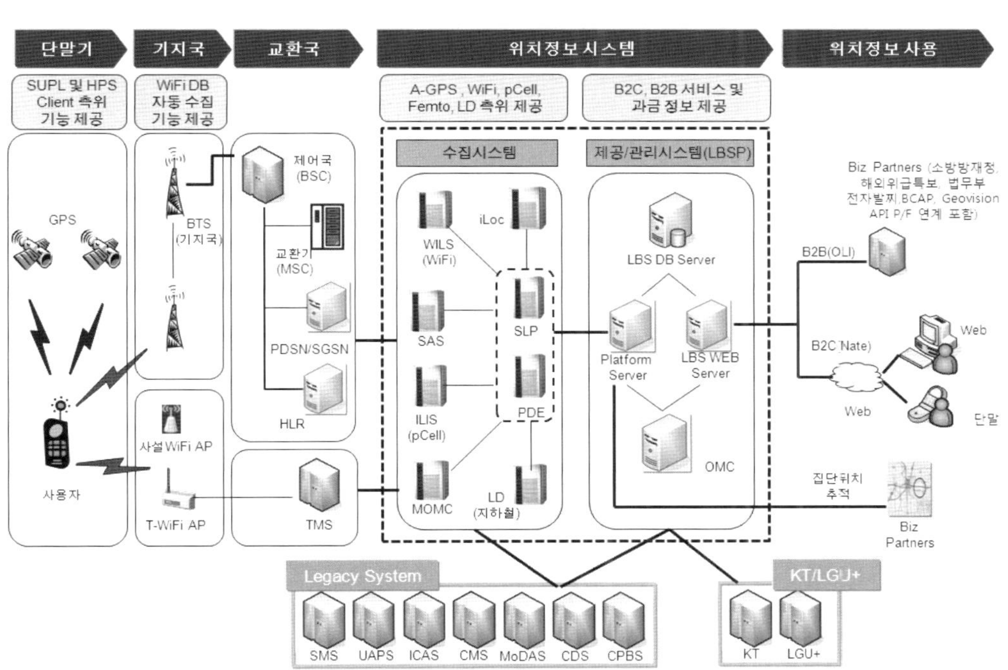

그림 2-29 이동통신망 측위 시스템 예(출처: SKT)

이동통신망을 기반으로 하는 측위방식은 이동통신 코어망에 일종의 LBS(Location Based Services) Platform이 구현되어야 하는데, LBS Platform의 주된 역할은 ① 휴대폰과 통신하여 측위를 도와주거나 ② 측위결과를 알려주는 역할과 ③ 측위와 관련된 서비스를 제공하는 것이다.

이러한 LBS Platform은 이동통신망 코어망 Entity(통신망 요소, 일종의 서버)와 연동되어 가

입자 정보, 과금, 가입한 서비스 등의 정보를 처리하며, 외부 시스템(예, 다른 사업자 LBS Platform)과 연동되어 다양한 서비스를 제공한다. LBS는 LCS(Location Services)로도 사용될 수 있는데, LBS와 LCS는 같은 의미이다.

이동통신 기술표준을 정의하는 단체인 3GPP(3rd Generation Partnership Project)는 5G 이동통신의 경우, 측위를 위하여 코어망에 LMF(Location Management Function)를 정의했다. LMF는 일종의 측위서버로써 단말기 이동성 관리를 담당하는 AMF(Access and Mobility Management Function)와 연동된다.

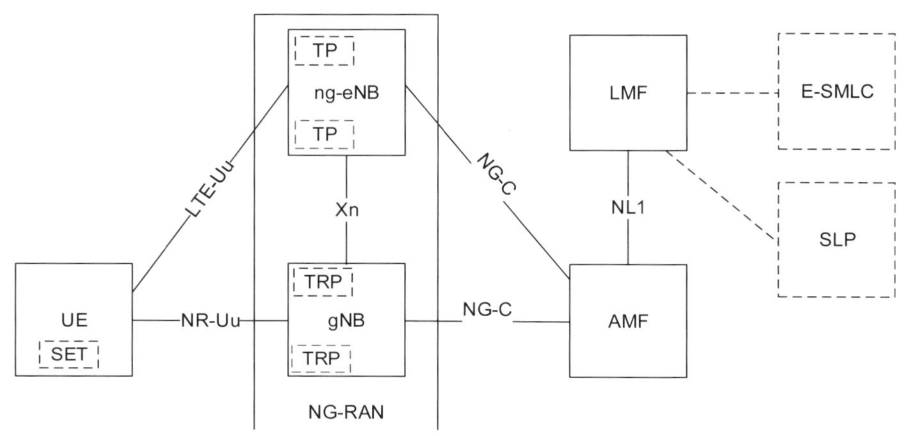

그림 2-30 5G 기반 측위 시스템(3GPP)

즉, LMF는 코어망의 Entity로써 휴대폰 측위와 관련된 기능을 처리한다. 이 LMF는 휴대폰이 이동하는 위치와 관련이 있기 때문에 단말기 이동성을 관리하는 Entity인 AMF와 연동된다.

3GPP는 LMF가 Control Plane에서 동작되도록 정의했고, 이를 위하여 별도의 Protocol인 LPP(LTE Positioning Protocol)가 사용된다. 물론, LMF는 User Plane에서 데이터를 통하여 연동될 수 있다.

이러한 측위데이터가 User Plane으로 송수신될 수도 있는데, 이때 LMF와 연동되는 Entity인 SLP(SUPL Location Platform)가 사용된다. SLP는 데이터 통신(즉, User Plane 동작)으로 측위 정보를 송수신하는 서버이며, 이때 사용되는 통신채널이 SUPL(Secure User Plane Location)이다.

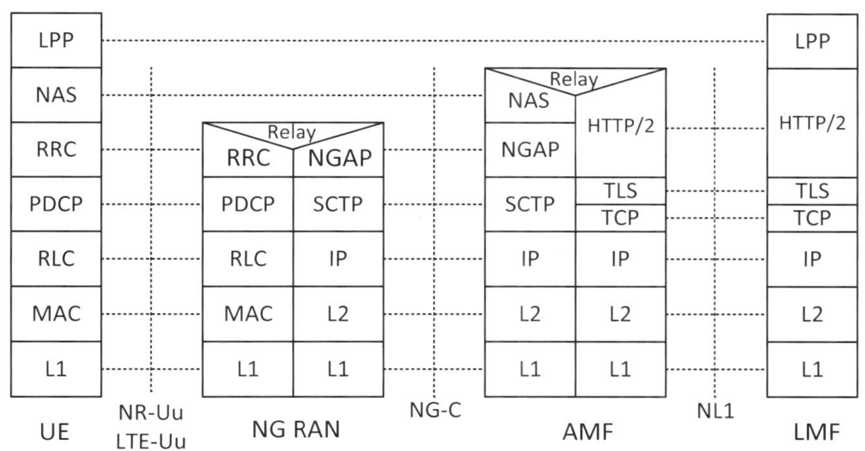

그림 2-31 LMF 관련 Protocol Stack(출처: 3GPP)

통신 Protocol 측면에서 단말기와 기지국은 3GPP 무선 Protocol이 사용되고, 기지국과 코어망의 AMF는 IP(Internet Protocol)가 사용된다. 이러한 Protocol을 기반으로 최종적인 측위 Protocol인 LPP는 단말기(UE: User Equipment)와 LMF 양단간 처리된다.

통신망에서 Control Plane은 Control Data가 송수신되는 Plane이고, User Plane은 User Data가 송수신되는 Plane이다. Control Data는 제어신호(예, 휴대폰 이동성관리, 호처리)를 처리하고, User Data는 사용자 데이터(예, 인터넷 검색, 동영상 시청)를 처리한다.

이동통신 측위는 단말기 동작방법에 따라 UE(User Equipment)-Based, UE-Assisted 방식으로 구분된다. UE-Based는 단말기가 독자적으로 측위를 수행하는 것이고, UE-Assisted는 단말기가 GNSS 정보를 받아서 통신망 요소(즉, LMF)로 전송하고, LMF가 단말기 위치를 파악하는 방법이다.

Method	UE-based	UE-assisted	eNB-assisted
A-GNSS	**Yes** Measurement: UE Estimation: UE	**Yes** Measurement: UE Estimation: LS	No
Downlink (OTDOA)	No	**Yes** Measurement: UE Estimation: LS	No
Enhanced Cell ID	No	**Yes** Measurement: UE Estimation: LS	**Yes** Measurement: eNB Estimation: LS
Uplink (UTDOA)	No	No	**Yes** Measurement: eNB Estimation: LS

그림 2-32 UE-Based와 UE-Assisted 비교(출처: 3GPP)

UE는 이동통신 단말기를 의미한다. 유럽방식의 이동통신은 단말기를 UE라고, 미국 방식의 이동통신은 단말기를 MS(Mobile Station)라고 한다. 따라서 UE와 MS는 같은 의미이다. 이것은 과거 이동통신 규격을 정의하면서 유럽방식과 미국방식의 경쟁으로 서로 다른 용어를 사용하면서 유래되었다.

유사한 예로 측위기술을 활용한 서비스를 유럽방식 이동통신은 LCS(Location Services)라고 하지만, 미국방식 이동통신은 LBS(Location-based Services)라고 한다. 따라서 LBS와 LCS는 같은 뜻이다.

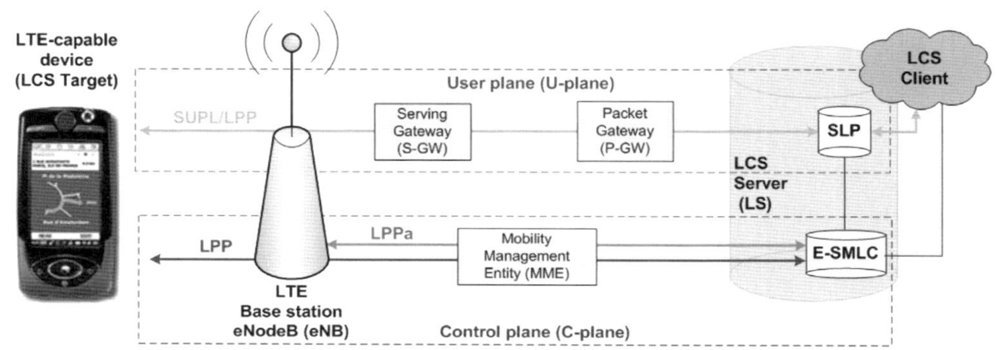

그림 2-33 LTE에서 Control Plane과 User Plane로 측위 데이터 송수신(출처: R&S)

LTE에서 Control Plane과 User Plane으로 측위 데이터 송수신 절차를 보면, 먼저 Control Plane의 경우, LCS Server는 이동성을 관리하는 MME(Mobility Management Entity)와 연동되어 LPP로 측위 데이터를 송수신한다.

LCS Server는 E-SMLC(Evolved Serving Mobile Location Center)와 SLP(SUPL Location Platform)로 구성되며, Control Plane은 E-SMLC가 담당한다. 결국 측위를 위한 데이터는 LCS Server와 단말기간 LPP를 통해서 송수신된다.

User Plane 동작을 보면, LTE에서 Packet Data를 처리하는 코어망 Entity인 S-GW(Serving Gateway)와 P-GW(Packet Gateway)가 사용되며, 이때 사용되는 Protocol은 SUPL이다. 측위를 위한 Protocol인 LPP는 SUPL 상위에서 동작된다.

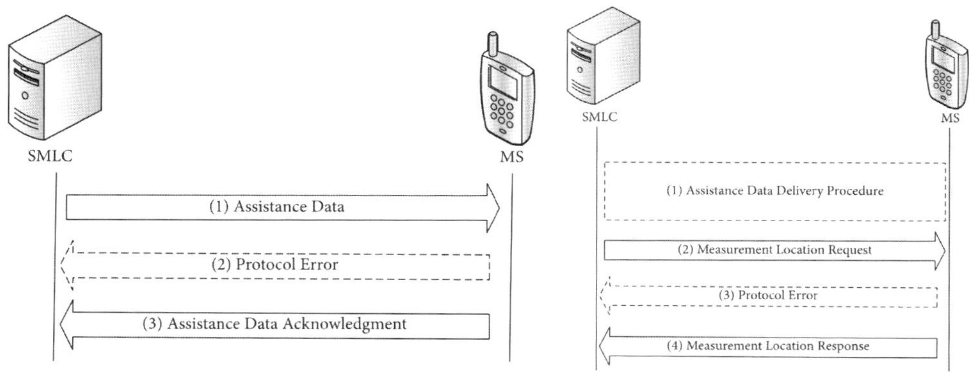

그림 2-34 SMLC와 단말기가 처리 절차 예

LTE의 E-SMLC 구조와 처리절차는 5G와 거의 유사하다. 또한, 이동통신 규격을 정의하는 3GPP는 'Evolved'라는 용어를 많이 사용하는데, Evolved란 기존 기술대비 개선되었다는 의미이다.

SMLC와 단말기간 대표적인 처리 절차를 보면, 단말기에서 측위를 요구할 때 SMLC는 관련된 정보(즉, Assistance Data)를 단말기로 전송하고, 단말기는 이 데이터를 기반으로 측위 결과를 SMLC로 전송한다.

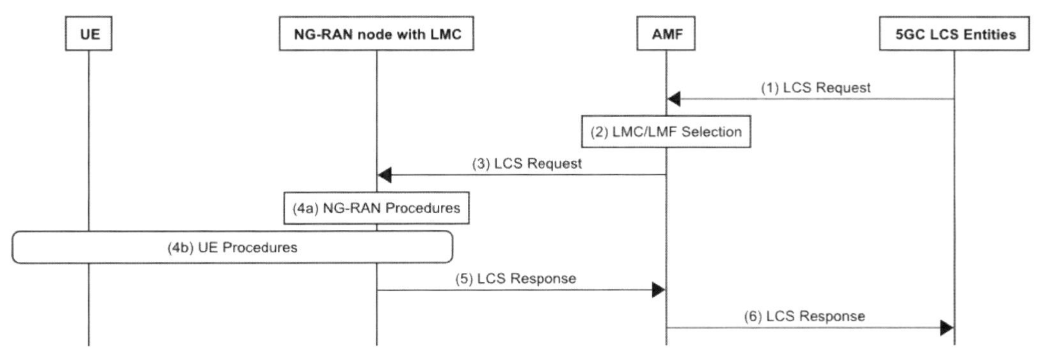

그림 2-35 5G 측위 데이터 처리 절차 예

5G에서 대표적인 측위 데이터 처리 절차를 보면, 외부 LCS Entitiy에서 단말기 위치파악을 요구할 경우, 이 정보는 AMF와 기지국(NG-RAN)을 통해서 단말기로 전송된다. 단말기는 이러한 요구메시지를 받아서 자체 측위를 한 다음 다시 LCS Entity로 전송해주는 절차를 수행한다.

이동통신망을 활용한 측위 절차를 보면, 외부에서 단말기 위치파악 서비스를 요구할 경우,

먼저 코어망에 있는 LCS Client Entity에서 특정 단말기의 위치를 요구할 수 있다. LCS Client는 측위서버인 SMLC(Serving Mobile Location Center)에 해당 단말기 ID(MSISDN, IMSI, IMEI)를 전달한다.

이후, SMLC는 단말기(UE)와 측위정보를 처리하는 Protocol인 LPP(LTE Positioning Protocol)를 설정하여 관련 정보를 송수신한다. SMLC가 단말기에 요구하는 첫번째 사항은 단말기가 처리할 수 있는 기능(Capabilites)이 무엇인지를 문의한다.

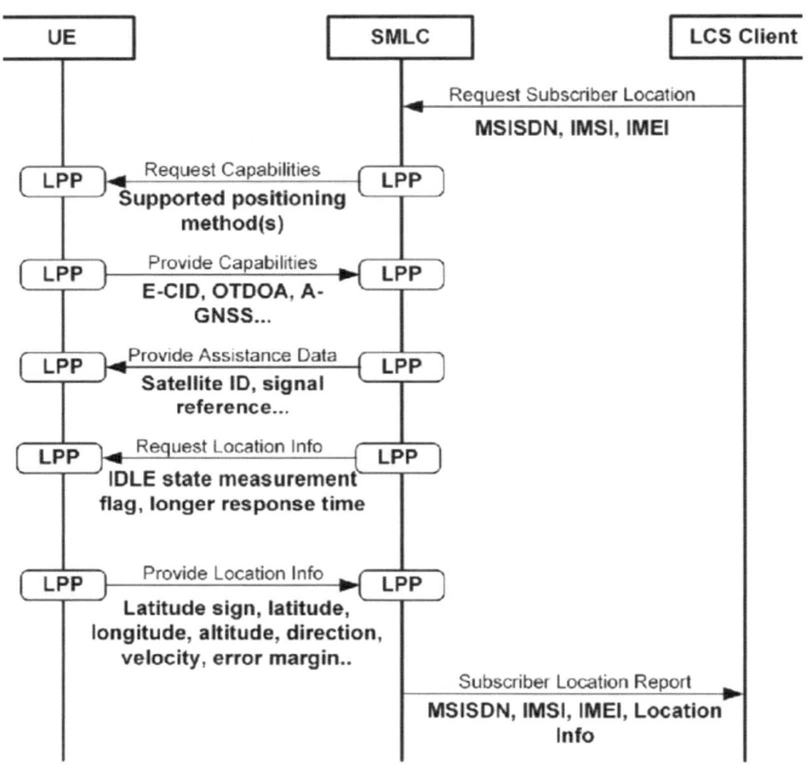

그림 2-36 이동통신 측위 절차 예

단말기는 처리할 수 있는 기능에 대한 응답으로 E-CID, OTDOA, A-GNSS 가능여부를 SMLC로 보내면, SMLC는 A-GNSS를 선정하여 해당 단말기가 현재 위치에서 수신할 수 있는 위성정보를 보낸다.

단말기는 이 위성정보를 활용하여 자신의 위치를 측정한 다음, 다시 LPP를 통하여 SMLC로 위도, 경도, 고도 등의 측위정보를 보낸다. 이러한 단말기 위치정보를 기반으로 SMLC는 서비스를 요구한 LCS Client로 결과를 전송하는 절차을 수행한다.

2) A-GNSS

A(Assisted)-GNSS는 휴대폰이 GNSS 신호를 빨리 수신할 수 있도록 관련된 정보를 이동통신망에서 휴대폰으로 전송하는 방식이다. GNSS 수신기(예, 휴대폰)는 초기 GNSS 신호를 받기 위하여 많은 시간이 소요된다. A-GNSS는 GNSS 초기 정보를 이동통신망에서 휴대폰으로 전송해서 빠르게 GNSS 신호를 받는 방법이다.

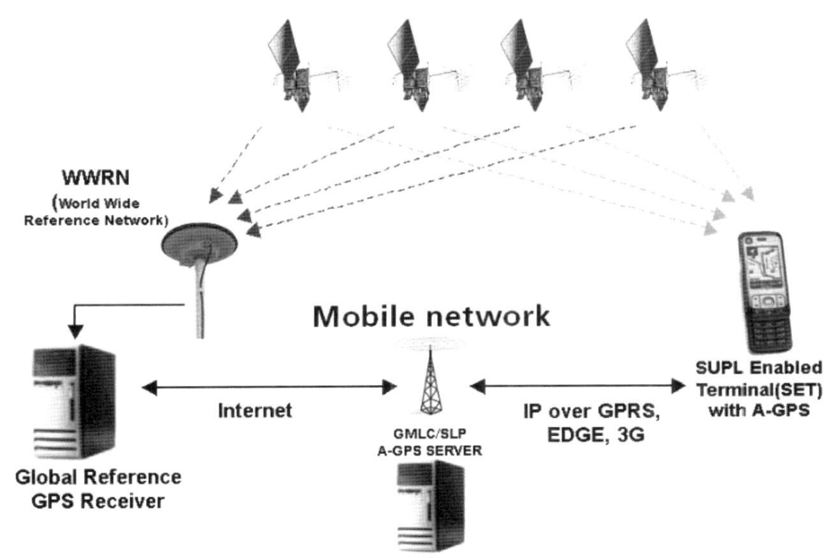

그림 2-37 A-GNSS를 위한 시스템 구성도

즉, 이동통신망이 GNSS 정보를 빨리 받을 수 있도록 휴대폰을 도와준다는(Assisted) 의미이다. A-GNSS는 휴대폰이 GNSS와 LOS(Line Of Sight) 환경이 아닌 지역, 주변 장애물이 많은 지역 또는 강우로 인하여 GNSS 신호가 약한 환경을 보완하기 위한 독적도 있다.

A-GNSS를 위한 시스템 구성은 이동통신 코어망에 LCS 서버가 추가되어야 하고, 이 LCS 서버는 자체 GNSS 수신장치를 가지고 있어서 항상 새로운 GNSS 정보를 가지고 있다. GNSS 측면에서 볼 때, 이동통신 커버리지는 무시할 정도로 영역이 작기 때문에 하나의 LCS 서버가 처리하는 지역은 우리나라 전체 영역과 같다고 전제한다.

A-GNSS는 휴대폰이 항상 GNSS 칩을 켜지 않고 필요할 때만 GNSS 칩을 활성화시키고, 휴대폰 사용자의 50% 이상은 실내에서 외부로 나갈 때 GNSS 초기 정보를 가지고 있지 않다는 가정에서 시작된다.

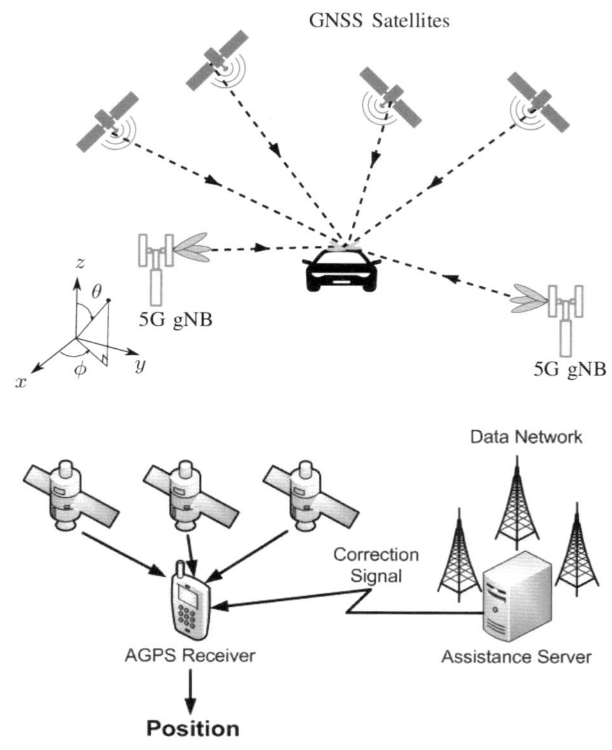

그림 2-38 이동통신망에서 A-GNSS 정보 전송

A-GNSS가 지원되는 휴대폰은 이동통신망으로부터 GNSS 정보를 미리 받은 다음, GNSS 신호를 받는다. 전체적으로 볼 때, 이동통신망에 있는 A-GNSS 서버(즉, LCS 서버)는 현재 휴대폰이 수신할 수 있는 GNSS 위성 정보를 제공해주는 것이다.

GNSS의 대표적인 시스템인 GPS(Global Positioning System)의 경우, LCS 서버는 GPS Navigation Message를 휴대폰으로 전송한다. 이 메시지를 활용하면 휴대폰이 GPS 위성 정보를 빠르게 수신할 수 있다.

이러한 GPS Navigation Message는 LCS 서버와 휴대폰간 Control Plane이나 User Plane으로 전송될 수 있는데, 휴대폰 앱이 어떤 것을 사용할지 결정한다. 일반적으로 처리 절차를 단순화시키기 위해서 User Plane을 많이 사용한다.

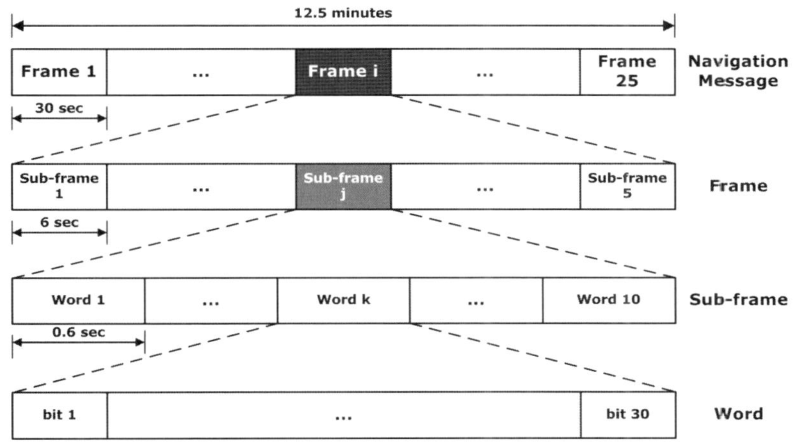

그림 2-39 GPS Navigation Message의 Sub-Frame 구조 〉

GPS Navigation Message는 12.5분 주기로 전송되며, 25개의 Frame으로 구성된다. 하나의 Frame은 5개의 Sub-Frame으로 구성되는데, 이 Sub-Frame에 세부적인 GPS Navigation Message가 포함되어 있다.

GPS Navigation Message에는 Ephemeris Data, Almanac Data, 위성 Health 정보, 위성시계 보정 정보 등이 포함되어 있다. 이러한 정보는 주기적으로 각 위성에서 방송되며, 이 중에서 측위와 관련된 중요한 정보는 Ephemeris Data, Almanac Data이다.

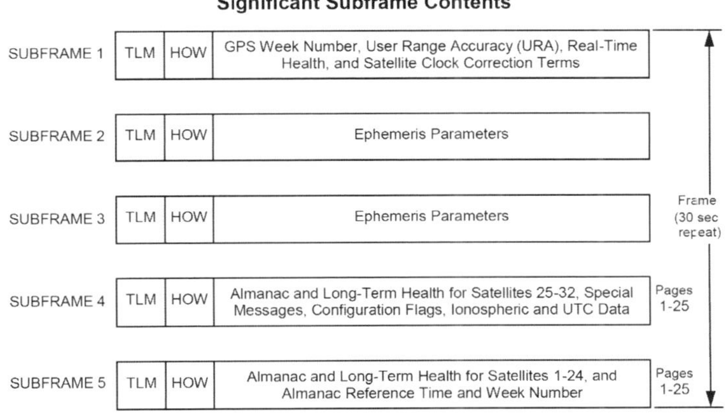

그림 2-40 GPS Navigation Message의 Sub-Frame 구조

Ephemeris Data(천체력 데이터)는 현재 수신기의 위치에서 위성의 위치를 알아내는데 필요하며 위성의 상태, 현재 날짜 및 시간에 대한 중요한 정보도 제공한다.

Almanac Data(책력 데이터)는 하루의 특정 시간에 각 GPS 위성에 어디에 위치해야 하는지를 GPS 수신기에게 알려주며, 해당 위성뿐만 아니라 다른 모든 위성의 궤도 정보도 알려준다.

따라서 휴대폰은 이러한 Ephemeris Data와 Almanac Data를 수신하게 되면, 현재 위치에서 위성정보를 알 수 있기 때문에 빠른 측위가 가능하다. 휴대폰이 이러한 보조정보(즉, Ephemeris Data와 Almanac Data)가 없을 경우, 임의의 시간에 GPS 신호를 수신하는 작업을 반복해야 하기 때문에 위치측위을 확정하는데, 추가적인 시간이 소요된다.

3) E-CID, OTDOA

(1) E-CID

E-CID(Enhanced Cell ID)는 휴대폰이 기지국 위치정보를 이용한 측위 방식이다. 기지국의 위치 정보는 이미 이동통신망에서 알고 있기 때문에 휴대폰은 이러한 기지국으로부터 신호를 받아서 위치를 파악한다.

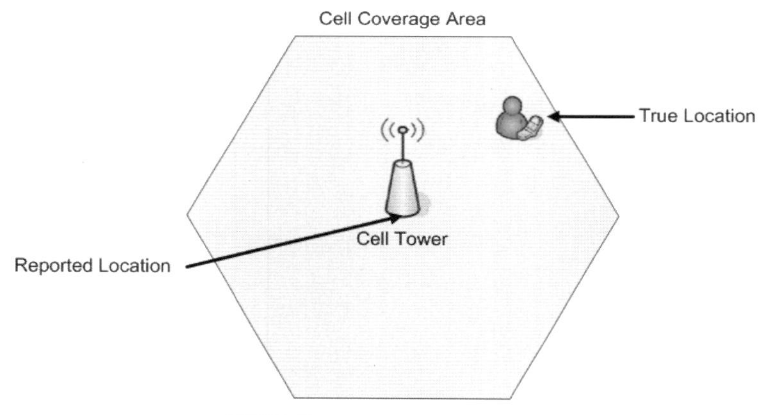

그림 2-41 CID 기반 측위 개념(1)

이동통신은 하나의 기지국이 서비스 하는 지역이 정해져있다. 기지국은 이론적으로 육각형 형태의 셀로 구성되는데, 인접하는 기지국과는 주파수가 다르고, 주파수 간섭이 없는 영역에서는 같은 주파수가 사용된다.

이렇게 기지국은 하나의 영역을 구성하므로 CID 방식은 이러한 기지국 위치를 활용하는 것이다. 즉, 기지국과 연결된 휴대폰은 이동통신망에서 기지국 위치를 활용하여 휴대폰 위치를 알 수 있다.

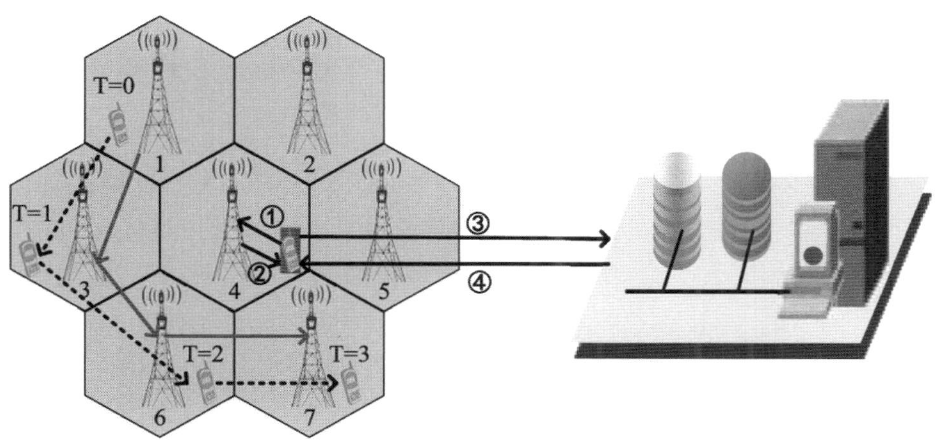

그림 2-42 CID 기반 측위 개념(2)

이 방식은 이동통신망에 큰 투자없이 쉽게 서비스를 제공할 수 있지만, 하나의 기지국이 커버하는 영역이 넓기 때문에 측위 정확도는 매우 떨어진다. 일반적으로 도심지에서 기지국이 커버하는 영역은 반경 500m이고, 시골지역에서 기지국이 커버하는 영역은 수 Km가 된다.

이동통신망에는 각 기지국의 위치(즉, 위도와 경도)가 저장되어있어서 휴대폰이 접속한 기지국 번호(이런 의미에서 Cell ID)를 알 수 있다. 이렇게 기지국 번호를 활용하여 휴대폰이 이동하는 지역도 파악할 수 있다.

CID 방식은 2세대 이동통신부터 적용하고 있으나 측위오차 범위가 커서 다른 신호를 추가하여 정밀도를 높이는 방안으로 발전되고 있다. E-CID는 기존 CID에 측위 정확도를 높이기 위하여 RTT(Round Trip Time), AOA(Angle Of Arrival)와 같은 측위기술을 추가하여 적용한 것이다.

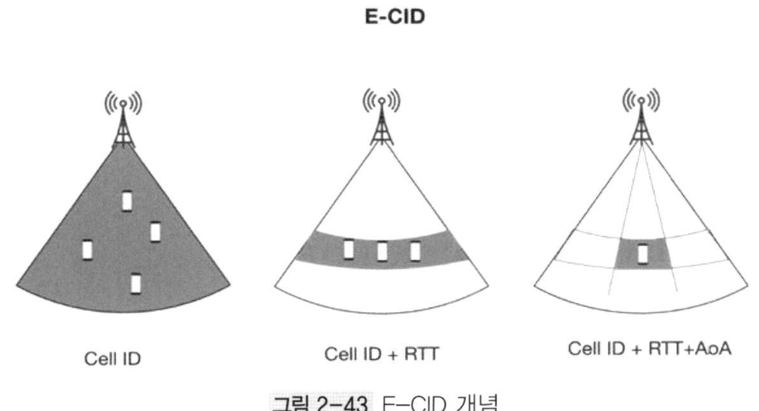

그림 2-43 E-CID 개념

RTT는 이동통신 호처리를 활용하여 전파 전달시간을 활용하는 것으로, 전파의 진행시간을 알면 기지국과 휴대폰간 거리를 알 수 있다. 따라서 이 방식은 기존 CID에 휴대폰이 기지국에 가까이 위치하느냐 멀리 있느냐를 알 수 있는 방법이다.

하지만, 이러한 RTT는 기지국을 중심으로 휴대폰의 위치를 원형으로 판단할 수 있어서 휴대폰의 방향을 파악하지 못하는 문제가 있다. 또한 이동통신은 대부분 지상에서 통신이 이루어지므로 Multipath Fading으로 인한 오류가 발생될 수 있다.

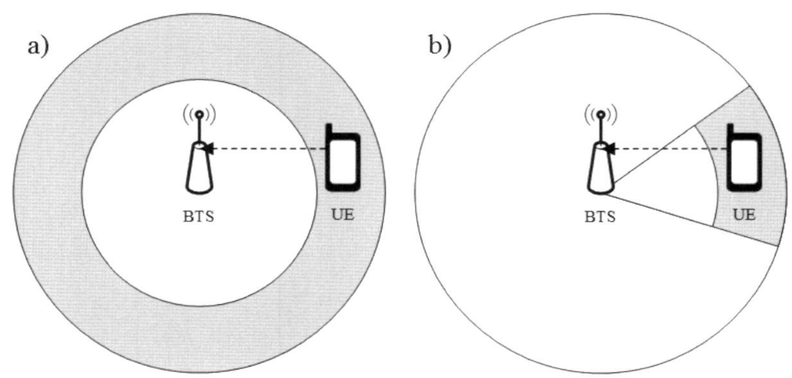

그림 2-44 CID에 RTT, RTT와 AOA 적용

이동통신망을 활용한 CID 측위에서 정확도를 높이는 방안으로 기존 CID와 함께 RTT와 AOA를 동시에 적용하면 더 정밀한 측위가 가능하다. RTT를 통하여 휴대폰이 위치한 원형의 영역을 알 수 있고, AOA를 활용하여 휴대폰의 방향을 알 수 있다.

따라서 기존 CID에 RTT와 AOA를 적용한 방식을 E-CID라고 하고, 4G와 5G에 활용되고 있다. 물론 AOA를 위해서는 기지국과 휴대폰에 Array Antenna가 구현되어야 한다.

E-CID 방식은 여전히 오차 범위가 커서 일반적으로 실외측위는 A-GNSS가 활용되고 있고, E-CID는 A-GNSS를 사용할 수 없는 경우에 사용된다. 하지만 E-CID는 GNSS를 활용할 수 없는 건물내에서 어느 정도 동작하기 때문에 비상상황(Emergency)에 활용되기도 한다.

(2) OTDOA

OTDOA(Observed Time Difference Of Arrival)는 ① 단말기 주변에 있는 다수의 고정된 장치(기지국 또는 Anchor)가 제어신호(또는 메시지)를 단말기로 보내고, ② 단말기는 이 제어신호에 대한 응답을 이동통신망의 측위서버로 보내면, ③ 측위서버가 최종으로 위치를 결정한다.

이동통신에서 이 방식은 별도의 신호를 사용하여 휴대폰에서 송출하는 신호를 다수의 기지국이 수신하여 코어망에 있는 측위서버에서 위치를 파악하는 기술이다. 일반적으로 OTDOA는 GNSS 신호가 약해서 정확한 위치 파악이 힘든 지역이나 GNSS 신호가 없는 실내에서 사용된다.

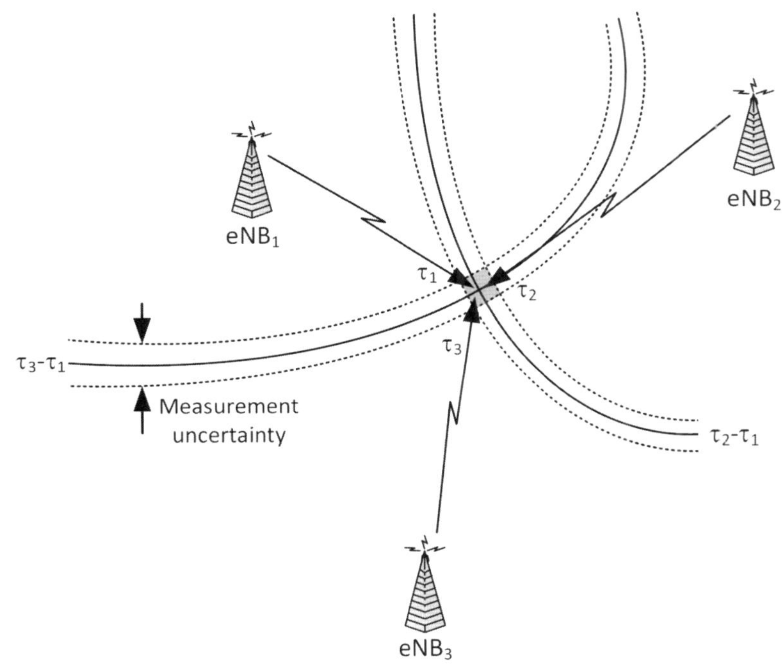

그림 2-45 LTE에서 OTDOA 개념(출처: Qualcomm)

OTDOA는 Down Link(기지국 → 단말기) 신호를 활용하며, 단말기는 각각의 기지국으로부터 받은 TOA(Time Of Arrival)를 측정하여 자체적인 시간과 비교한다. 예를 들어 단말기에서 기지국(LTE에서 eNB) 1과 기지국 2으로부터 받은 시간은 t2,1= τ2 −τ1이 된다.

이렇게 단말기가 2개 이상의 기지국으로부터 전송되는 제어정보를 활용하여 각 기지국으로부터 시간차를 측정한다. 단말기가 측정한 시간정보는 다시 이동통신망으로 전송하여 측위서버에서 최종적으로 위치를 결정한다.

측위 서버는 이미 기지국의 위치를 알고 있기 때문에 단말기가 수신한 각 기지국의 시간차이를 이용하여 단말기 위치를 파악할 수 있다. 이때 측위서버는 각 기지국과 시간적인 동기가 되어야 한다.

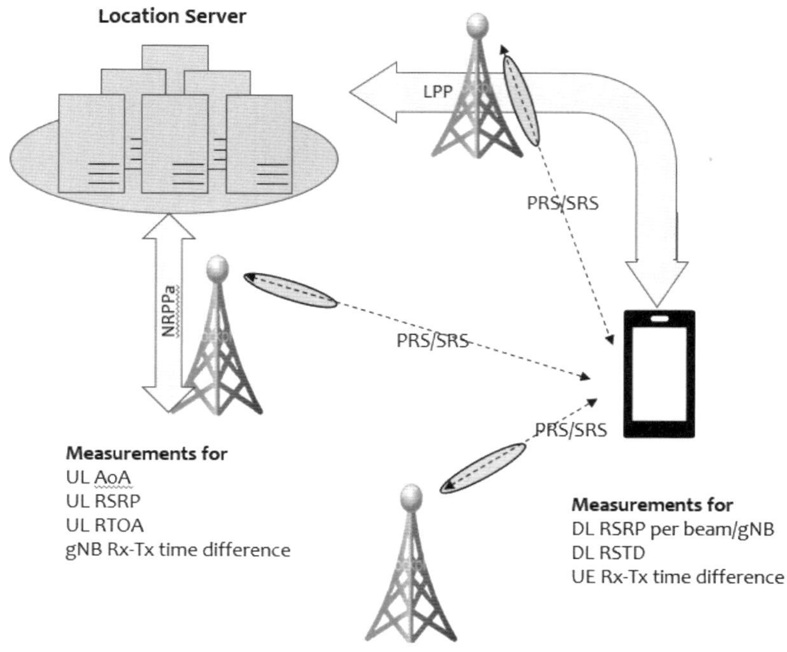

그림 2-46 OTDOA를 위한 제어신호

LTE와 5G에서는 OTDOA를 위하여 RSTD(Reference Signal Time Difference)를 사용하는데, 이것은 각 기지국간 시간차이 정보이다. 이러한 RSTD 정보는 Down Link 신호로써 다양한 전파환경에 따라서 정확도가 떨어질 수 있다.

따라서 3GPP는 RSTD와 함께 OTDOA 측위 정확도를 높이기 위하여 PRS(Positioning Reference Signals)를 정의했다. PRS는 단말기가 측정해야 할 시간의 범위를 알려줘서 정확도를 높이는 방법이다.

5 AI 기술 활용

1) AI 기술

최근에는 기존 측위기술에 AI(Artificial intelligence), Big Data 분석과 같은 기술을 적용하여 측위를 빨리하거나 측위정확도는 높이고, 좀 더 사용자가 원하는 서비스를 제공하고 있다.

AI(Artificial Intelligence, 인공지능)란 컴퓨터가 인간과 유사한 지능을 가지도록 인간의 학습, 추론, 지각, 자연어 처리 능력 등을 컴퓨터 프로그램으로 구현하는 기술이다. 다르게 표현하면, AI는 사람처럼 생각하고, 행동하는 기계나 컴퓨터 프로그래밍 또는 인간의 지능 원리를 규명하여 공학적으로 구현된 기술로도 정의될 수 있다.

지능이란 본능이나 자동으로 행동하는 대신, 생각하고 이해하여 행동하는 능력이며, AI란 인공적으로 만든 지능이다. 또한 옥스포드 사전에는 AI를 시각인식, 음성인식, 의사결정 그리고 번역과 같이 인간의 지능이 요구되는 일을 수행할 수 있는 컴퓨터라고 정의했다.

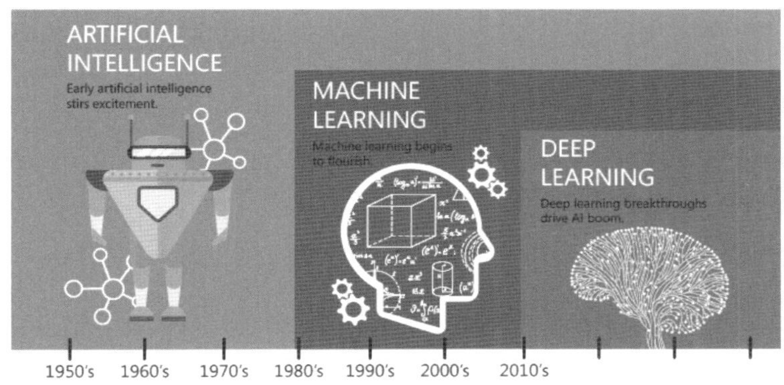

그림 2-47 AI, Machine Learning, Deep Learning 관계

AI, Machine Learning, Deep Learning 의 관계를 보면, AI가 가장 큰 개념이며 AI를 구현하는 방법 중에 하나가 Machine Learning이고, 이 Machine Learning을 구현하는 기술 중에 Deep Learning이 있다.

시간적으로 볼 때, AI는 1950년대에 정의되었고, Machine Learning은 1980년대부터 연구되었으며, Deep Learning은 2010년대에 개발되었다.

Machine Learning(ML, 기계학습)은 컴퓨터에 명시적으로 프로그래밍을 하지 않아도 학습할 수 있는 능력을 부여하는 컴퓨터 과학이다. 즉, Machine Learning은 사람의 도움없이 컴퓨터가 스스로 학습하는 기술이다. 또한 Machine Learning은 데이터에 내재된 패턴, 규칙, 의미 등을 컴퓨터가 스스로 학습하여 새롭게 입력되는 데이터에 대한 결과를 예측하는 기술로도 정의될 수 있다.

Deep Learning은 Machine Learning을 구현하는 방법으로 사람의 뇌 구조와 동작을 응용한 인공신경망(ANN, Artificial Neural Network)을 활용하여 컴퓨터가 스스로 학습하는 기술이다. Deep Learning을 실제로 구현하는 방법은 DNN(Deep Neural Network, 다층 신경회로망)으로 사실상 Deep Learning과 DNN은 같은 의미이다.

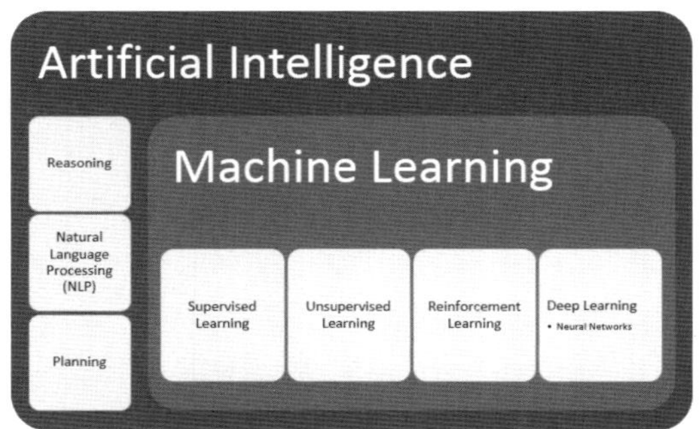

그림 2-48 AI, Machine Learning 구현 기술

AI를 위한 기술로는 Reasoning, NLP(Natural Language Processing), Planning, Machine Learning 등이 있으나, 현재 학습기술로는 Machine Learning이 가장 많이 사용된다. 또한 Machine Learning을 구현하는 방법으로는 Supervised Learning, Unsupervised Learning, Reinforcement Learning, Deep Learning 등이 있다.

그동안 AI를 구현하기 위하여 많은 노력이 있었지만, 2010년대에 결정적으로 새로운 DNN 알고리듬이 등장하면서 급격히 확산되는 계기가 되었다.

AI 용어는 1956년 John McCarthy(존 메카시)가 Dartmouth 대학에서 열린 컨퍼런스에서 최초로 사용했고, 당시 John McCarthy가 정의한 AI는 "the science and engineering of making intelligent machines"로 지능적인 기계를 만드는 과학과 기술이었다.

John McCarthy가 AI 용어와 개념을 정의하기 이전인, 1950년에 영국의 수학자인 Alan Turing(알란 튜링)은 지능을 가진 기계를 제안했는데, 이때 "Computing Machinery and Intelligence"라는 논문을 발표하면서 컴퓨터로 복잡한 계산과 논리를 처리할 수 있는 지능적인 기계를 제안했었다.

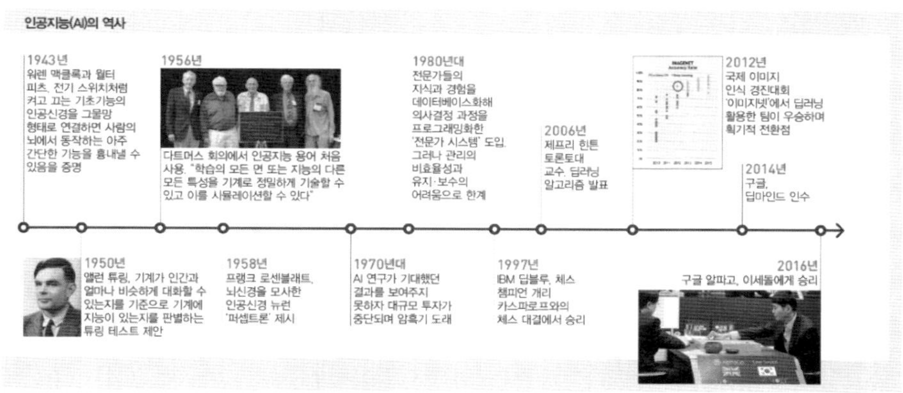

그림 2-49 AI 기술 역사

이후, Alan Turing은 상대방이 사람인지 컴퓨터인지 시험하는 'Turing Test'를 제안했는데, Turing Test는 "기계가 얼마나 인간과 비슷하게 대화할 수 있는지 기준(즉, 기계가 지능이 있는지 여부)을 판별하는 시험"이다. 현재도 이 방법은 사용되고 있다.

Turing Test는 질문자 한 명(사람)과 응답자가 둘이 있는데, 응답자 중에 하나는 컴퓨터이고 다른 한 명은 사람(Human)이다. 질문자(또는 Evaluator)는 어느 쪽이 사람인지 컴퓨터인지를 모르고, 응답은 키보드로만 이루어진다. 테스트 결과, 질문자가 어느 쪽이 컴퓨터인지 판별할 수 없다면, 그 컴퓨터는 사람처럼 사고할 수 있다고 판단하는 방법이다.

이후, 1970년대에 AI를 실제 환경에 적용을 시도한 예는 '전문가 시스템'으로, 전문가 시스템은 일반인이 AI의 도움을 받아서 전문가 수준의 지식을 활용하는 것이다. 예를 들어, 일반인이 의사나 약사 수준의 의학지식을 가지고 질병에 대응하는 시스템이다.

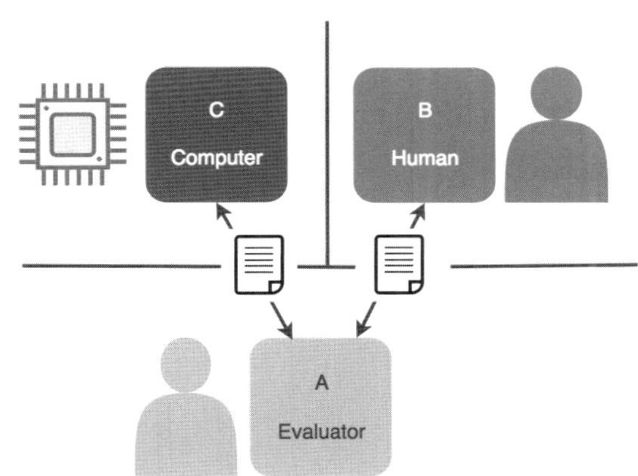

그림 2-50 Turing Test 방법

하지만, 이러한 전문가 시스템은 전문가의 인터뷰로만 지식을 확보할 수 있어서, 지식의 영역이 넓어지고 깊어짐에 따라 장기간에 걸쳐서 지식을 지속적으로 확보하기 어렵고, 오류를 수정하는 방법에서 한계가 있었다.

이러한 환경에서 컴퓨터가 지식을 스스로 학습하는 개념인 Machine Learning이 등장했고, 1959년에 AI를 구현하기 위한 기술로 당시 IBM 연구원이었던 Arthur Samuel은 다음과 같이 Machine Learning을 정의했다. "Machine Learning is a field of study that gives computers the ability to learn without being explicitly programmed".

즉, Arthur Samuel은 Machine Learning을 "명시적으로 프로그램이 작성되지 않아도 컴퓨터가 스스로 학습할 수 있는 능력을 제공하는 학문"이라고 정의했다.

이러한 개념의 Machine Learning을 구현하는 방법으로 1980년대와 1990년대에 사람의 뇌 구조와 동작 기반의 인공신경망(ANN, Artificial Neural Network)이 연구되었다. 당시에는 인공신경망 이외에도 Machine Learning을 구현하는 기술로 퍼지 이론(Fuzzy Theory), 카오스 이론(Chaos Theory), 유전자 알고리듬(Genetic Algorithm) 등의 기술이 있었다.

하지만, 당시 연구된 인공신경망은 학습과정에서 ① 엉뚱한 데이터를 학습하는 문제, ② 계산시간이 많이 걸리는 문제(예: 학습에 3일 소요) 등의 이슈로 연구가 지속되지 못했다. 이러한 기술적인 문제로 2000년대에는 Machine Learning을 구현하기 위하여 인공신경망보다는 확률적인 통계기반의 연구도 있었다.

이후, 2006년에 당시 토론토 대학의 Jeffrey Hinton 교수는 DNN(Deep Neural Network)에서 그동안 이슈가 되었던 몇 가지 문제를 해결하는 논문을 발표했다. 대표적인 해결방법은 학습 시 사전학습을 통하여 데이터가 없어지는 것(Vanishing Gradient)을 방지했고, 새로운 데이터를 처리 못하는 문제는 일부 노드를 누락(Dropout)시켜서 해결했다.

이 기술을 기반으로 2012년에는 컴퓨터가 학습을 하기 전에 사람의 작업없이(예: 특징점 추출) 컴퓨터가 스스로 데이터를 분석하고, 구별하게 되었다. 예를 들면, 다양한 동물이 있는 사진 속에서 고양이를 찾을 경우, ① 컴퓨터는 사전에 고양이에 대한 정보없이 ② 다수의 사진을 스스로 학습하여, ③ 사진속에서 고양이를 구분해 낼 수 있었다.

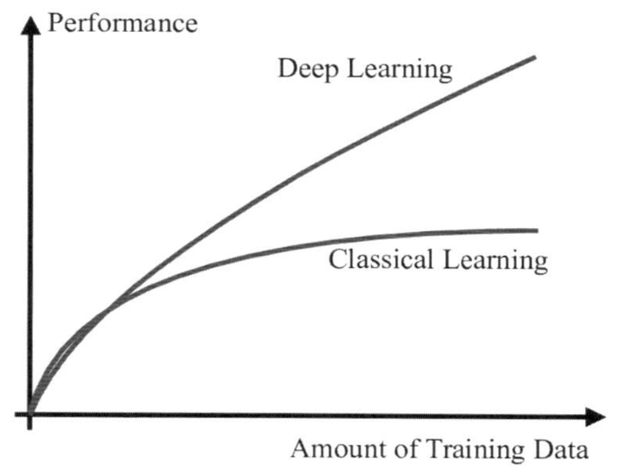

그림 2-51 학습 데이터 양과 정확도 관계

또한 Deep Learning 기술이 관심을 받게 된 배경은 사용자에게 원하는 양질의 서비스를 제공하기 위해서는 많은 데이터가 필요한데, 기존의 학습방법(Classical Learning)으로는 서비스 제공에 한계가 있었다.

기존 학습 알고리듬은 학습해야 할 데이터가 많아질수록 성능이 증가되지 않는 문제가 있지만, Deep Learning은 학습해야 할 데이터가 많으면 많을수록 학습의 정확도(또는 성능)는 증가된다.

즉, 많은 사진에서 고양이가 있는 사진만 골라 낼 경우, 기존의 방법으로는 사진의 개수가 많아질수록 정확하게 고양이 사진을 찾을 수 없었지만, Deep Learning은 사진의 수가 많아질수록 고양이 사진을 찾을 확률은 높아진다.

이때 기존의 방법은 고양이의 정면 사진은 잘 찾는데, 고양이 옆면이나 뒷면인 경우 구분이 어려울 수 있었다. 하지만, Deep Learning은 다양한 각도의 고양이 사진이나 명암 차이가 큰 사진에서도 고양이를 찾을 수 있다.

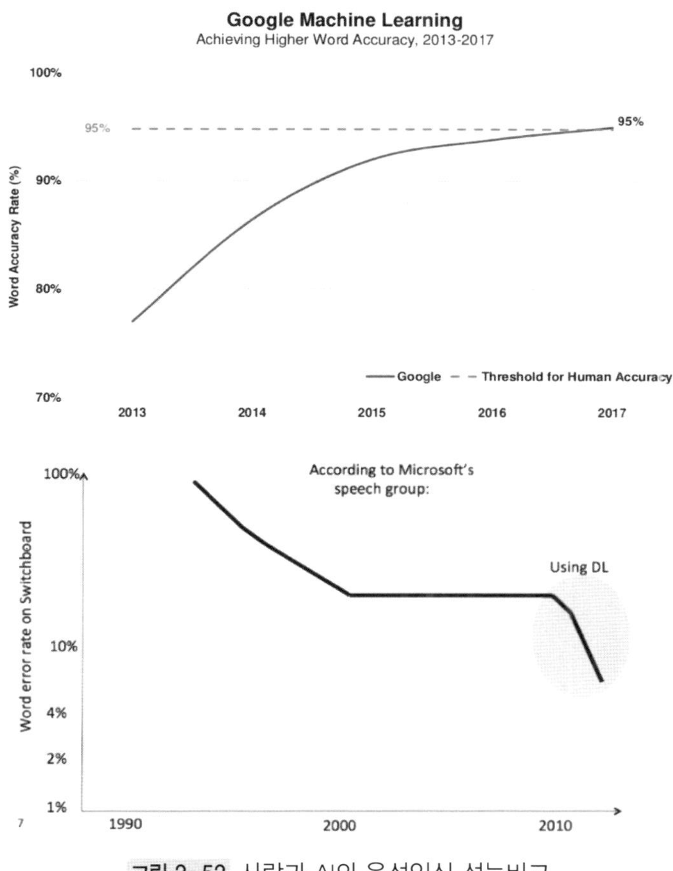

그림 2-52 사람과 AI의 음성인식 성능비교

이렇게 AI가 성장하게 된 배경 중에 하나는 Big Data인데, 음성이나 이미지 인식에서 학습을 위하여 많은 데이터가 필요하고 최근에는 이러한 데이터를 쉽게 확보할 수 있는 환경이 되었다. Google은 자체적으로 매우 많은 이미지를 보유하고 있어서(즉, 학습용 이미지가 많아서) Google의 이미지 인식율이 다른 회사보다 높다.

또한 Web에 있는 매우 많은 데이터를 자동으로 수집하는 Web Crawling(간단히, Crawling) 기술이 발전되었고, 이렇게 수집된 Big Data를 효과적으로 저장하는 분산 Database기술이 발전되어 학습을 위한 Big Data를 쉽게 확보할 수 있다.

이러한 배경으로 Google은 2017년에 음성인식에서 AI가 이미 사람보다 인식률이 높다고 발표했다. 특히, 잡음이 많은 환경에서 AI는 사람보다 음성인식을 더 잘 한다는 밝혔다. 이미지 인식도 비슷하게 2017년 이후에는 AI가 사람보다 인식을 잘 하는 것으로 알려져 있다.

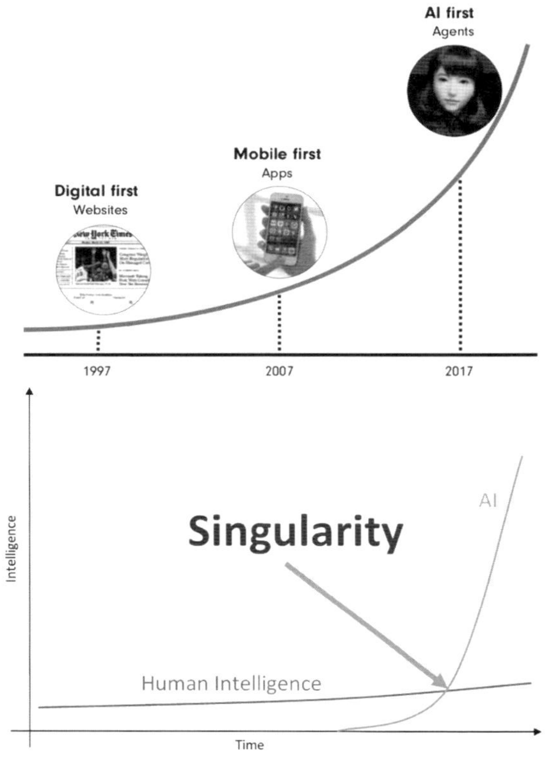

그림 2-53 AI First 시대, Singularity

다수의 IT 언론은 1990년대가 Digital First 시대였고, 2000년대는 Mobile First, 2010년대는 AI First 시대라고 평가했다. 이러한 맥락에서 2017년 이후부터는 Google, Microsoft, Apple, Amazon, Qualcomm 등 주요 IT 회사는 AI First를 주된 기술개발 방향으로 설정하고 있다.

Google은 DNN 알고리듬을 처리하는 전용칩(서버에서 동작)인 TPU(Tensor Processing Unit)를 자체 개발하여 적용했다. Amazon과 Facebook 등도 서버에 적용되는 AI칩을 자체 개발 중이며, Qualcomm과 삼성은 디바이스 칩에 AI 일부 기능을 적용했다.

사람과 AI의 지능 수준을 시간에 따라 비교할 때, 사람의 지능은 큰 변화가 없지만 AI 기술은 급격히 발전되어 AI 지능이 계속 높아져서, AI가 사람의 지능보다 높아지는 지점을 Singularity(특이점)라고 한다.

다수의 언론은 복합적인 작업을 할 때, AI가 여전히 사람의 지능을 따라올 수 없지만, 어느 시점에는 복합적인 작업도 AI가 사람 지능보다 좋을 수 있다고 언급했다. 이러한 배경에는 개선된 Deep Learning 알고리듬, Big Data 처리 기술, 관련된 AI 칩 기술이 발전되기 때문이다.

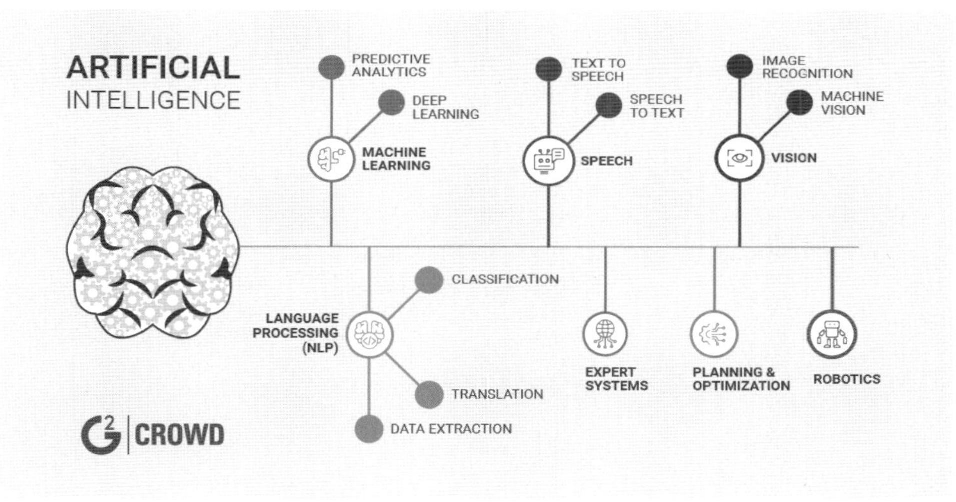

그림 2-54 AI 기술 활용 분야

AI 기술 적용 분야는 음성인식, 이미지 인식, 언어번역, 로봇 제어, 자율주행차, IoT 등 다양하다. 이렇게 AI 기술은 많은 산업분야에 광범위하게 적용될 수 있기 때문에 대부분 IT 회사는 AI 기술 개발에 집중하고 있다.

예를 들어 AI 기술은 IoT 분야에 적용되기 시작하여 고품질의 서비스를 제공하고 있다. IoT 디바이스에는 센서가 포함되는데, 이 센서는 부정확한 데이터를 센싱하거나 센서 자체의 문제로 잘못된 데이터를 출력할 수 있는데, 이 경우 AI를 적용하면 어느 정도 문제를 해결할 수 있다.

AI 기술에서 Machine Learning 기법인 DNN은 이미지 인식, 영상인식, 로봇 등 여러 분야에 적용될 수 있다. 또한, DNN 기술을 이미지 인식 위주로 설명하는 것이 일반적으로 이해하기 쉽다.

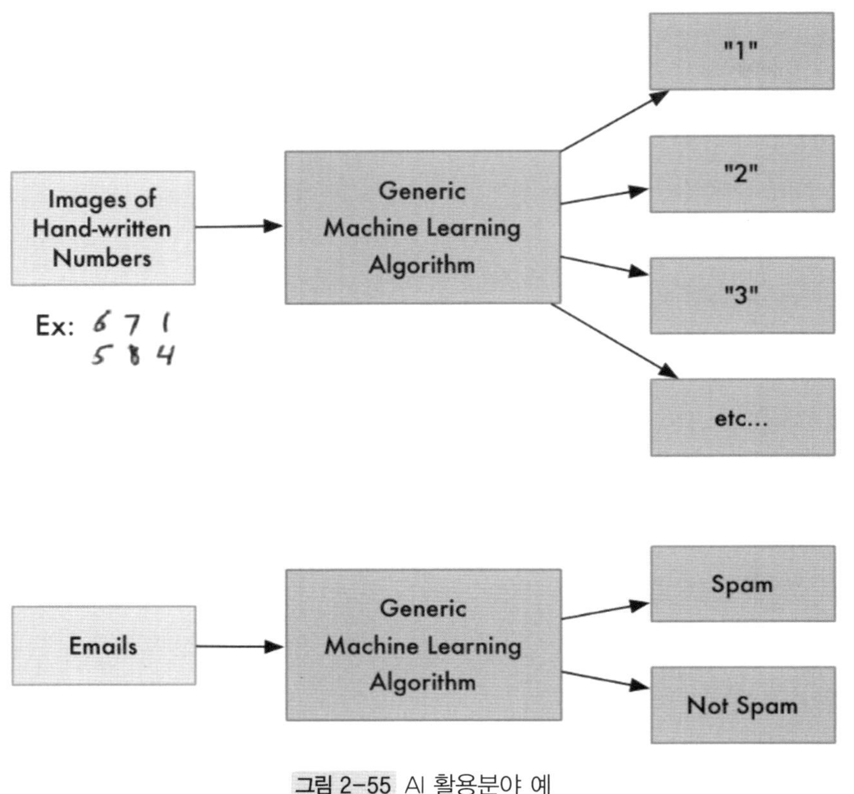

그림 2-55 AI 활용분야 예

AI 활용분야 예를 보면, 사람이 쓴 글씨를 컴퓨터가 인식하여 쉽게 파일로 만들 수 있고, AI가 이메일 내용을 분석하여 스팸 여부를 판정해줄 수 있다. 이러한 2개의 예는 모두 사람이 할 수 있지만, 숫자 인식의 경우 인식해야 할 숫자가 많거나 빨리 처리하기 위해서는 AI 기술을 활용하면 편리하다.

2) 구현방법

측위에서 AI 기술은 주로 측위 정확도를 높이기 위한 방법으로 사용되고 있으며, 이 AI 기술은 측위서버(또는 LBS Platform)나 단말기에 구현된다. 일반적으로 AI 기술은 측위서버에 구현되며, 측위 정확도를 높이려면 학습(즉, Machine Learning)을 위한 많은 데이터가 필요하다.

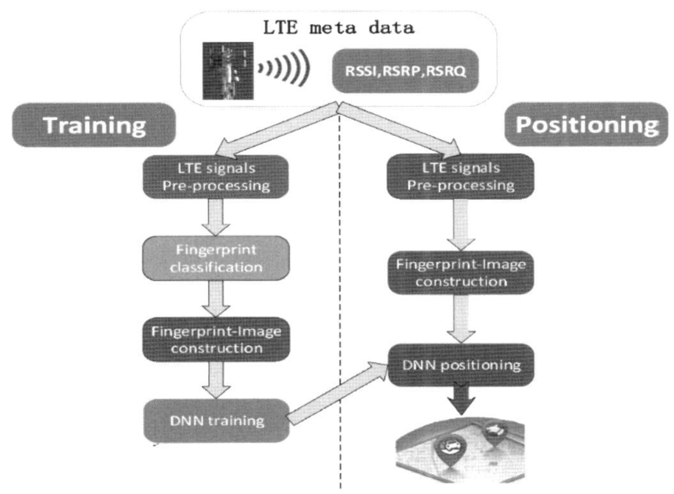

그림 2-56 이동통신 Fingerprinting의 AI 적용 사례

예를 들어 Fingerprinting을 활용한 측위에서 측위 정확도를 높이기 위하여 AI가 적용될 수 있다. LTE(Long Term Evolution) 이동통신이나 Wi-Fi의 Fingerprinting에서 Fingerprinting 지도를 제작할 때, AI의 기능인 Machine Learning이 활용될 수 있다.

이 경우, Fingerprinting의 전파지도를 제작하기 위하여 다수의 측정 데이터를 학습시켜서 객관적인 전파지도를 구축할 수 있다. 이렇게 구축된 전파지도는 사용자가 측위결정에 사용되며, 측위결정 알고리듬에도 AI 기술이 적용된다.

최근에는 Fingerprinting 지도 제작을 위하여 측정자가 일일이 모든 위치 데이터를 구축하는 방법보다는 서비스를 활용하는 사용자 데이터를 사용하는 방향으로 진행되고 있다. 일종의 Crowd 방식의 전파지도 제작이며, 이렇게 수집된 많은 데이터는 결국 AI의 학습용 데이터로 사용된다.

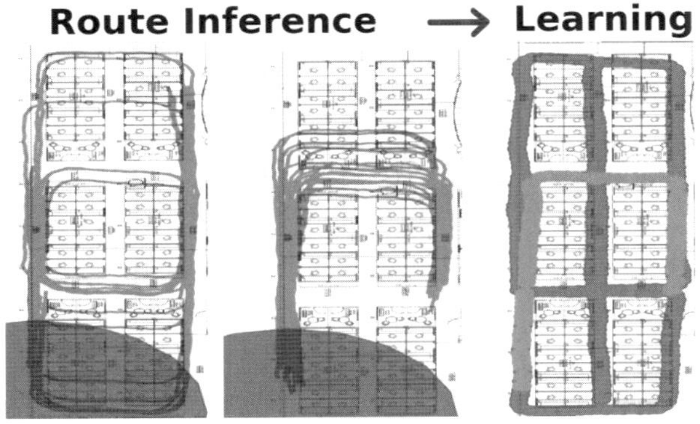

그림 2-57 이동경로 학습(출처: IBM)

AI 기술은 Tracking 서비스에도 적용될 수 있는데, 격자형태의 실내 공간에서 사람이 이동하는 경로를 최적화시켜서 표시할 수 있다. 즉, 많은 사람이 이동한 경로는 좌우이동, 앞뒤이동 등과 같이 불규칙하다.

이 경우, AI 기술을 적용하여 이동편차를 줄일 수 있다. 이러한 방법은 실외에서 차량 네비게이션을 위한 Map Matching에도 활용될 수 있다. 네비게이션에서 Map Matching은 차량의 위치를 항상 도로에 위치시키는 방법이다.

차량이 GNSS나 이동통신망을 활용한 네이게이션에서 GNSS와 이동통신망의 측위오차로 차량의 위치가 도로가 아닌 지역에 위치가 설정될 수 있는데, AI 기술을 적용하여 이러한 오차를 줄일 수 있다.

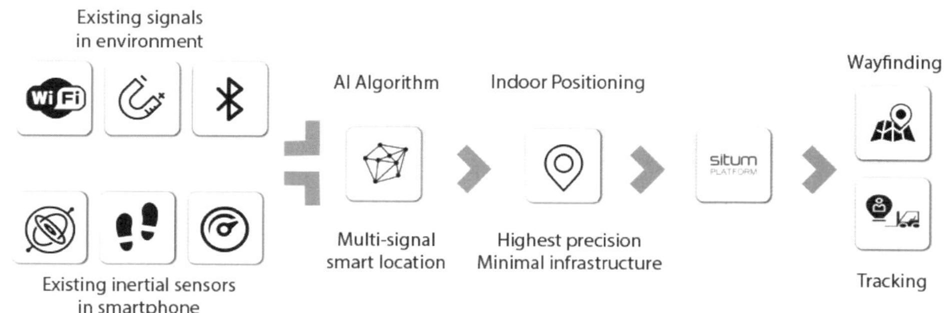

그림 2-58 Hybrid 측위에서 AI 적용 사례(출처: Situm)

한편, AI 기술은 Hybrid 측위에 유용하게 사용될 수 있는데, 예를 들어 Wi-Fi, Bluetooth, 관성센서, 지자기 등의 신호를 활용한 실내측위에서 다수의 신호를 조합해서 최적의 위치를 파악하는데 AI 기술이 사용될 수 있다.

6 성능평가, 기준점

1) 평가지표

측위와 관련된 주요 성능평가 항목은 TTFF(Time to First Fix), Accuracy, Precision, Availability, Latency, 수신기 감도(Sensitivity), Velocity Accuracy 등이 있다.

TTFF는 단말기에서 측위 서비스를 시작한 후, 측위가 완료될 때까지 시간이다. TTFF는 GNSS 측위에서 많이 사용되며, 일반적으로 휴대폰에서 서비스 앱을 누른 시점에서 위치파악이 완료되어 화면에 표시될 때까지 시간이다.

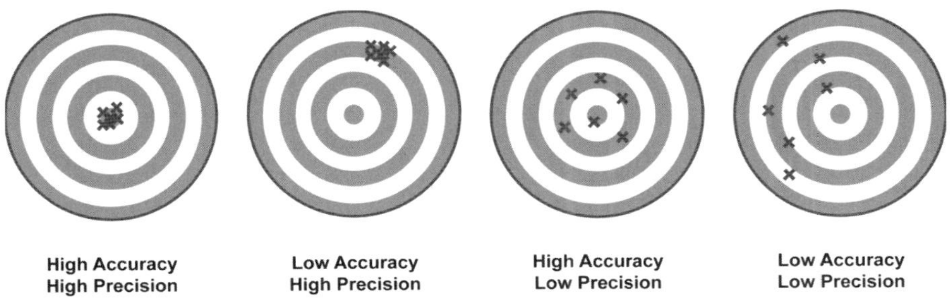

그림 2-59 Accuracy와 Precision 비교

Accuracy(정확도)는 True Position(진짜 위치)에 얼마나 가까우냐를 측정하는 값이고, Precision(정밀도)은 측위값 오차범위가 어느 정도인지를 측정하는 수치이다. High Accuracy와 High Precision은 Ture Position 위치에서 측위오차가 적은 경우이다.

국내는 True Position(또는 True Point) 값을 국토지리정보원에서 관리하고 있으며, True Position의 주요 내용은 위도, 경도, 고도이다.

Accuracy와 Precision을 측정하는 방법은 동일지점에서 시간 간격을 두고, 여러 번 측정하여 평균값을 산출한다. 일반적으로 측위오차는 측정시점이나 수신기 특성에 따라 다를 수 있기 때문에 측정을 많이 할수록 객관적인 값을 얻을 수 있다.

GNSS(Global Navigation Satellite System)에서 PDOP(Position Dilution Of Precision)에 따라서 Accuracy 차이가 있다. PDOP(또는 GDOP(Geometric Dilution Of Precision))는 GNSS 수신기 측면에서 GNSS 위성간 떨어진 정도를 의미한다.

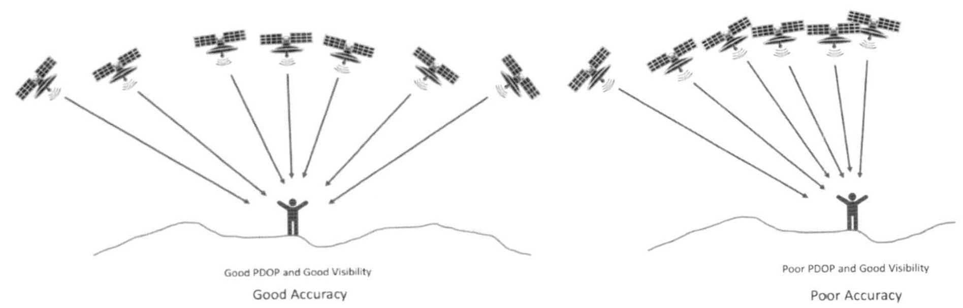

그림 2-60 GNSS 에서 PDOP에 따른 Accuracy 정도(출처: agsgis)

PDOP와 Accuracy의 관련성을 보면, 다수의 GNSS 위성이 서로 떨어져 있으면 수신기의 Accuracy가 좋아지고, GNSS 위성이 서로 가까이 있으면 수신기의 Accuracy가 나빠진다. 이것은 수신기 측면에서 삼변측량으로 측위할 때, 각 위성이 가까이 있어서 삼변측량 분해능이 떨어지기 때문이다.

Availability(가용성)는 주변환경이나 시간적인 조건에 상관없이 측위가 가능한 정도이다. 예를 들어 Availability가 좋은 경우는 수신기가 도시나 시골지역에서 특정 오차범위 내에서 측위가 가능하고 맑은날이나 비오는 날에도 측위가 잘되는 경우이다.

Latency(지연시간)는 데이터 송수신에서 반응속도를 의미한다. 예를 들어, 수신기가 측위서버에 측위를 요청한 후, 수신기가 실시간으로 해당 정보를 받으면 Latency가 적은 경우이다. Sensitivity(감도)는 수신기가 어느 정도 전파세기까지 신호를 받을 수 있느냐의 정도로 수신기 감도가 좋으면 미약한 전파를 수신해도 측위가 가능하다.

Velocity Accuracy(이동중 정확도)는 이동하는 차량을 대상으로 어느 정도 속도로 이동할 때까지 측위가 가능한 정도를 나타낸다. 수신기가 고속 이동시 Doppler Effect(도플러 효과)로 인하여 정확한 신호를 수신하기 어렵다.

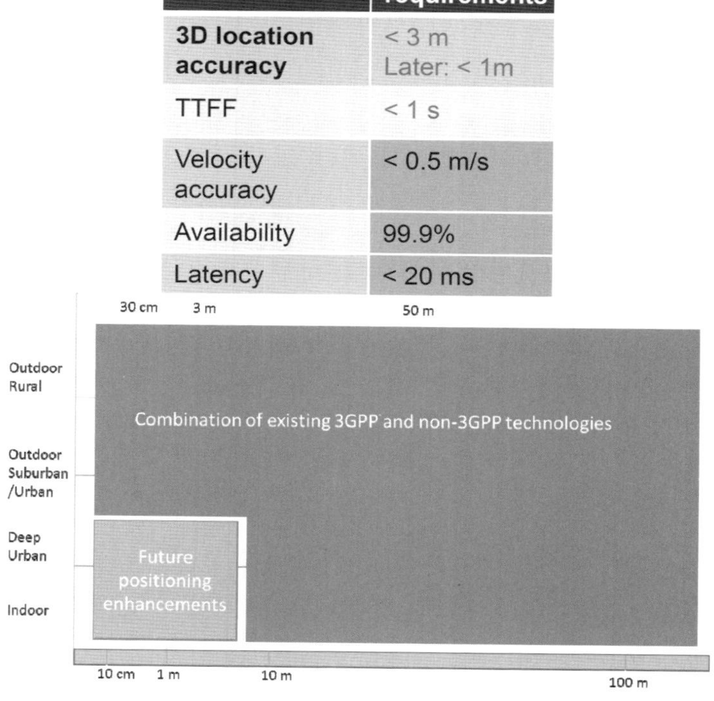

5G KPIs	Commercial requirements
3D location accuracy	< 3 m Later: < 1m
TTFF	< 1 s
Velocity accuracy	< 0.5 m/s
Availability	99.9%
Latency	< 20 ms

그림 2-61 5G 이동통신 측위 성능 목표(출처: 3GPP)

이러한 측위관련 성능평가 항목에서 이동통신 기술 표준을 정의하는 3GPP(3rd Generation Partnership Project)는 5G 이동통신에서 측위 평가항목인 Accuracy, TTFF, Velocity Accuracy, Availability, Latency 등에 대하여 요구사항을 정의했다.

대표적인 예로 3GPP는 Accuracy 3m 이내, TTFF 1초 이내, Velocity Accuracy 0.5m/s 이내 등과 같이 3GPP는 5G망을 활용한 측위 성능을 정의하고 있다.

2) 위치 기준점

위치 기준점은 특정 국가나 단체에서 해당 지역의 절대적인 기준위치(주로 위도, 경도, 고도)이다. 국내의 경우, 이러한 위치 기준점을 국가 기준점이라고 하고 법으로 정의하여 관리되고 있다.

국가 기준점은 크게 경위도 원점과 수준 원점이 있고, 이러한 정확한 위치 정의를 의하여 우주측지 기준점, 위성 기준점, 통합 기준점 등의 기법을 사용하고 있다. 경위도 원점은 국내의 지리학적 경도와 위도 결정을 위한 기준(시점)이 되는 점이며, 수준 원점은 국내의 수직적 높이 값 결정을 위한 기준(시점)이 되는 점이다.

우주측지 기준점은 국가측지 기준계를 정립하기 위하여 전 세계 초장거리 간섭계와 연결하여 정한 기준점이며, 위성 기준점은 GNSS 측량장비로 인공위성의 신호를 받아 지구상의 위치(수평, 수직)를 결정한 기준점이다.

통합 기준점은 공간적(3차원) 위치를 통합으로 관측하기 위하여 지구표면상의 수평위치, 수직위치(높이) 및 중력이 결정되어 있는 기준점이다.

그림 2-62 국내 경위도 원점과 수직 원점(출처: 국토지리정보원)

우리나라 위치 기준점은 국토지리정보원에서 관리하며, 우리나라에서 경위도 기준이 되는 경위도 원점은 국토지리정보원 내에 있고, 우리나라의 높이의 기준이 되는 수준 원점은 인하공업전문대학 내에 있다.

경위도 원점은 세계 측지계를 기반으로 설정되었으며, 수준 원점은 인천 앞바다의 평균 해수면을 기준(즉, 높이가 0m)으로 결정되었다. 따라서, 국내의 위치(위도, 경도, 고도)는 이러한 위치 기준점으로부터 결정되는 값이다.

CHAPTER

03

GNSS

CHAPTER

03 GNSS

1 개요

1) 주요기술

GNSS(Global Navigation Satellite System, 전세계 위성항법시스템)는 다수의 인공위성이 송출하는 전파 신호를 활용하여 지상에 있는 수신기가 위치를 파악하는 시스템이다. GNSS가 제공하는 기능은 PNT(Positioning, Navigation, Timing)이며, 이를 기반으로 전세계 사용자를 대상으로 관련 서비스를 제공하는 위성항법시스템이다.

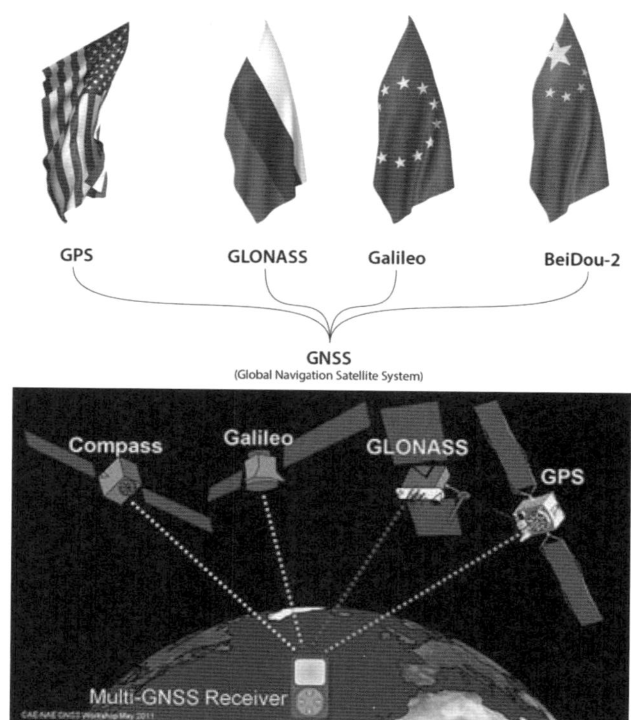

그림 3-1 GNSS 개요

대표적인 GNSS에는 미국의 GPS(Global Positioning System), 유럽의 Galileo, 러시아의 GLONASS(GLObal NAvigation Satellite System), 중국의 BeiDou가 있다. 주요 국가에서 추진하는 GNSS의 주된 목적은 군사용이며, 이러한GNSS 중에서 미국의 GPS가 가장 먼저 개발되었고, 많이 사용되고 있다.

이렇게 전세계적으로 다수의 GNSS가 있기 때문에 최근의 GNSS 수신기(스마트폰 등)는 측위 정확도를 높이기 위해 여러 개의 GNSS 신호(예, GPS+Galileo)를 동시에 받아서 처리한다.

GNSS 시장이 커짐에 따라 GNSS 신호를 수신하는 칩은 소형화되고 가격도 저렴해졌다. 또한 GNSS를 활용한 측위는 자동차, 비행기 등 모빌리티 분야 뿐만아니라 IoT(Internet of Things)에 접목되어 스마트 시티, 스마트 팩토리, 농업 등에 많이 사용되고 있다.

하지만, GNSS를 활용하는 수신기는 위성신호를 직접 받을 수 있는 위치(즉, LOS: Line Of Sight)에서만 사용 가능하므로 GNSS 신호를 수신할 수 없는 실내나 터널에서는 제한적인 PNT 기능이 활용된다.

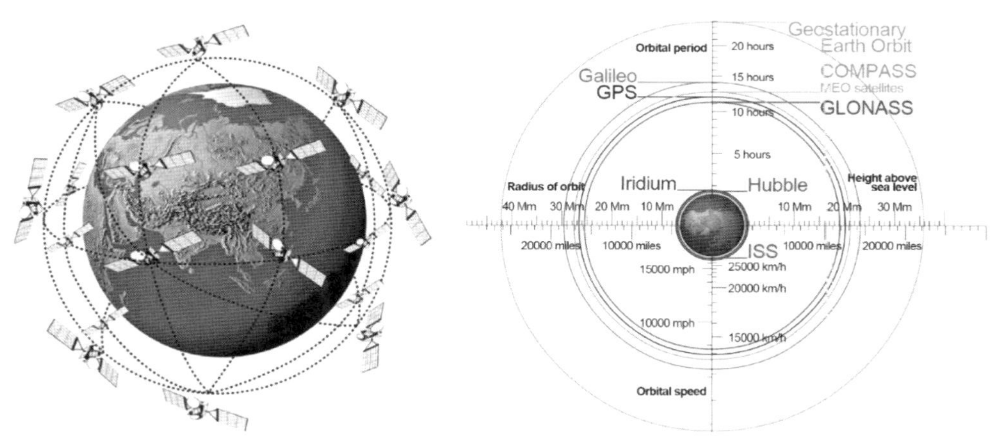

그림 3-2 GNSS 위성 구성도

위성항법시스템은 PNT 서비스 제공 지역에 따라 ① 전세계를 대상으로 하는 GNSS(전세계 위성항법시스템)와 ② 일부 지역을 대상으로 하는 RNSS(Regional Navigation Satellite System, 지역 위성항법시스템)로 구분된다.

위성항법시스템이 제공하는 기능은 일반적으로 PNT로 정의되는데, 여기에서 P(Positioning)는 특정지점의 위치, N(Navigation, 항법)은 이동하면서 현재 위치와 방향, T(Timing)는 현재 시간정보를 의미한다.

대표적인 RNSS에는 일본의 QZSS(Quasi-Zenith Satellite System)와 인도의 IRNSS(Indian Regional Navigation Satellite System)가 있고, 국내에서도 관련 과제를 추진 중이다. QZSS의 경우, 일본지역 위주로 서비스를 제공하기 때문에 4개의 위성이 사용된다.

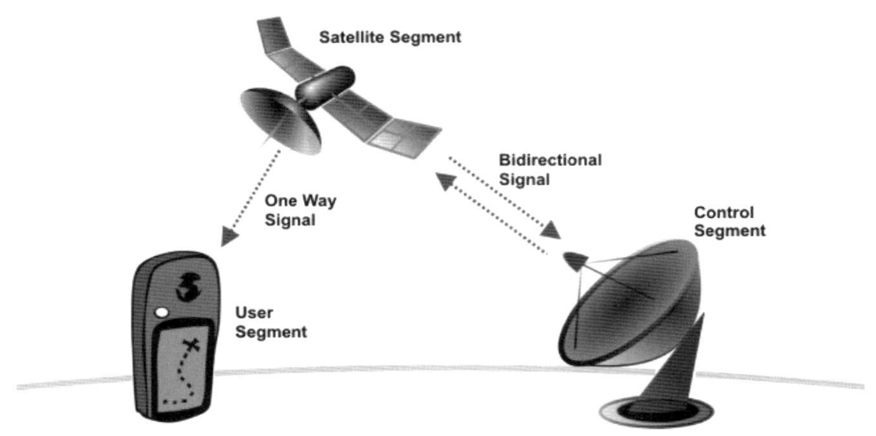

그림 3-3 GNSS Segment 종류

GNSS Segment(부문 또는 구성요소)는 Satellite Segment(위성부문), Control Segment(제어부문), User Segment(사용자 부문)와 같이 크게 3 가지로 구성된다. Satellite Segment는 GNSS 위성, Control Segment는 주로 위성을 제어하기 위한 지상의 관제소, User Segment는 사용자 단말기이다.

Satellite Segment와 Control Segment는 양방향 통신으로 정보를 교환하며, Satellite Segment와 User Segment는 단방향 통신으로 Satellite Segment에서 User Segment 방향으로 정보가 전송된다.

GNSS 측위는 삼변측량으로 수신기는 4개 이상의 위성으로부터 신호를 수신하여 위치를 계산한다. GNSS는 위성에 탑재된 원자시계의 시간과 위성의 현재 위치 값을 전송하고, 수신기는 자체 시계와 위성으로 받은 시간정보 차이를 확인하여 위성과 거리를 계산한다.

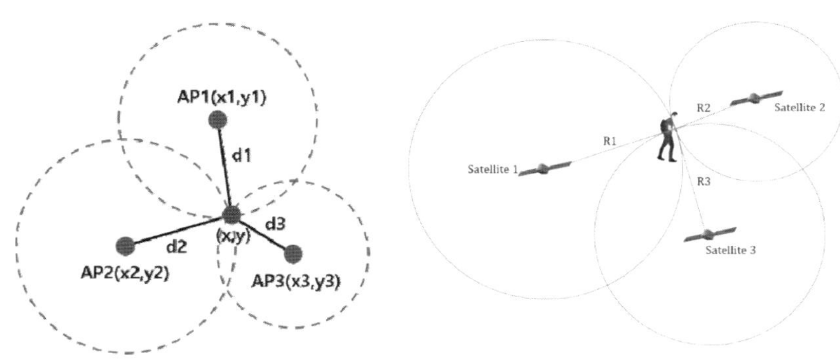

그림 3-4 삼변측량 원리

결국 삼변측량은 다수의 위성 위치와 각각의 거리를 알게 되면, 수신기의 위치를 알 수 있는 방법이다. GPS의 경우, 3개의 위성을 사용하여 공간상(즉, 3차원)에서 위치를 파악할 수 있다. 하지만, 위성이 먼 거리에서 신호를 전송하기 때문에 시간이라는 변수 보정을 위해서 측위를 위하여 4개의 위성이 필요하다.

측위(Positioning) 기술은 수신기의 위치, 속도, 방향 등을 계산하는 위치파악 기술로 기준점(예, GNSS 위성)으로부터 발사된 신호에서 수신기는 시간정보를 추출하여 현재 위치를 파악한다.

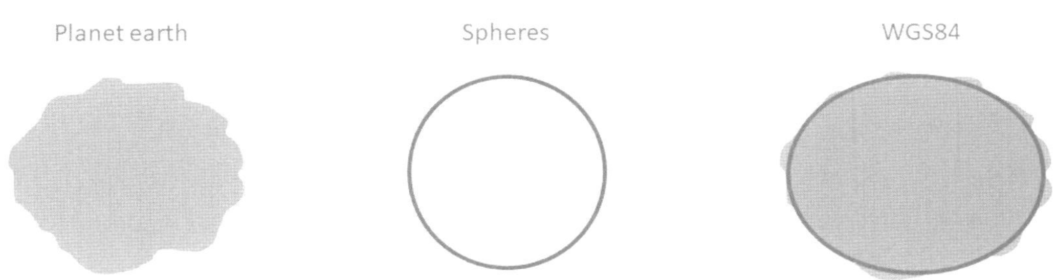

그림 3-5 실제 지구, 원형, WGS-84 좌표계 비교

결국 이러한 측위를 위하여 표준 좌표계가 필요한데, 일반적으로 GNSS는 WGS(World Geodetic System)-84 좌표계(Coordinate)를 활용한다. 물론 지구는 원형이 아니고 타원형에 가까우며, 지표면이 균일하지 않다.

이러한 지구 형태의 문제로 미국의 'National Geospatial Intelligence Agency'는 GPS에 사용되는 표준 좌표계를 정의하면서 1984년에 WGS-84 좌표계를 정의했다. WGS-84 좌표계는 기본적으로 지구 중심을 기준으로 X, Y, Z 방향의 축을 따라 좌표가 설정되는 구조이다.

지구는 완전한 구 모양이 아니고 형상이 불규칙하기 때문에 일정한 규칙에 따른 임의의 지점을 표시하기 힘들다. 따라서 WGS 84는 지구의 형상과 유사한 회전 타원체로 정의된 좌표계이다.

즉, WGS-84 좌표계는 지구의 중심(즉, 지심 좌표계)을 기준점인(0, 0, 0)을 기준으로 3차원 공간을 X, Y, Z축으로 표시하는 좌표이다. 지구의 중심으로 멀어질수록 X, Y, Z값은 커지게 된다.

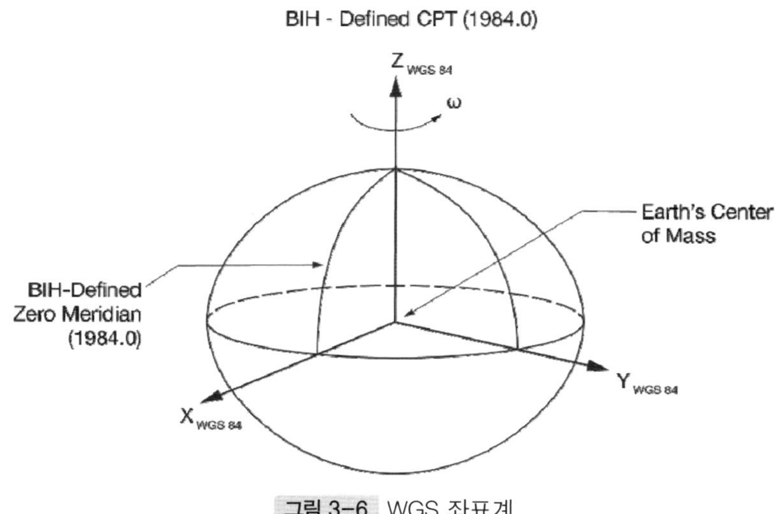

그림 3-6 WGS 좌표계

일반적으로 GNSS는 WGS-84 좌표계를 사용하므로 우리가 일상생활에 사용할 때는 쉽게 이해하기 어렵다. 따라서 GNSS 서비스를 제공하기 위해서는 지표면을 격자 형태로 구성하는 좌표계인 UTM(Universal Transverse Mercator Coordinate System)이 사용된다.

UTM은 2차원의 격자형태로 우리가 많이 사용하는 좌표계로써, GNSS가 주로 사용하는 WGS-84 좌표계와 다르다. 따라서 단말기나 LBS Platform에서는 WGS-84 좌표계를 UTM 좌표계로 변환하여 서비스가 제공된다.

2) 전파환경

GNSS는 위성통신의 한 종류이다. 위성통신은 우주공간에 있는 위성에서 전송하는 전파가 지상의 지구국이나 단말기까지 도달되는 과정에서 이온층(Ionosphere), 대류층(Troposphere) 등과 같은 지구 대기층(Earth Atmosphere)을 통과하면서 전파가 감쇄되거나 왜곡된다.

지구 대기층은 지구 표면에서 우주공간으로 거리에 따라 Troposphere, Stratosphere, Mesosphere, Thermosphere, Ionosphere, Exosphere 등의 영역으로 구분된다(NASA에서 정의). 대류층은 지구 대기권에서 지상에서 가장 가까운 영역으로 기상 현상이 발생된다.

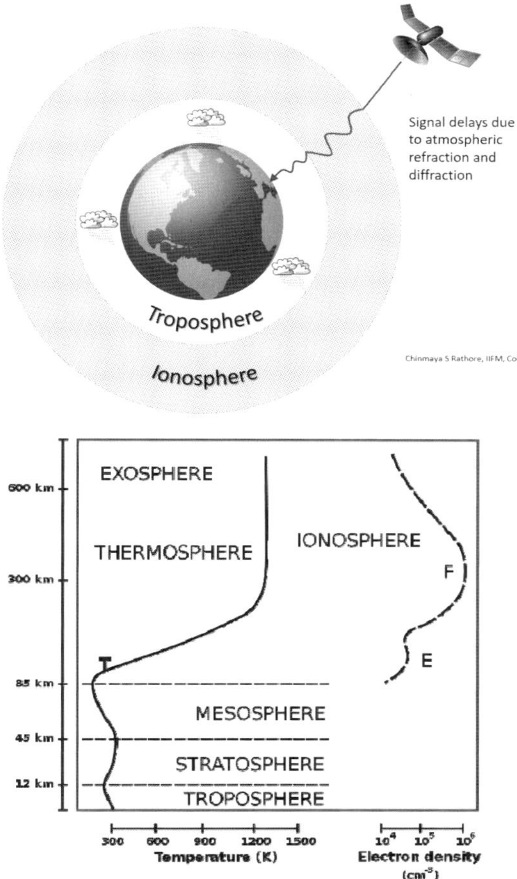

그림 3-7 지구 표면과 위성 사이 대기층 종류

즉, 위성통신 전파환경은 전파 진행경로에 지구 대류층(또는 공기층), 이온층(또는 전리층) 등이 있어서 지상의 전파환경과 다르다. 위성통신과 관련되어 'Atmospheric Opacity(대기 불투명도)'가 있는데, 이것은 지구 대류층, 이온층 등의 영향으로 해당 주파수 대역에서 전파 전파(Radio Propagataion)를 정확하게 예측할 수 없다는 의미이다.

위성에서 송출하는 전파는 상황에 따라 다른데, 대류층을 통과하면서 회절, 수분으로 인한 감쇄 등으로 신호가 변형되고, 이온층에서도 전파의 지연과 왜곡이 발생된다. 이처럼 대류층, 이온층 등의 형태는 태양풍, 지구 대기상태에 따라 다르기 때문에 전파 진행을 예측하기 어렵다.

이온층(Ionosphere)은 이온(Ion)과 영역(Sphere)이 합쳐진 단어로써 지구 상층부의 있는 물질의 이온화 정도에 따라 구분되는 영역이다. 이온층은 입자의 이온화 정도, 이온의 농도(Density)가 조건에 따라 다르기 때문에 전파 진행 형태도 상황에 따라 다르다.

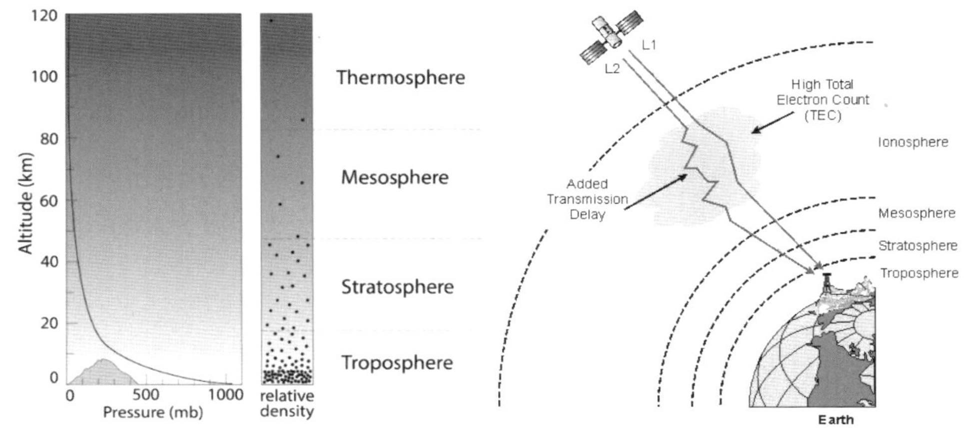

그림 3-8 지구 대기층 구조, 위성통신 전파환경(출처: Collins Connect)

미국 NASA(National Aeronautics and Space Administration)는 이온층 영역을 48Km에서 965Km까지 정의하고 있지만, 이온층은 밤과 낮, 태양풍 정도, 계절 등에 따라 영역의 차이가 있어서 일부 전문가는 이온층을 2,000Km까지 정의하기도 한다.

이온층은 전자와 이온으로 이루어져 있고, 지상에서 위성으로 전파를 송출할 때 저주파 신호는 이온층 하부에서 반사되어 지상으로 되돌아오고, 고주파는 이온층을 투과하기 때문에 상대적으로 고주파 대역의 주파수가 위성통신용으로 사용된다.

만약, 100MHz보다 주파수가 낮으면, 이온층에서 전파의 감쇄가 심해진다. 예를 들어 10MHz 대역의 전파는 100MHz 대역보다 이온층 감쇄가 더 심하다. 또한 이온층에는 비정상적인 이온의 밀도로 전파가 불규칙적하게 진폭감소와 위상변화를 일으켜 신호의 순수성이 떨어져서 정보가 상실되는 '신틸레이션(Scintillation)' 현상이 발생된다.

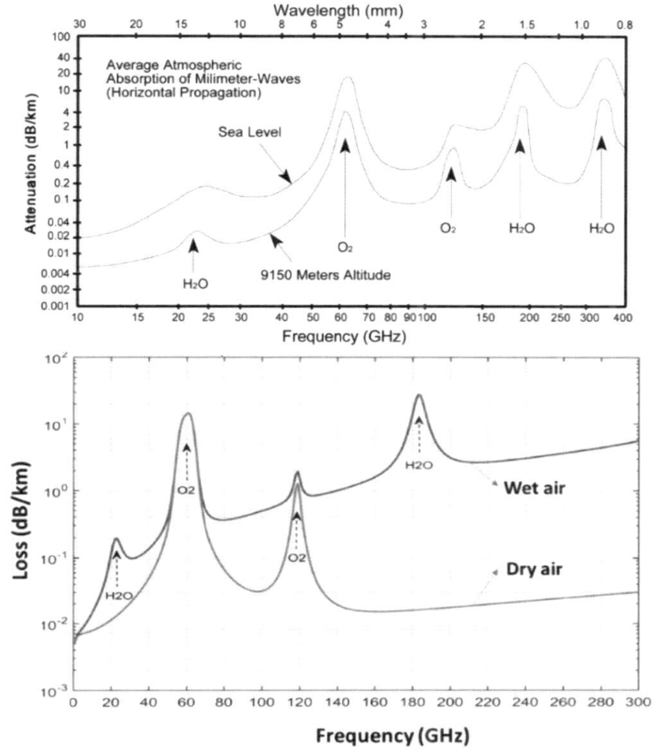

그림 3-9 대류층에서 GHz 대역의 전파 감쇄 원인, 공기 수분량에 따른 전파 감쇄 정도

전파는 주파수 대역별 감쇄가 다른데, 지구 대류층(즉, 공기층)을 기준으로 볼 때, 전체적으로 주파수가 높을수록 감쇄가 심하다. 특히 특정 주파수 대역은 물분자, 산소분자에 의하여 전파가 급격히 감쇄되기도 한다. 이러한 현상은 사람이 인위적으로 변경할 수 없는 물리법칙이다.

특히, 전파는 전도성이 있는 물분자를 만나면 급격히 감쇄되는데, 이것은 전파가 물분자 내부에서 산란, 반사, 투과 등으로 에너지가 약해지기 때문이다. 에너지 보존법칙에 따라 물분자 내부에서 전파 에너지는 없어지지 않고, 이 에너지는 물분자에 부딪혀서 물분자의 온도를 높일 수 있다.

대류층에서 전파 감쇄는 1GHz에서 40GHz 대역까지는 완만한 감쇄를 보이다가 50GHz 이상이 되면 급격히 감쇄된다. 즉, 50GHz 이상의 대역에서는 공기중 감쇄가 심하기 때문에 전파를 강하게 송출하거나 고이득 안테나를 높은 곳에 설치해야 한다.

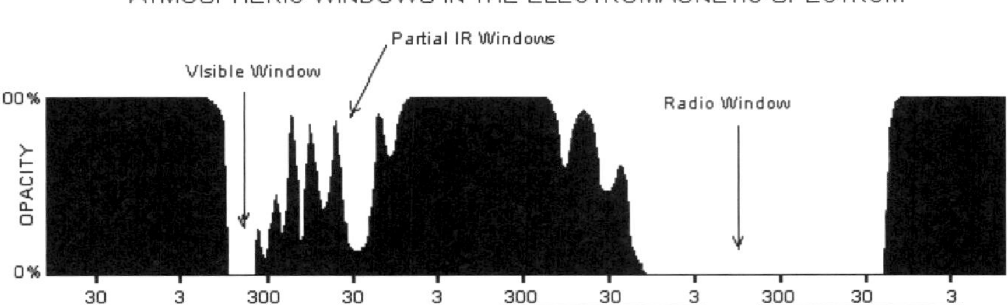

그림 3-10 위성통신 주파수 대역별 특징

전체적으로 볼 때, 위성통신은 상대적으로 전파 감쇄가 적은 주파수 대역을 사용해야 한다. 일반적으로 위성 가격이 비싸기 때문에 수명을 연장하기 위해서는 높은 출력의 전파를 송출할 수 없으므로 효율이 좋은 주파수 대역이 사용된다.

결국, 위성통신에 적합한 주파수 대역으로는 파장 기준으로 5cm~20cm이다. 다른 주파수 대역은 상대적으로 감쇄가 심하기 때문에 전송 효율이 떨어진다.

국제적으로 통신관련 표준을 정의하는 ITU(International Telecommunication Union)는 위성통신 주파수 대역을 1GHz에서 40GHz 대역까지 권고하고 있는데, 이 중에서 감쇄가 상대적으로 적은 약 300MHz에서 약 20GHz까지 주파수 대역을 "Radio Window(전파의 창)"라고 한다.

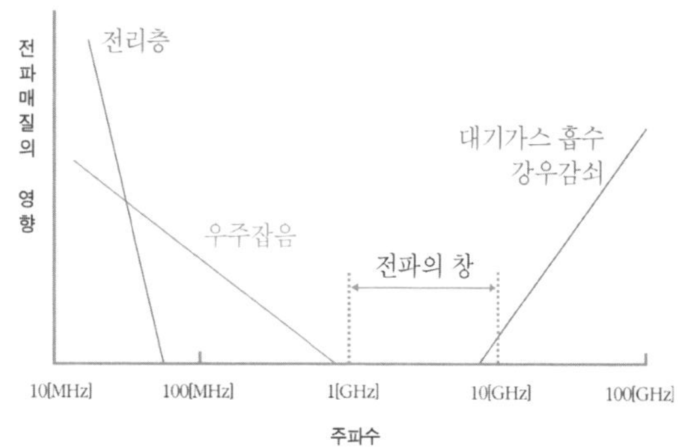

그림 3-11 위성 주파수 대역에서 Radio Window 영역

즉, Radio Window 대역을 위성통신으로 이 대역을 활용하면, 전파 감쇠가 상대적으로 작다. 물론 이 대역은 이동통신, 군용, 해상용 등 다수의 통신목적을 사용되는 주파수 대역이기도 하다.

따라서 위성통신 목적의 주파수 대역에서 10MHz에서 100MHz 대역은 이온층의 영향으로 전파 감쇄와 왜곡이 심하며, 10GHz 이상의 대역은 대기층에서 강우감쇄와 대기 중 다수의 분자에 의한 감쇄가 심하다. 또한 1GHz 이하의 대역은 우주 잡음의 영향을 많이 받는다.

따라서 1GHz에서 10GHz 사이의 주파수 대역이 위성통신에 적합하다. 일부 전문가는 이 주파수 대역을 Radio Window라고 정의하기도 한다.

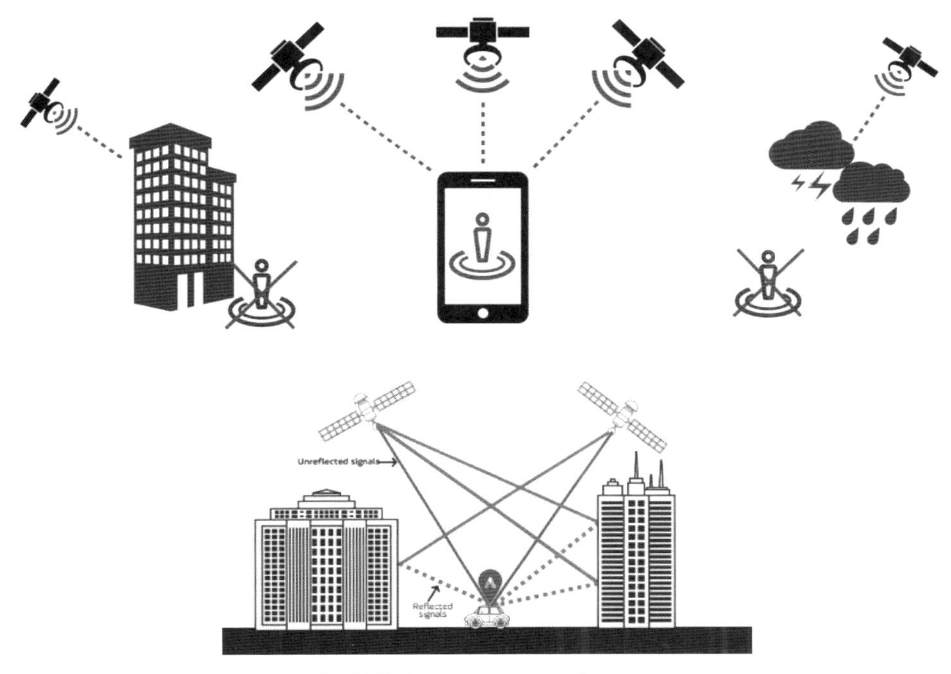

그림 3-12 지상에서 GNSS 전파환경

지상에서 GNSS 전파환경은 주로 전파경로상에 장애물로 인하여 전파를 수신못하거나 지상에 있는 다수의 장애물로 Multipath Fading 신호를 수신하여 신호의 순수성이 떨어지는 경우이다.

전파는 지상의 건물이나 구름 등을 통과할 때 감쇄가 심하며, 심지어는 수신기가 GNSS 신호를 수신 못하거나 Multipath Fading으로 신호의 오류가 증가되는 경우가 있다.

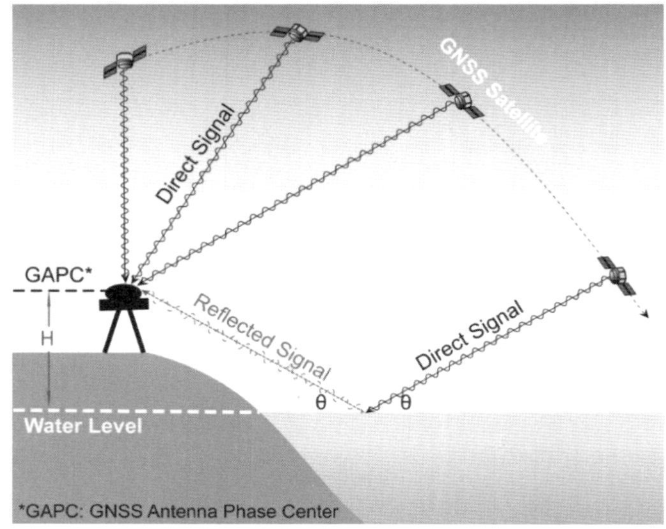

그림 3-13 바다, 호수로 인한 GNSS 전파 반사(출처: SpringerLink)

또한 지상에서 호수나 바다가 있는 지역에서는 반사파로 인하여 GNSS 신호에 오류가 발생된다. 전파측면에서 물과 같은 도체 성분은 전파를 잘 반사시키기 때문에 수신기는 직접 받은 GNSS 신호와 반사파가 같이 수신된다. 이때, 직접파와 반사파의 시간적인 차이로 수신기가 받는 신호는 오류가 증가된다.

(1) 위성통신 전파환경 개선방법

위성통신 전파환경은 지구 대기층에 의한 이온층과 대류층 신호 감쇄 등의 요인으로 지상의 무선통신 전파환경보다 열악하다. 이러한 위성통신 전파환경에서 전파 수신 성능을 높이기 위한 신호보상 방법에는 크게 ① 고정 보상기법과 ② 적응 보상기법이 있다.

고정 보상기법은 주로 대류층의 강우 감쇄를 보상하기 위한 것으로 대표적인 방법은 다이버시티(Diversity)와 전력제어(Power Control)가 있다.

다이버시티는 통신에서 수신율(또는 오류발생을 줄임)을 증가시키기 위한 방법으로 같은 신호를 시간(Time Diversity), 주파수(Frequency Diversity), 전파의 편파(Polarization Diversity), 공간(Space Diversity)을 다르게 전송하는 방법이다.

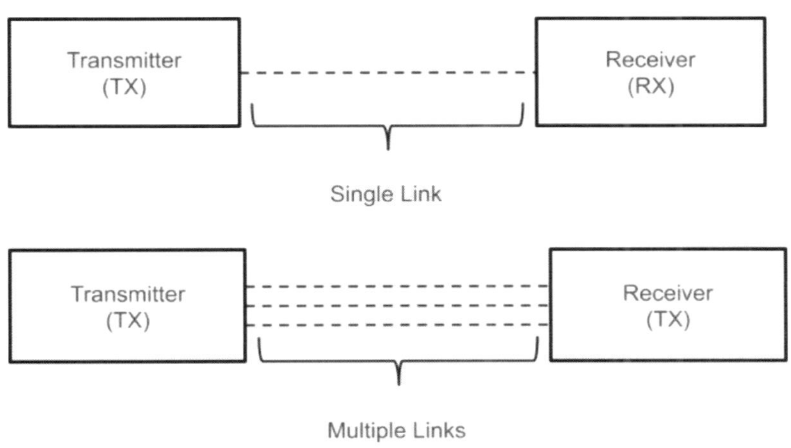

그림 3-14 다이버시트 기본 개념

즉, Time Diversity 같은 신호를 시간적으로 다르게 전송하는 방법이고, Frequency Diversity는 같은 신호를 다른 주파수로 보내는 방법이며, Space Diversity는 같은 신호를 전파 경로가 다른 지역으로 보내는 방법이다.

Frequency Diversity의 경우, 주파수가 높을수록 감쇄가 높다는 점을 이용하여 강우 손실이 있을 때 낮은 주파수 대역으로 전송하는 기법이다. Space Diversity의 경우, 강우가 한정된 지역에서 발생된다는 점을 이용하여 2개 이상의 지구국을 설치하여 신호 감쇄가 적은 지구국을 이용하여 통신할 수 있다.

이러한 다이버시티는 동일한 신호를 시간이나 주파수를 달리하여 보내고, 다른 지역으로 보내기 때문에 전송효율은 떨어지지만, 신호감쇄로 인한 오류를 극복할 확률은 증가된다. 또한, 전력제어 방식은 주로 송출전력을 높게 전송하여 오류발생을 줄이는 방법이다.

전력제어 기법은 강우 감쇄가 발생될 때, 송신 전력을 증가시켜 수신 전력량을 일정하게 유지시키는 방법이다.

적응 보상기법은 고정 보상기법의 비효율성을 개선한 방법으로 강우로 인하여 신호손실이 심해지면 데이터 전송속도(Data Rate), 변조방식, Multiple Access 방법 등을 변경하는 방식이다.

적응형 데이터 전송속도 방법은 감쇄 정도에 따라 데이터 속도(또는 데이터 크기)를 줄이고, 줄어든 속도만큼 신호 감쇄를 보상하는 기법이다. 전송 데이터 속도가 줄어들면, 데이터 오류가 발생될 확률이 줄어든다.

적응형 변조 방식은 감쇄가 심할 경우, 오류 발생확률이 낮은 변조방식을 사용하는 경우이다. 예를 들어 QAM(Quadrature Amplitude Modulation) 방식에서 강우 감쇄가 심할 경우, 낮은 Order의 QPSK(Quadrature Phase Shift Keying) 방식이 사용될 수 있다.

2 GPS

1) 역사, 배경

미국 해군은 1960년대에 정확한 함정 항해와 핵미사일 이동을 위한 위치파악 방법으로 위성 항법시스템을 연구하기 시작했다. 이때 위치파악에 사용된 기술은 6개의 위성으로 Doppler Effect(도플러 효과)를 활용하는 것이었다. Doppler Effect는 특정 주파수의 전파에 대하여 이동하는 수신기가 느끼는 주파수가 다른 현상이다.

이 측위방식은 6개의 적은 수의 위성을 사용했기 때문에 지상에서 위성신호를 수신하려면, 위성이 관측자 상공을 통과하는 시간에 LOS(Line Of Sight) 환경이 되어야 했다. 이런 환경에서 수신기는 위성신호를 수신할 수 있는 지역이 제한적이며, 하루에 측위할 수 있는 시간이 정해져 있었고, 측위오차가 최대 수백미터로 문제가 있었다.

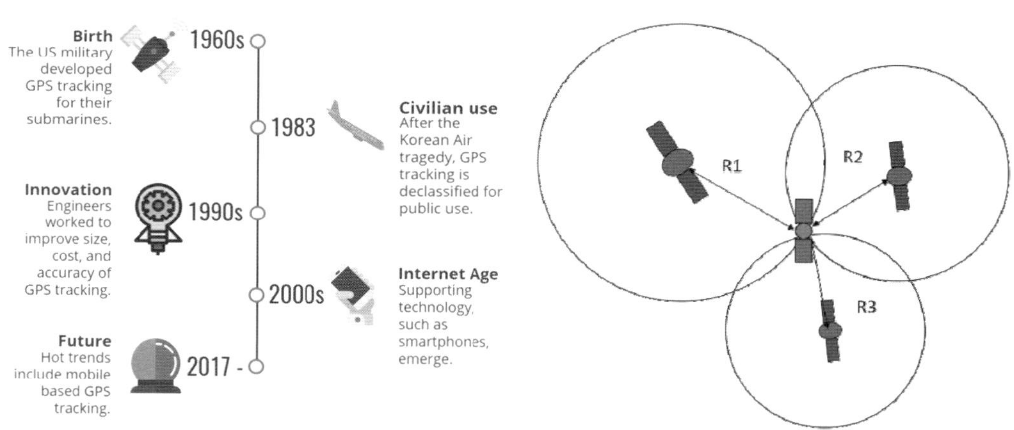

그림 3-15 GPS 역사, 측위방식(출처: gofleet)

이후 미국 국방성(DoD: Department of Defence)은 해군의 위성을 이용한 위치파악 기술을 기반으로 범위를 확대하여 항공기, 미사일 등의 위치파악을 위해서 기존보다 개선된 방식인 Navstar(Navigation System with Timing And Ranging) GPS(Global Positioning System)를 개발하기 시작했다.

이 기술을 기반으로 미국 국방성은 1973년부터 GPS 위성을 발사하기 시작하여 1978년까지 24개의 위성을 발사했으며, 이때부터 GPS 측위가 사용되었다. 현재 GPS 위성은 예비 위성을 포함해서 약 30개로 알려져 있고, 미국 국방성은 오래된 위성을 대체하기 위하여 지속적으로 새로운 위성을 발사하고 있다.

소련이 1983년에 국내 항공기인 KAL-007기를 격추하는 사건이 발생했고, 이를 계기로 당시 미국 대통령인 레이건은 1984년에 민간인 피해를 줄이기 위해 군사용으로 사용되고 있었던 GPS를 민간에 개방했다.

2) 시스템 구성

GPS 구성은 크게 우주에 있는 ① Space Segment(위성부문), ② 지상에 있는 Control Segment(관제부문, 관제소, 제어센터)와 ③ User Segment(사용자 디바이스)가 있다. Control Segment는 세부적으로 Ground Antenna, Master Control Station, Monitoring Stations 등으로 구성된다.

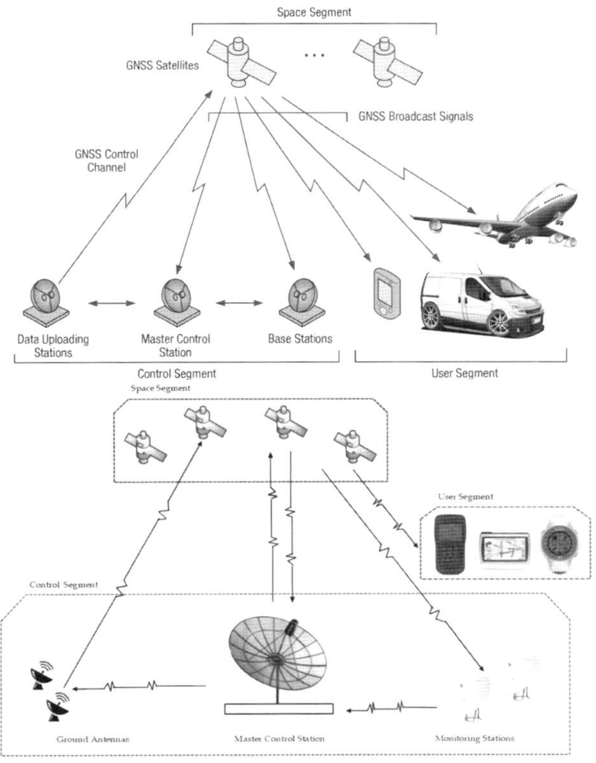

그림 3-16 GPS Segment 종류(출처: intechopen)

Space Segment는 약 30개의 위성으로 구성되며, 이 중에서 약 24개 위성이 측위에 사용되고, 나머지 위성은 예비용이다. GPS 위성은 고도(해수면으로부터 높이) 약 20,000Km 상공에서 지구 주위를 12시간을 주기로 돌고 있으며, 궤도면은 지구의 적도면과 약 55도를 이루고 있다.

지상에서 GPS 위성까지 거리는 서울에서 미국 NY(New York)의 2배 거리로 서울 → NY → 서울과 같이 서울과 NY의 왕복거리와 비슷하다.

GPS 위성은 지구면을 모두 6개의 궤도면으로 나누고, 60도씩 떨어져 있어서 하나의 궤도면에서 최소 4개의 위성을 볼 수 있다. 이와 같이 다수의 GPS 위성을 지구 궤도상에 배치하는 것은 지구의 어느 위치에서나 동시에 4개에서 8개까지 위성신호를 수신하기 위해서이다.

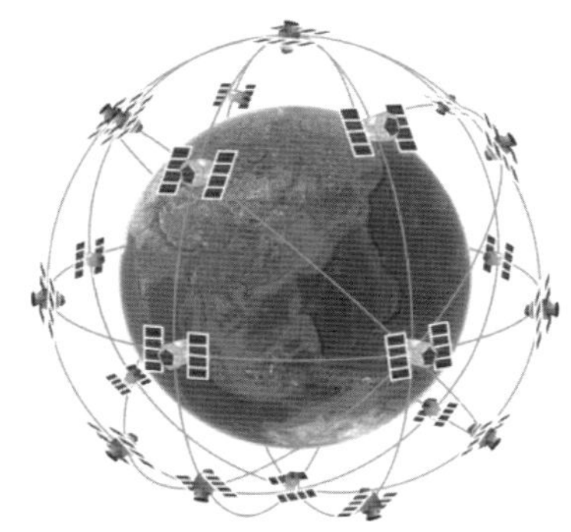

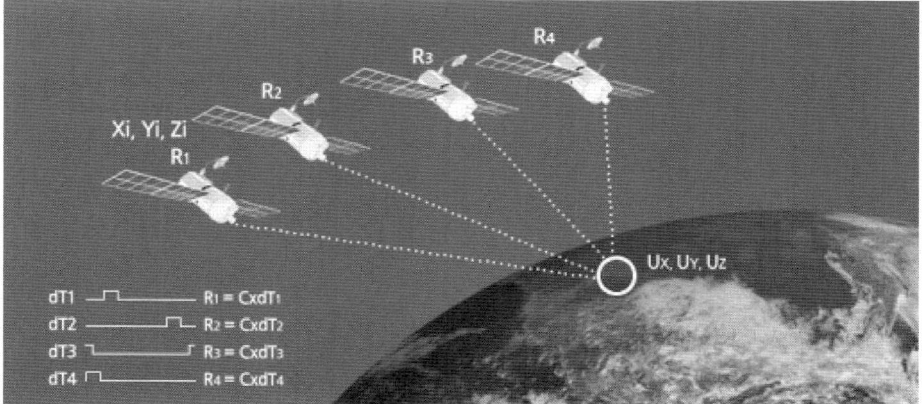

그림 3-17 GPS 위성 개요

GPS 위성은 미국 기업인 Rockwell, Lockheed Martin, Boeing 사 등에서 제작되며, 위성 하나 가격은 약 4천만 달러이다. 위성을 우주궤도에 진입시키는 발사비용은 위성 한 대 가격의 약 1/4인 1천만 달러로써 지금까지 미국 국방성이 GPS 운용에 투자한 금액은 100억 달러 이상이다.

Control Segment(관제부분)는 한 개의 주 관제소(MCS: Master Control Station), 세계 각지에 있는 5개의 감시 기지국(Monitor Station)과 3개의 지상 관제국으로 구성된다. 주 관제소는 미국의 콜로라도주 콜로라도 스프링스의 팔콘 공군기지에 있으며 위성의 궤도 수정, 예비위성 작동 결정 등 GPS 위성 전체를 관리한다.

한편 이들 관제국 이외에 적도면을 따라 일정한 간격으로 위치하고 있는 3개의 지상 안테나를 운영하고 있으며 유사시 주 관제국을 대신할 수 있는 두개의 예비 주 관제국을 하나는 캘리포니아의 써니베일, 다른 하나는 메릴랜드의 락빌에 두고 있다

그림 3-18 GPS Control Segment 위치

하와이나 어센션 섬 등 세계 각지에 분포되어있는 5개의 관제소는 정확히 측정된 위치에 원자시계가 설치되어 모든 GPS 위성의 신호를 점검하고 궤도를 추적하며 이온층과 대류권에 의한 전파 지연을 관찰하여 오차 보정 등의 역할을 한다.

3개의 지상 제어국에서는 시계 보정치나 궤도 보정치, 사용자에게 전달될 메시지 등 위성에 정보를 전송해 줄 수 있는 업링크 안테나가 설치되어있다.

무인으로 운영되는 부 관제국들은 주어진 시간에 관측할 수 있는 모든 GPS 위성의 신호를 추적, 신호를 저장한 다음 주 관제국으로 전송하는 역할을 하며, 이 통신시설을 DSCS(Defense Satellite Communication System)라고 한다.

이렇게 여러 부 관제국에서 보내온 데이터를 취합하여 주 관제국에서는 방송궤도력(Broadcast Ephemerides), 위성에 있는 원자시계 오차(Clock Bias)를 추정하는데 사용되며, 결과를 주기적으로 GPS 위성으로 전송하게 된다.

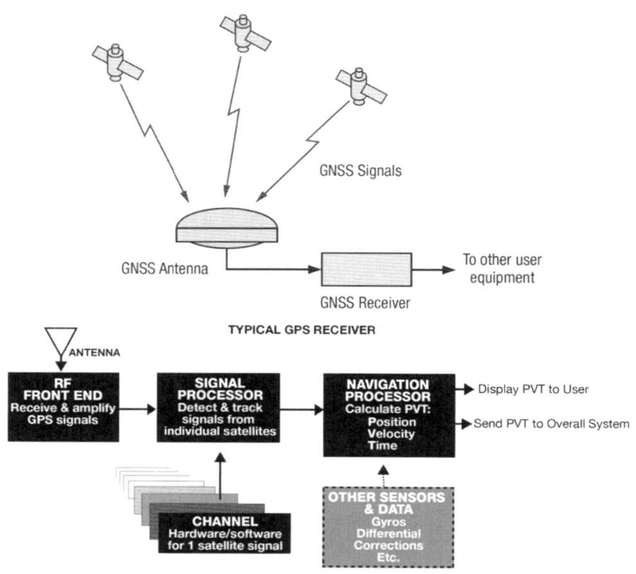

그림 3-19 GPS 수신기 구조(출처: Trimble)

GPS의 사용자 부문은 GPS 수신기이다. GPS 수신기는 위성으로부터 신호를 수신하여 수신기의 위치와 속도, 시간을 계산하는데, 4개 이상의 위성을 동시에 관측할 수 있다. 이것은 3차원 좌표와 시간을 합해서 위치를 결정하기 때문이다.

또한 GPS 수신기는 GPS로부터 오는 신호를 수신하여 현재 위치를 파악하고, 수신기는 신호를 송출하지 않는다. GPS 수신기는 항법, 토지 측량, 지상에 있는 시계의 시간보정 등 다양한 분야에 활용되고 있다.

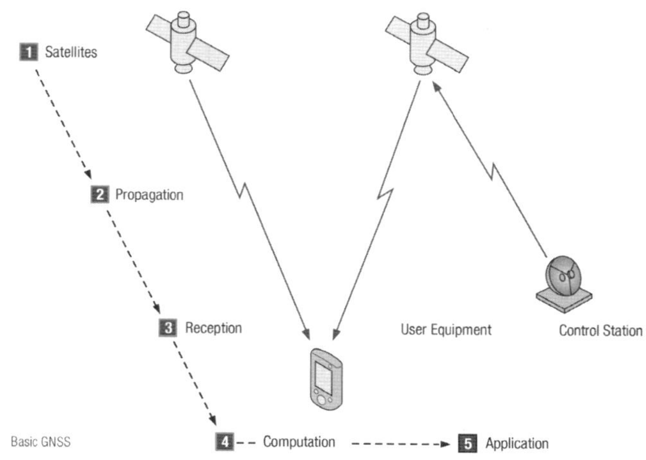

그림 3-20 GNSS 신호 처리 절차(출처: NovAtel)

GPS 수신기는 ① GPS에서 방송되는 데이터 수신, ② 이 데이터를 분석하여 최종으로 ③ PVT(Positioning, Velocity, Timing)를 계산하는 절차로 동작된다. 결국 이렇게 계산된 현재의 위치정보는 다양한 서비스에 활용된다.

3) 측위원리

GPS 측위는 GPS가 송출하는 전파의 정보에서 수신기는 시간정보를 추출하여 위성과 수신기간 거리를 활용하는 방식이다. 수신기는 3개 이상의 위성으로부터 정보를 받아 각각의 위성과 수신기간 거리가 파악되면, 지상에서 삼변측량으로 수신기의 위치를 파악할 수 있다.

GPS 위성과 수신기간 거리(Distance)는 전파 진행속도(Speed)와 진행시간(Time)의 곱이다. 전파 진행속도는 빛의 속도와 같은 3×10^8m/s이므로 전파속도에 진행시간을 곱하면, 위성과 수신기간 거리를 알 수 있다.

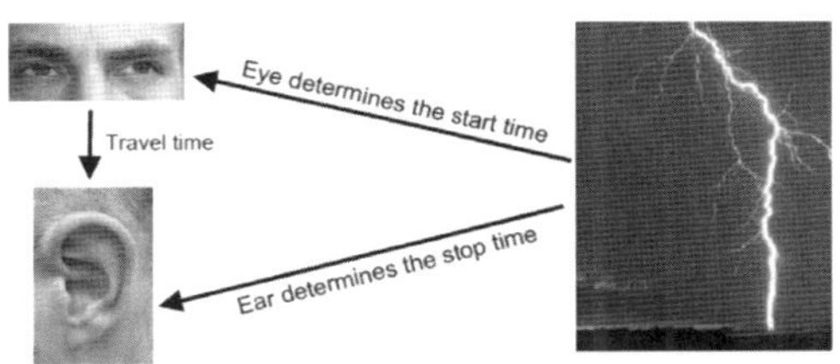

Distance = Travel Time x Speed of Sound

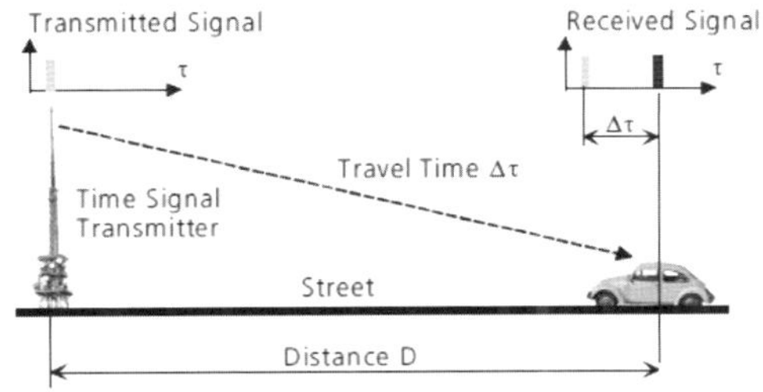

Distance = Travel Time x Speed of radio wave

그림 3-21 번개 지점까지 거리 측정, 전파의 전달시간을 이용한 거리 측정

유사한 예로 현재 위치에서 번개가 발생된 지점까지 거리 측정을 보면, 먼저 사람이 눈(Eye)으로 번개를 본(실시간으로 가정) 다음, 귀(Ear)로 번개소리를 듣는다. 이때 번개소리 진행속도는 음파속도와 같기 때문에 번개를 본 순간부터 번개소리를 듣는 시점까지 시간을 계산하면, 현재 위치에서 번개가 발생된 지점까지 거리를 알 수 있다.

번개는 빛의 속도로 진행하기 때문에 번개를 볼 수 있는 지점까지는 거의 실시간으로 가정해도 된다. 따라서 빛의 속도는 음파보다 훨씬 빠르기 때문에 번개가 발생된 지점까지 거리를 측정할 수 있다. 즉, 빛의 속도는 3×10^8m/s, 음파는 약 340m/s로 빛의 속도는 음파속도와 비교할 수 없을 정도로 빠르다.

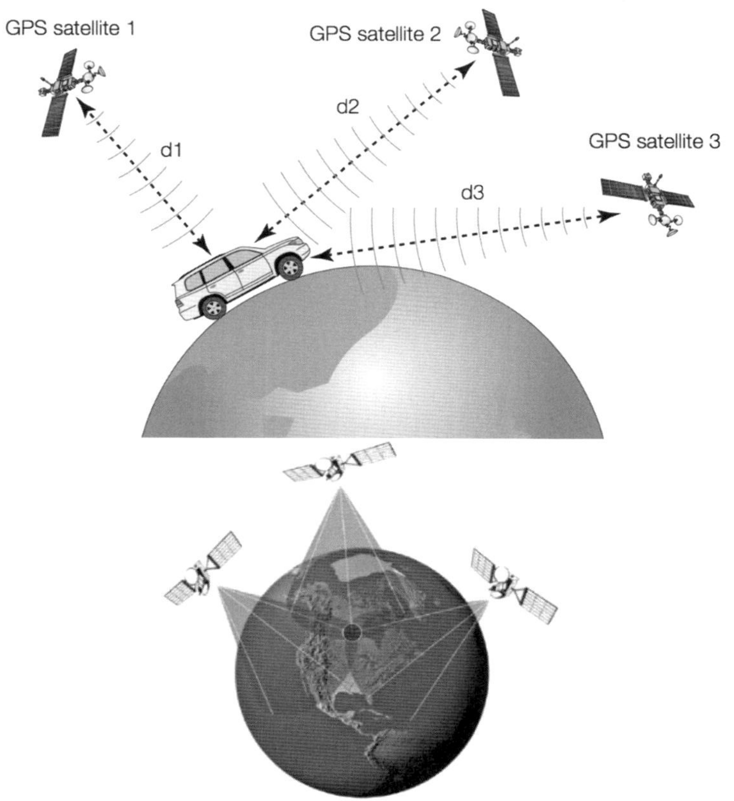

그림 3-22 GPS 위성과 수신기간 거리 측정, GPS 위성을 활용한 삼변측량(출처: Nvidia)

GPS 측위에 사용되는 주된 정보는 시간인데, 측위를 위해서 GPS 위성에는 정밀한 원자시계가 있고 GPS 위성은 이 시간 정보를 지상으로 송출한다. <u>이때 GPS 위성은 시간정보와 위성의 위치(즉, 궤도)정보 등을 지상의 수신기로 전송하는데, 측위에 사용되는 주된 요소는 위성이 전송하는 시간정보이다.</u>

따라서 GPS 수신기는 최소 3개의 위성으로부터 신호를 받고, 각각의 위성과 거리를 측정하여 현재 위치를 파악한다. 이렇게 위성과 수신기간 거리 측정을 위해서 정확한 시간정보가 활용된다.

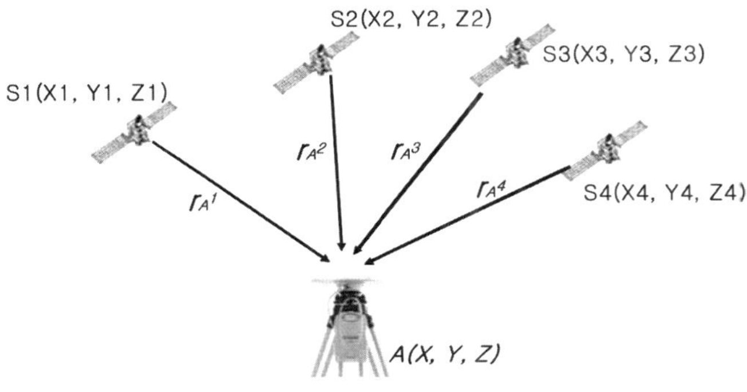

기본식: $\gamma_A^i = \sqrt{(X_i - X_A)^2 + (Y_i - Y_A)^2 + (Z_i - Z_A)^2} + c\Delta\delta$(미지수 4개)

그림 3-23 GPS 삼변측량 원리

이렇게 수신기는 3개 이상의 GPS 위성으로부터 신호를 수신하여 위성과 수신기간 거리를 알 수 있고, 수신기는 사전에 GPS 궤도 정보를 알고 있기 때문에 삼변측량으로 위치를 파악할 수 있다.

지구의 어느 위치에서도 수신기는 최소 3개 이상의 GPS 위성신호를 받을 수 있다. 물론, 주변 지형지물에 의하여 GPS 신호가 수신되지 않는 경우도 있다. 보통 GPS 수신기는 4개의 위성신호를 수신하는데, 3개의 위성은 삼각측량에 사용하고, 1개의 위성은 위성의 시계정보 보정을 위해 활용한다.

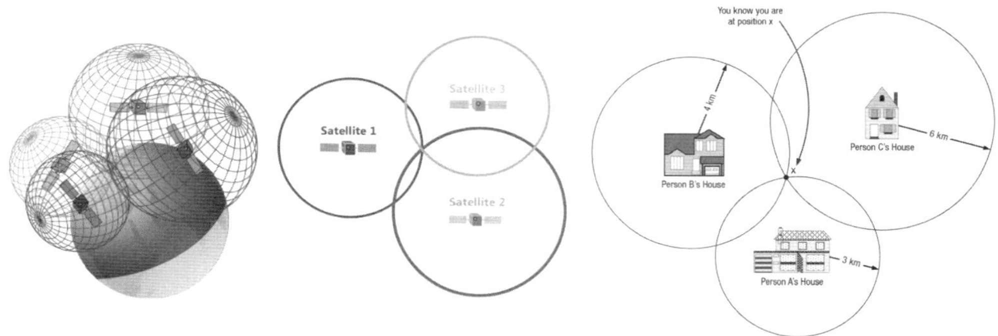

그림 3-24 3각 측량 예(출처: NovAtel)

따라서 단말기가 위치파악하는 절차를 보면, ① 먼저 4개 이상의 GPS 위성으로부터 신호 수신, ② 3개의 위성과 단말기간 거리 측정, ③ 수신기는 자체적으로 오차 보정, ④4번째 GPS 위성으로부터 시간정보를 받아서 최종적으로 위치를 파악한다.

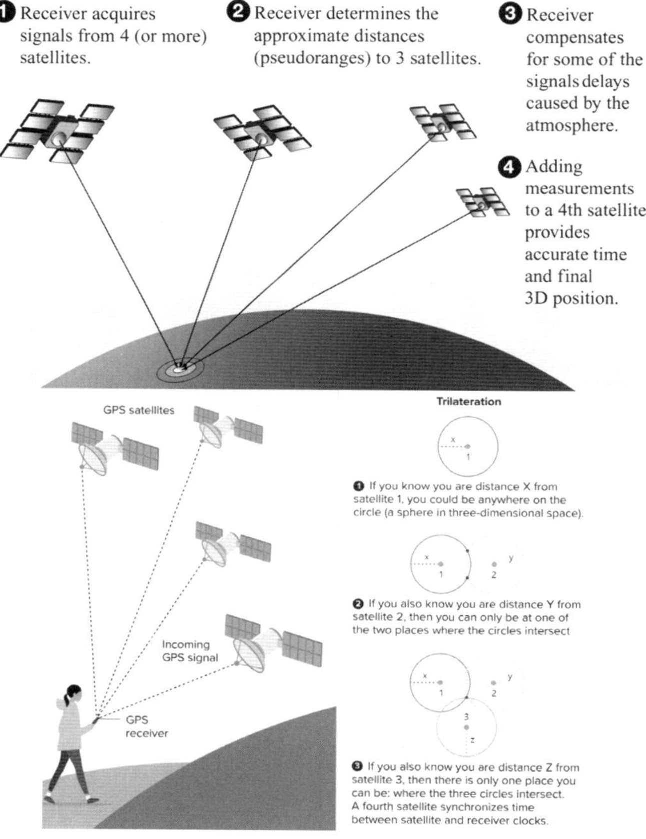

그림 3-25 GPS 수신기에서 위치 측위 순서 (출처: Trimble)

이와 같이 GPS의 삼변측량은 토목측량과 다른데, 토목측량은 알려지지 않은 지점의 위치가 그 점을 제외한 두 각의 크기와 변의 길이를 측정하여 위치를 결정하는 반면, GPS 측위는 두 변의 길이를 측정함으로써 현재의 위치를 계산하는 방식이다.

GPS 위성이 보내는 신호에서 측위와 관련된 신호 이외에 날짜와 시간(Date and Time), 위성 궤도 데이터(Satellite Ephermeris Data), 위성 천체력 데이터(Satellite Almanac Data), 위성의 상태와 안정도(Satellite Status and Health) 등의 데이터가 있다.

측위와 직접적으로 관련된 신호는 Navigation Message, Carrier, C/A Code, P Code 등 이다. Ephermeris Data, Almanac Data 등은 GPS 위성 상태 정보로 볼 수 있으며, 이것은 수신기가 측위에 필요한 데이터를 수신하도록 도와주는 정보이다. 이 정보는 GPS Navigation Message에 포함되어있다.

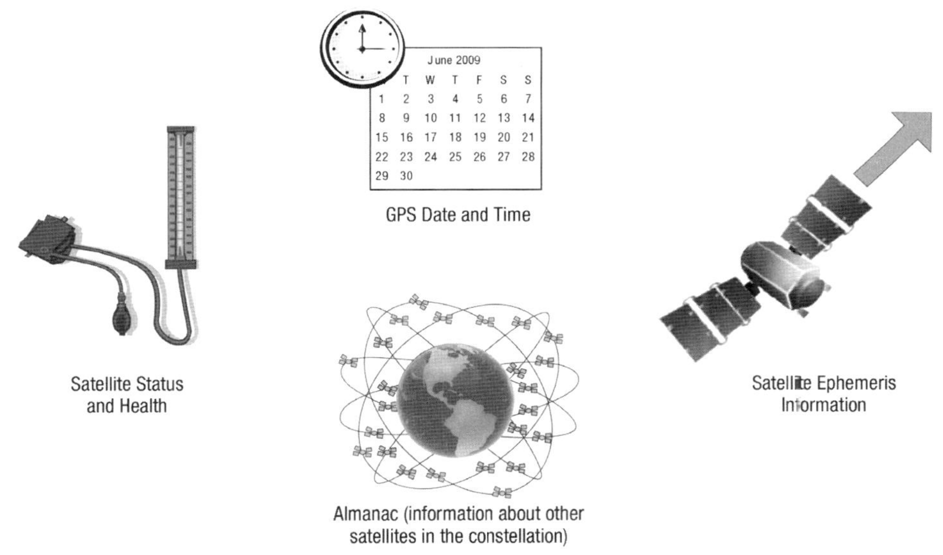

그림 3-26 GPS가 송신하는 신호 종류(출처: NovAtel)

Ephermeris Data에는 수신기가 위성의 위치를 알아내는데 필요하며 위성 상태, 날짜와 시간 정보도 포함되어있다. Almanac Data에는 GPS 위성궤도 정보이며, 주기적으로(주로 몇 개월 주기) 갱신된다.

GPS 수신기는 Almanac Data를 통하여 특정 조건(주로 위치, 시간)에서 어떤 위성의 신호를 수신할 수 있는지 미리 파악할 수 있다. 따라서 Almanac Data는 수신기가 GPS 신호를 빠르게 받을 수 있도록 도와주는 정보이다.

만약, GPS 수신기가 Almanac Data를 가지고 있지 않으면, 모든 GPS 위성의 데이터를 수신하여 최신 정보만 선별해야 하기 때문에 처리에 시간이 소요된다. 이를 위하여 각 위성은 Almanac Data를 2분 30초 주기로 전송한다.

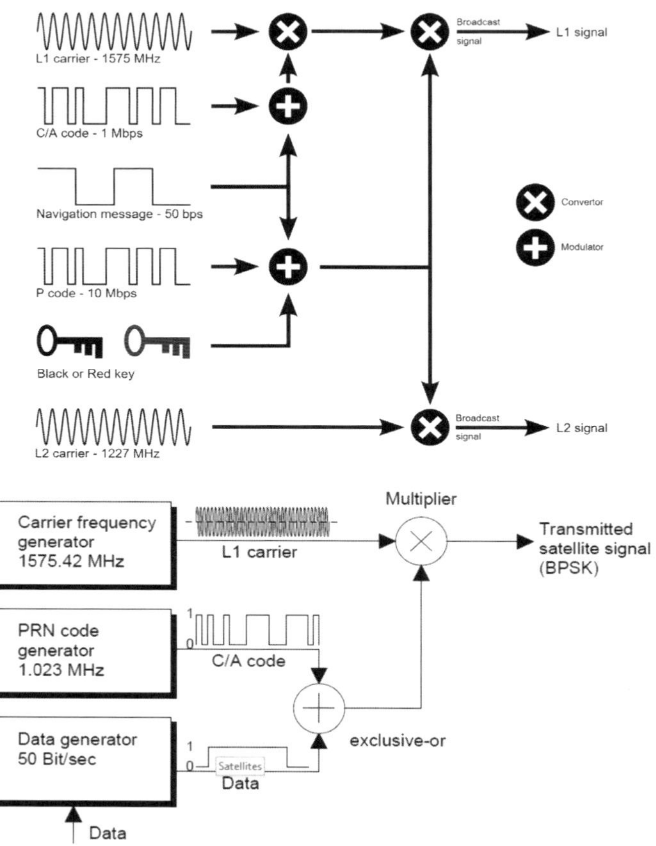

그림 3-27 GPS 위성에서 전송하는 신호 종류

모든 GPS 위성은 미국 NMEA(National Marine Electronics Association)에서 정의한 항법메시지를 지구의 지상으로 전송하기 위하여 Carrier Wave(반송파)를 사용하는데, 이때 반송파는 L 대역(1GHz~2GHz)이 사용된다.

GPS는 이러한 L 대역에서 주로 2개의 주파수를 사용하는데, 여기에는 L1(1575.42MHz) 대역과 L2(1227.60 MHz)대역이 있다. 따라서 GPS 위성이 송출하는 신호는 크게 Carrier, Code(C/A Code와 P Code), Navigation Message가 있다. 이 중에서 P(Precision) 코드는 군사용으로 사용된다.

통신에서 Carrier는 전송 대상 데이터를 싣고 가는 높은 주파수 대역의 중심주파수이다.

Carrier는 말 그대로 뭔가 싣고 가는 운송수단으로 쉽게 설명하면, 기차나 비행기가 될 수 있다. 이때 Carrier는 사람이나 물건을 싣고 가기 때문에 상대방이 원하는 목적은 사람이나 물건이다.

따라서 Carrier는 궁극적인 전송대상은 아니고, 전송대상을 안전하게 이동시키는 수단이다. 주파수 영역에서 Carrier는 낮은 주파수 영역의 데이터는 높은 주파수 대역으로 이동시키는 것이고, 시간영역에서 Carrier는 기차나 비행기가 될 수 있다.

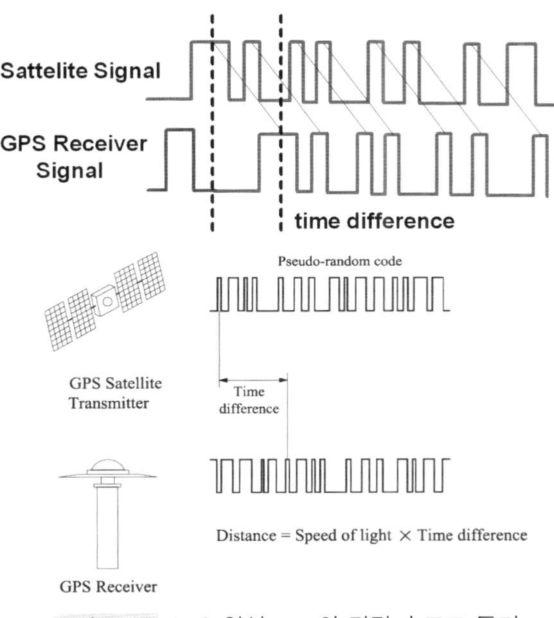

그림 3-28 GPS 위성 코드와 단말기 코드 동기

GPS 수신기는 자체적으로 PRN(Pseudo Random Noise) Code를 생성시키고, 위성이 송출하는 PRN과 동기를 시켜야 한다. 이를 위하여 수신기는 위성이 보내는 PRN 신호에서 시간적으로 임의의 지점을 선택하여 수신하는 'Epoch' 지점으로부터 신호의 상관도(Correlation)을 계산하여 코드를 일치시킨다.

GPS는 단방향 통신이므로 보내는 쪽과 받는 쪽이 PRN을 활용하여 시간적으로 일치시켜야 위성과 수시기간 거리를 알 수 있다. 이렇게 코드를 일치시키고 수신기는 자체시간과 위성이 보내는 시간정보를 활용하여 PRN의 시간차이를 알 수 있다.

결국, GPS 위성이 송출하는 PRN은 전송과정에서 시간지연이 있기 때문에 수신기에 도달될 때는 'Time Difference'가 발생된다. 이 Time Difference가 결국 위성과 수신기간 거리를 계산하는 기준이다.

4) GPS 오차

(1) GPS 오차 종류

GPS 측위오차는 ① 위성의 시간이나 위치의 변화와 전파 경로에서 발생되는 구조적 오차, ② 위성 배치와 궤도변화에 따른 기하학적 오차, ③ 미국 국방성에서 고의로 오차를 추가하는 선택적 이용성(SA: Selective Availability)에 의한 오차 등이 있다.

수신오차	구조적 오차	인공위성 시간 오차, 인공위성 위치 오차, 전리층과 대류층 굴절, 잡음(Noise), 다중 경로(Multipath) 오차 등
	기하학적 오차	위성의 배치상황에 따른 기하학적 오차로 위성이 근접 할수록 불확실성의 크기가 커짐
	SA (고의 오차)	허가되지 않은 일반 사용자들이 일정한도 내로 정확성을 얻지 못하도록 고의적으로 설정한 오차 (20.5.2 해제 발표)

Contributing Source	Error Range
Satellite clocks	±2m
Orbit errors	±2.5m
Ionospheric delays	±5m
Tropospheric delays	±0.5m
Receiver noise	±0.3m
Multipath	±1m

그림 3-29 GPS 오차 종류, 종류별 오차 범위

측위오차는 위치측정의 정확도를 낮추는 요소이며, 이러한 주요 3가지 오차가 동시에 적용되어 경우에 따라 큰 오차가 발생될 수 있다. 측위오차 범위는 환경이나 조건에 따라 다르기 때문에 수 에서 수백 이상의 오차가 발생될 수 있다.

GPS 오차를 발생시키는 요소에서 오차범위가 큰 순서로 볼 때, 선택적 이용성(SA)이 가장 크고(수십 m 단위), 그 다음이 이온층에서 GPS 신호의 왜곡(지연, 회절, 굴절 등)에 의한 오차가 ±5m, 위성궤도 변화에 의한 오차가 ±2.5m, 위성시계 편차에 의한 오차가 ±2m, 지상에서 전파의 다중경로에 의한 오차가 ±1m 등의 순이다.

구조적 오차에는 위성에 탑재된 시계의 시간편차에 의한 오차, GPS 신호가 이온층과 대류층을 통과하면서 신호의 왜곡에 의한 오차, 우주와 지상에서 전기적 잡음에 의한 오차, 지상에서 Multipath Fading(전파의 다중경로 수신)에 의한 오차 등이 있다.

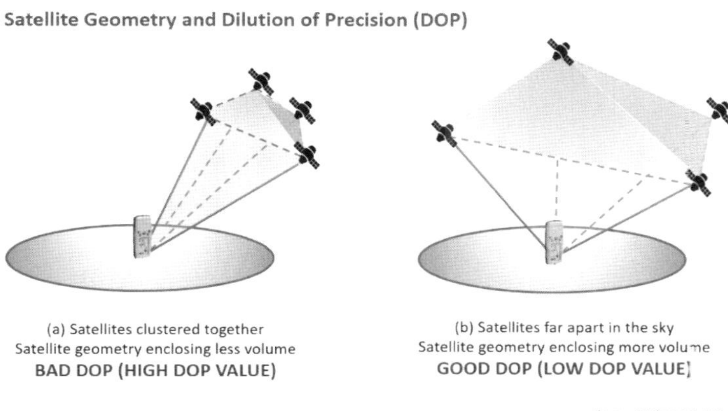

그림 3-30 위성 배치에 따른 기하학적 오차(출처: Chinmaya S Rathore)

GPS는 24개 이상의 위성이 3차원 공간에서 궤도를 돌면서 위성 배치(Satellite Geometry)가 변할 수 있는데, 이러한 위성배치 현황을 DOP(Dilution Of Precision)라고 한다. 따라서 GPS 위성은 경우에 따라 다수의 GPS 위성이 가까이 위치할 수 있고, 서로 멀리 떨어질 수도 있다.

기하학적 오차는 몇 개의 위성이 서로 가까이 위치할 때(Bad DOP 상태), 발생되는 오차이다. GPS 수신기 측면에서 볼 때, 다수의 위성이 서로 멀리 떨어져 있어야 각 위성으로부터 수신되는 신호의 품질이 좋기 때문에 측위오차도 줄어든다.

선택적 이용성(SA)에 의한 오차는 미국 국방성이 의도적으로 오차를 증가시킬 목적으로 정확하지 않는 신호를 전송해서 발생되는 오차이다. 이것은 미국이 적국(Enemy Country)에서 높은 정확도의 GPS 사용을 방지 위해 고의로 신호의 정확도를 낮추는 방법이다.

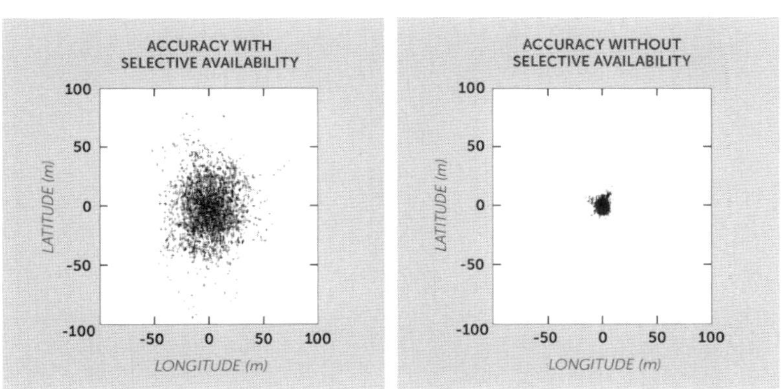

그림 3-31 SA코드 적용 여부에 따른 오차 범위

즉, 미국은 GPS를 군사 목적으로 개발했고, 다른 나라에서 GPS를 군사용으로 제한하기 위해 SA 코드를 사용했다. 하지만 GPS가 민간용으로 확대되면서 미국은 SA 코드를 2000년에 해제했다. 따라서 지금은 모든 GPS 수신기가 SA 코드를 사용하지 않기 때문에 정밀 측위가 가능하다.

만약 GPS 위성에서 SA 코드가 전송될 때, 측위 오차는 +/−50m(즉, 총 100m)가 되며, SA 코드가 없으면 측위 오차가 수m로 줄어든다. 이렇게 SA 코드가 적용되면, 다른 모든 요소의 측위오차를 합한 것보다 오차범위가 크다.

GPS 오차를 발생시키는 요소를 다른 측면에서 분류해 보면 위성시계 오차, 위성궤도 오차, 이온층(Ionosphere) 오차, 대류권(Troposphere) 오차, Multipath(지상에서 여러 경로의 전파가 수신기에 도착)에 의한 오차, 수신기 시계오차 등으로도 분류될 수 있다.

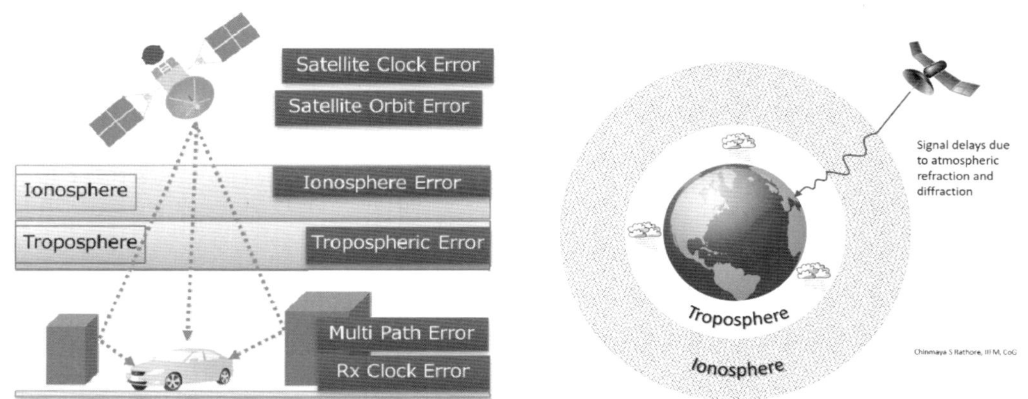

그림 3-32 GPS 측위오차를 발생시키는 요인, 이온층과 대류층 영향

구조적 오차에서 위성시계 오차는 위성에 탑재된 원자시계의 편차로 발생되는 오차이다. 우주공간에 있는 위성의 원자시계는 지상에 있을 때와 다른 형태의 시간편차가 발생되는데, 이러한 원자시계의 시간 오차는 예측이 가능하여 지상 관제센터에서 시간 편차를 최소화시킨다.

위성궤도 오차는 GPS 위성이 태양, 달, 화성 등의 중력에 의해 궤도편차(Orbit Drift)로 인하여 정상궤도와 다를 때 발생되는 오차이다. GPS 위성의 궤도가 달라지면, 지구에 도달되는 GPS 전파의 시간 차이로 오차가 발생된다. 이 경우 지상의 관제센터에서 해당 위성의 궤도를 조정하여 어느 정도 오차를 줄인다.

이온층과 대류층 오차는 GPS 위성에서 송출된 전파가 대기층(이온층, 대류층 등)을 통과하면서 전파의 지연, 굴절, 회절 등의 현상으로 발생되는 오차이다. 이 오차는 계절별, 시간별, 지역별 등 조건에 따라 다르기 때문에 일관된 보정값을 적용하기 어렵다.

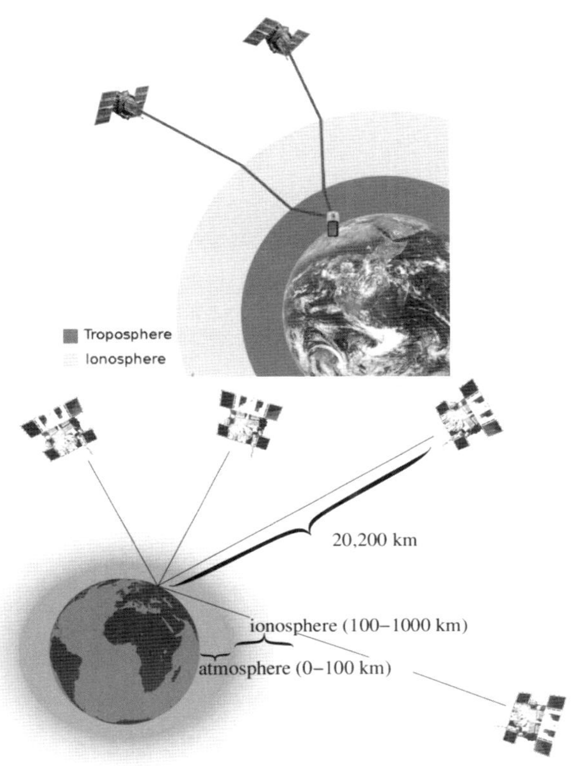

그림 3-33 이온층, 대류층 오차

이온층(Ionosphere)은 전기적으로 하전된 입자가 있는 층으로 고도 약 50~1000 km 사이에 위치하며, 대류층(Troposphere)은 공기가 있는 층으로 지상에서 약 16km까지 위치한다. 이온층의 하전된 입자는 GPS 전파를 끌어당겨서 굴절시키는 등 신호를 왜곡시키고, 대류층의 물분자와 산소분자 등이 전파를 감쇄시킨다.

이러한 현상은 GPS 위성이 지평선으로부터 고도가 낮아질수록 상대적으로 이온층과 대류층이 두껍기 때문에 GPS 전파가 이것을 통과하면서 오차가 더 심해진다.

수신기에서 발생되는 오차는 전파의 Multipath Fading(다중경로 페이딩), 수신기 내부 잡음(Noise) 등에 의해서 발생된다. 이 중에서 전파의 Multipath Fading은 수신기에 도착되는 전파가 각 경로별로 시간과 위상이 다르기 때문에 수신신호의 순수성을 떨어뜨린다.

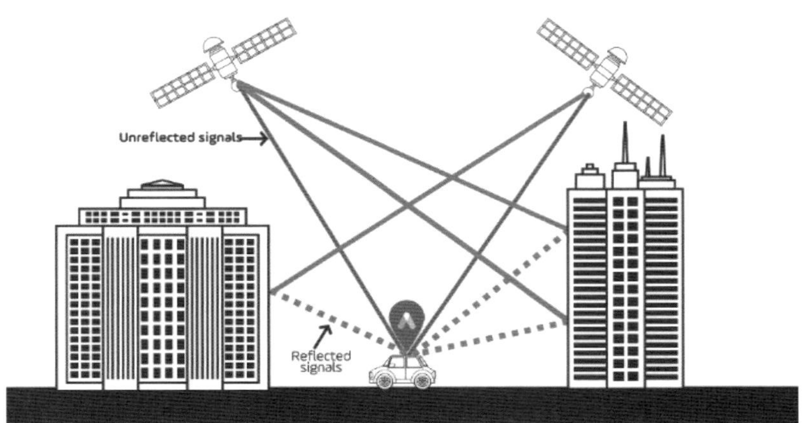

그림 3-34 지상에서 Multipath Fading에 의한 오차

즉, 지상의 GPS 수신기는 위성에서 바로 오는 신호(즉, LOS 환경)를 받는 것이 아니라, 대부분 지상의 지형지물에 반사되거나 회절되는 신호를 받기 때문에 여러 경로의 전파를 수신한다. 결국 이러한 Multipath Fading 현상은 오차를 증가시키는 요인이 된다.

따라서 전체적으로 볼 때, GPS 측위오차는 ① 위성신호와 관련된 위성부분, ② 전파가 위성에서 수신기까지 전파(Propagation)되면서 신호가 왜곡되는 전파부분, ③ 수신기 자체와 수신기 근처의 전파환경에 의한 수신기 부분으로도 구분될 수 있다.

(2) GPS 오차 보정

GPS 측위는 여러가지 원인으로 오차가 발생되는데, 이러한 GPS 측위오차를 어느 정도 보정하는 방법에는 OSR(Oberservation State Representation)과 SSR(State Space Representation)이 있다.

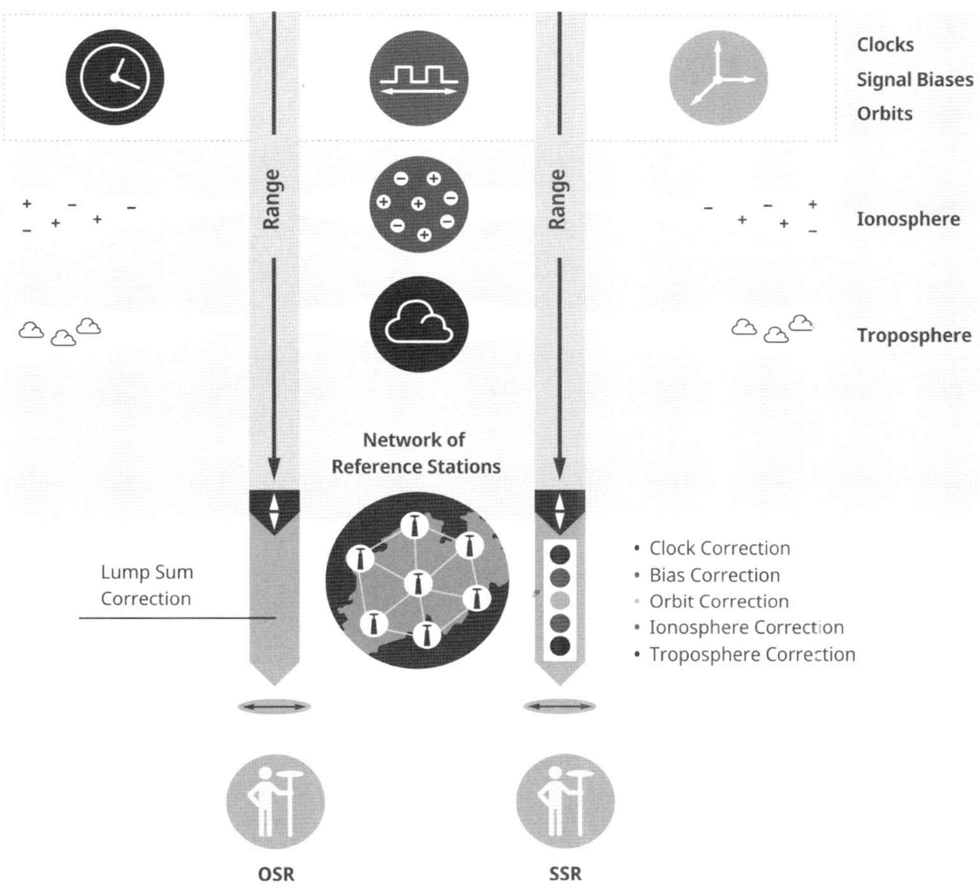

그림 3-35 OSR과 SSR 비교(1) (출처: geo++)

이러한 GPS 오차보정 기술은 ① 수신기가 자체적으로 오차를 보정할 수 없다는 가정과 ② 측위 정확도가 높은 실시간 서비스가 확산되고 있기 때문에 많이 사용되고 있다.

GPS 수신기는 위성시계 편차, 위성궤도 변화, 이온층과 대류층의 전파 왜곡 등으로 발생되는 오차를 자체적으로 보정하지 못하고, 항상 외부 정보를 활용해서 오차를 보정한다. 따라서 GPS 수신기는 위성으로부터 받은 GPS Pseudo Data(일종의 가짜 데이터)를 기반으로 외부 보정정보를 활용한다.

GPS오차를 보정하는 방법의 예는 수신기가 위성으로부터 받은 GPS 신호를 기준으로 수신기 근처의 지상에 있는 다른 관측장치로부터 보정정보를 받아 오차를 보정한다. 대부분 이러한 보정정보는 지상이나 GPS 위성이 아닌 보정용 위성으로부터 무선통신으로 받는다.

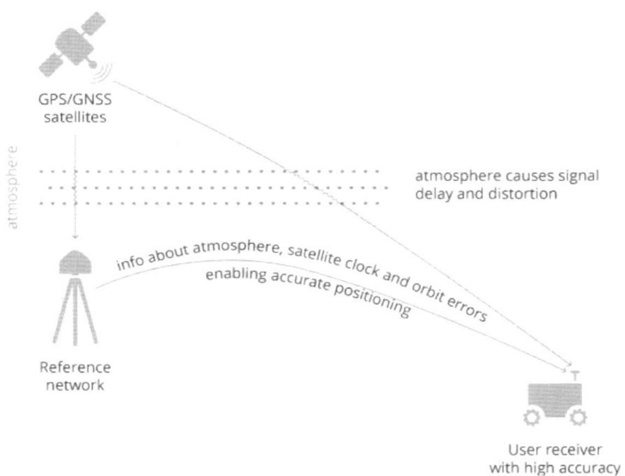

그림 3-36 GPS오차 보정 원리

OSR 방식은 기준국에서 관측된(Observation) 모든 보정 정보를 한꺼번에 수신기에 적용하는 방식이고, SSR은 GPS 신호 전달 경로상의 여러개의 오차성분을 각각 모델링하여 보정 정보로 활용하는 방식이다.

OSR 방식은 이동하는 수신기(Rover)와 수 Km 이내에 지상에 고정된 기준국(또는 관측소)이 사용되는데, 이 기준국은 고정되어 있어서 이미 자신의 위치(즉, True Position)를 알고 있기 때문에 기준국 주변에 있는 수신기에 오차정보를 전송한다.

즉, 이 기준국은 GPS 신호를 받아서 위치를 계산한 다음, 이미 알고 있는 자신의 위치와 비교하여 오차를 산출한다. 이러한 오차 정보는 수 Km 이내의 주변 GPS 수신기도 비슷한 형태의 오차를 갖게 되므로 이 오차 정보를 다른 수신기로 전송하는 방식이다.

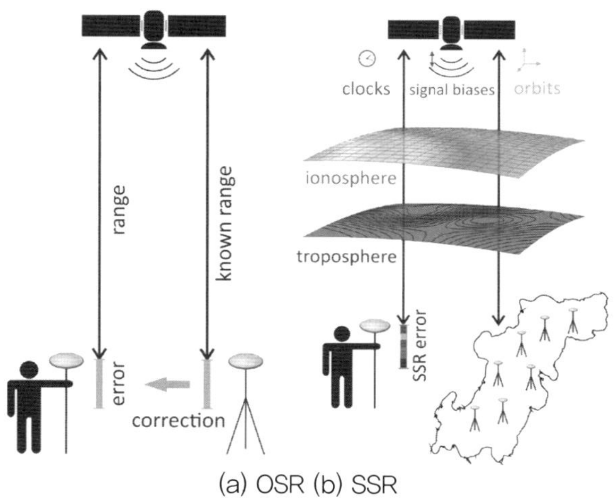

(a) OSR (b) SSR

그림 3-37 OSR과 SSR 비교(2)

OSR 방식은 과거부터 많이 사용되는 방식으로 GPS 수신기가 보정정보를 전송하는 장치(즉, 기준국)와 양방향 통신으로 정보를 송수신하고, 수신기는 모든 오차정브를 한꺼번에 적용한다. 반면 SSR 방식은 최근에 도입된 방식으로 단방향(즉, 방송형태) 전송으로 다수의 오차성분을 각각 적용하는 방식이다.

좀 더 세부적으로 보면, OSR은 관측값에 포함되어있는 전체(Lump Sum) 오차를 계산하여 보정정보로 활용하는 방식이고, SSR은 위성시계, 위성궤도, 이온층, 대류층 등 각각의 오차를 별도로 계산하여 보정정보로 활용한다.

OSR과 SSR 방식은 모두 수 Cm 단위의 측위 정확도를 추구하지만, 보정정보를 전달하는 지역에서 OSR은 일부지역, SSR는 일반적으로 전세계를 대상으로 한다. 또한 OSR은 기준국과 이동국간 고속의 양방향 통신이 사용되고, SSR는 저속의 단방향 통신이 사용된다.

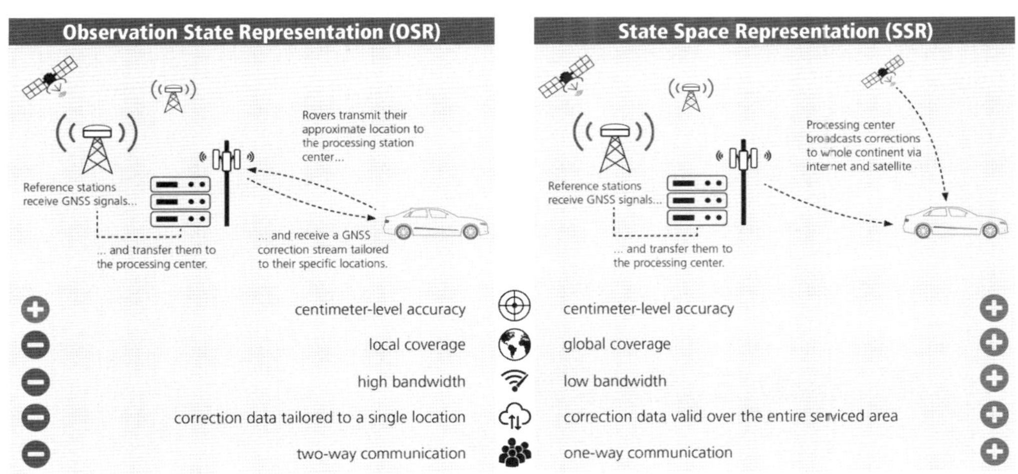

그림 3-38 OSR과 SSR 비교(3) (출처: u-blox)

OSR 방식은 측위 정확도가 높은 서비스에 사용되며, 수신기 가격이 SSR 대비 상대적으로 비싸다. 또한 OSR 방식은 기준국과 이동국간 거리가 멀어질수록 정확도가 저하되는 현상을 발생되지만, SSR 방식은 이들간 거리에 큰 영향을 받지 않는다.

즉, OSR 방식은 기준국의 관측오차를 기준으로 거리에 따른 관측오차의 변화를 고려하여 이동국의 관측오차를 추정하는 방식인데, 거리에 따른 관측오차의 변화 추정값이 거리가 멀어질수록 정확도가 낮아진다.

따라서 넓은 지역을 대상으로 OSR 방식을 사용할 경우, 많은 기준국이 설치되어야 한다. SSR 방식의 보정신호를 서비스하는 경우에는 OSR 방식을 적용하는 경우에 비해 설치되는 기준국 수가 적다.

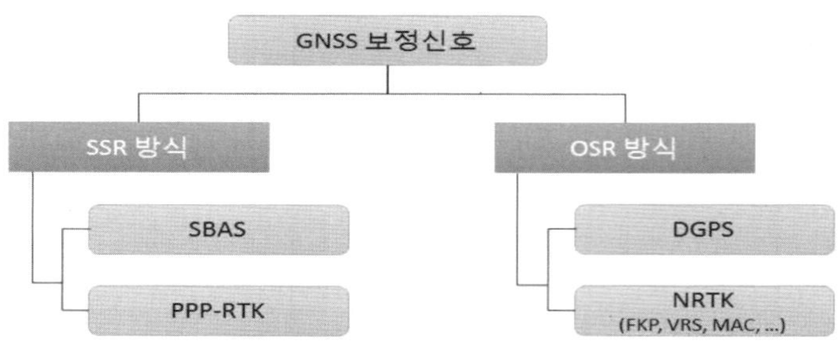

그림 3-39 OSR, SSR 보정방식 종류

대표적인 OSR 방식은 DGPS(Differential Global Positioning System), Network RTK(Real Time Kinematic)가 있고, 대표적인 SSR 방식에는 SBAS(Satellite Based Augmentation System), PPP(Precise Point. Positioning)-RTK가 있다.

OSR 방식에서 많이 사용되고 있는 DGPS는 수신기 가격이 저렴하며 수 m정도의 오차가 발생되며, RTK는 수 Cm 단위의 오차가 발생된다. 물론 이러한 오차보정 방식을 사용하지 않고 GPS 신호만 활용할 경우 수십 m 단위의 오차가 발생된다.

또한 대표적인 SSR 방식은 SBAS이며, SBAS는 GPS 오차를 GPS 위성이 아닌 다른 위성에서 송출하고 수신기가 보정하는 기술이다. 최근에는 넓은 영역에 단방향 통신으로 이루어지는 SBAS 방식을 많이 사용되는 추세이다.

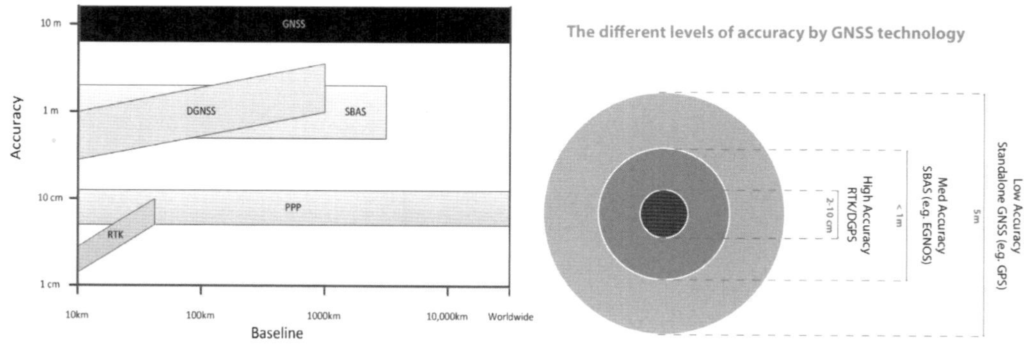

그림 3-40 오차보정 방식별 영역, 정확도 구분

오차보정 방식별 정확도를 보면, 가장 정밀도가 높은 방식은 RTK이며, 상대적으로 정밀도가 낮은 방식은 DGPS와 SBAS 방식이 있다. 적용 가능한 거리를 보면, 양방향 통신으로 이루어지는 RTK가 가장 좁은 영역에 서비스가 제공되고, 단방향 통신인 SBAS가 넓은 지역을 대상으로 서비스를 제공할 수 있다.

또한 SBAS 대비 더 높은 정확도와 더 넓은 지역을 서비스할 수 있는 PPP(Precise Point Positioning)-RTK 방식도 있다. 차세대 GPS 오차보정 방식으로 검토되는 PPP-RTK는 넓은 지역을 대상으로 서비스가 가능하고, 다른 방식 대비 상대적으로 정밀도가 높다.

3) OSR, SSR

(1) OSR

OSR(Oberservation State Representation)은 기준국에서 관측된(Oberservation) 오차 정보를 기준국에서 이동국(또는 수신기)으로 전송하여 이동국이 오차를 보정하는 방식이다. 이 방식은 수신기과 가까운 곳에 기준국이 있어야 하며, 대표적인 OSR 방식은 DGPS(Differential Global Positioning System)와 RTK(Real Time Kinematic)가 있다.

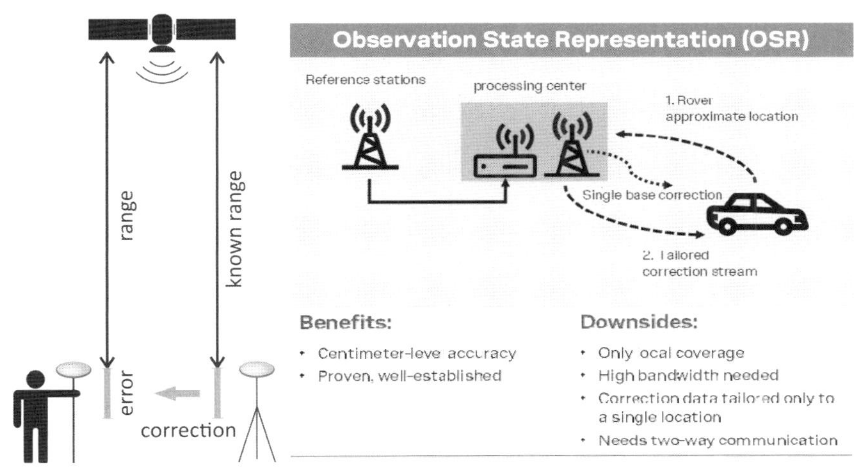

그림 3-41 OSR 개요(출처: u-blox)

OSR은 기준국(또는 관측소)과 이동국간 약 30Km이내의 거리에 적용 가능하고, 이동국은 기준국과 양방향 통신으로 보정정보를 송수신하여 수 Cm이내의 측위오차를 목표로 한다. 또한 OSR은 위성시계, 위성궤도, 이온층, 대류층 등에서 발생되는 모든 오차의 보정정보들이 한꺼번에 수신기에 적용된다.

DGPS와 RTK 방식은 기준국과 이동국간 무선으로 통신하는데, 이때 사용되는 무선통신 방식은 5G 이동통신이나 IoT 무선통신인 LPWA(Low Power Wide Area) 적용이 증가하고 있다. OSR 방식은 통신거리가 수 Km 이므로 근거리 통신기술인 Wi-Fi나 Bluetooth는 많이 사용되지 않는다.

이러한 무선통신을 기반으로 DGPS와 RTK에 사용되는 메시지 Protocol은 미국 정부 주도로 정의한 RTCM(Radio Technical Commission for Maritime Services)과 이러한 RTCM을 인터넷으로 전송할 수 있는 NTRIP(Networked Transport of RTCM via Internet Protocol)가 사용된다.

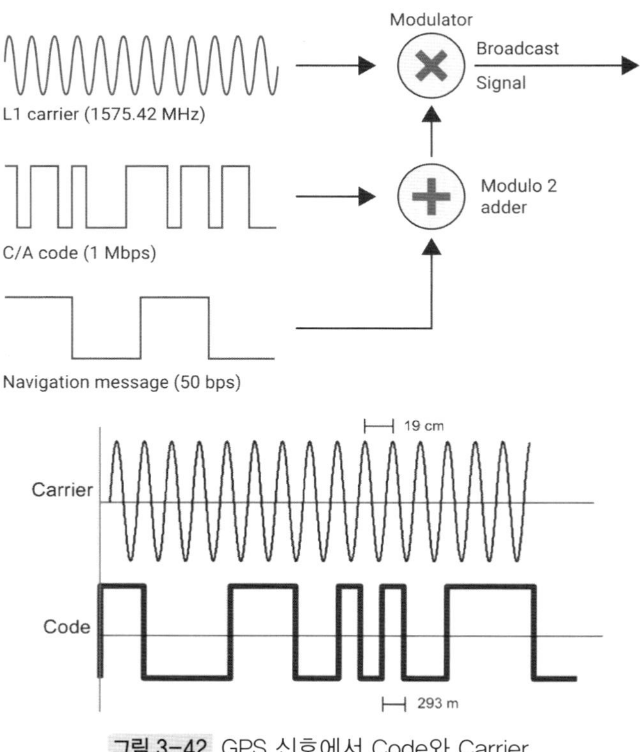

그림 3-42 GPS 신호에서 Code와 Carrier

DGPS와 RTK의 차이점은 오차보정을 위해서 GPS 전파에서 어떤 신호를 사용하느냐 여부인데, DGPS는 GPS 신호에서 Code(PRN)를 사용하고, RTK는 Carrier(반송파) 신호를 사용한다. 즉, DGPS는 PRN(Pseudo Random Noise) 신호를 사용하고, RTK는 Carrier를 활용한다.

RTK는 DGPS와 구별하여 CDGPS(Carrier Phase DGPS)라고도 하며, 1980년대 후반에 도입되었지만, 수신기에서 처리 절차가 복잡하고 높은 Computing Power가 필요했다.

하지만, 최근 대부분 GPS 수신기는 Computing Power가 높아져서 이러한 RTK 신호를 충분히 처리할 수 있다. 즉, RTK 수신기는 DGPS수신기보다 약 1,000배 이상 빠른 처리가 필요하므로 과거에는 수신기의 처리속도 문제로 RTK의 상용화에 어려움이 있었다.

TYPICAL GPS ACCURACIES			
PVT	"Autonomous" GPS	Differential GPS (DGPS)	Real-Time Kinematic (RTK)
POSITION	15 m or less (often much less)	1 m or less	2 cm or less
VELOCITY	0.5 km/hour or less		
TIME	Within 100 nanoseconds of Universal Coordinated Time (UTC)		

그림 3-43 OSR 기술별 측위 정확도(출처: Trimble)

DGPS는 주기가 293m인 디지털 코드(PRN)를 사용하여 m급의 정밀도를 갖는다면, RTK는 주기가 19cm인 반송파(Carrier)의 파장을 사용하므로 Cm 단위의 오차로 정밀도가 높다. 일반적인 관점에서 오차보정이 적용되지 않은 GPS 오차는 15m 이내, DGPS는 1m이내, RTK는 2cm 이내로 알려져 있다.

따라서 RTK는 오차보정을 위해 기준국에서 전송되는 데이터가 Carrier라는 것을 제외하면 DGPS와 유사하다. 하지만 RTK는 수신기가 각 위성의 Carrier 신호를 지속적으로 수신해야 하기 때문에 만약, 전송장애가 발생되면 오차의 한계가 DGPS보다 상대적으로 크기 때문에 안정적인 통신시스템이 필요하다.

TYPICAL GPS RANGING ERRORS			
Error Source	Autonomous GPS	Differential GPS	RTK
User Range Errors (URE)			
SYSTEM ERRORS			
Ephemeris Data	0.4 – 0.5m	Removed	Removed
Satellite Clocks	1–1.2m	Removed	Removed
ATMOSPHERIC ERRORS			
Ionosphere	0.5 – 5m	Mostly Removed	*Almost All Removed*
Troposphere	0.2m – 0.7m	Removed	Removed
Subtotals	*1.7–7.0m**	*0.2–2.0m*	*0.005–0.01m*
User Equipment Errors (UEE)			
Receiver	0.1–3m	0.1–3m	*Almost All Removed*
Multipath	0–10m	0–10m	*Greatly Reduced*

그림 3-44 GPS, DGPS, RTK 오차 범위(출처: Trimble)

이렇게 GPS만 사용하는 것보다 보정정보를 활용하는 DGPS와 RTK는 GPS 오차대비 월등이 낮은 오차가 발생된다. 전체적으로 볼 때, OSR은 System Errors(Ephemeris Data, Statellite Clocks)의 오차는 거의 극복된다.

하지만, 대기층(이온층, 대류층 등)에서 발생되는 오차는 완전하게 극복할 수 없기 때문에 DGPS와 RTK도 오차가 발생된다.

DGPS(Differential Global Positioning System)는 측위 대상 수신기와 오차 보정정보를 제공하는 가까운 위치에 있는 기준국을 활용하는 방식이다. 기준국(Base Station 또는 Reference Station)을 설치하여 이동하는 수신기(Rover Station)는 보정용 기준국으로부터 오차 정보를 받는 방식이다.

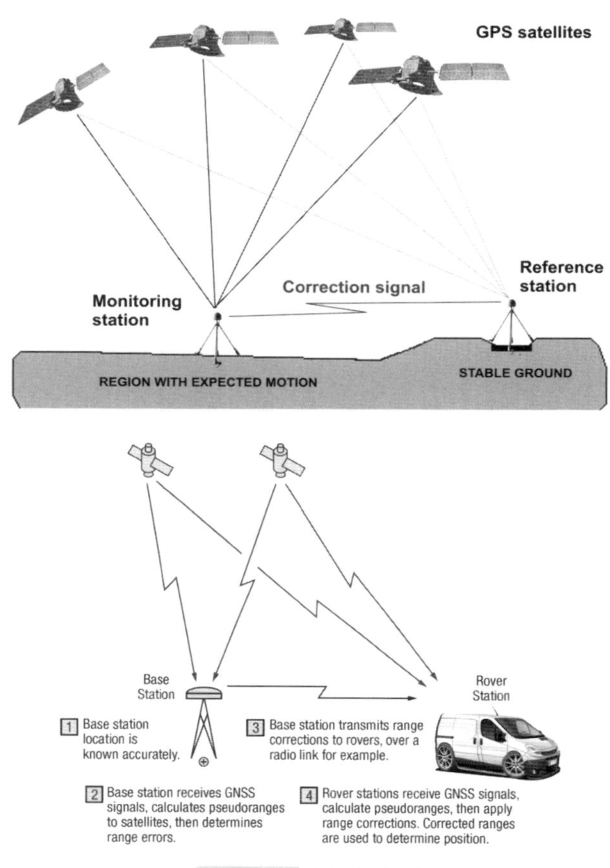

그림 3-45 DGPS 원리

즉, DGPS는 GPS의 오차를 줄이기 위한 방법으로써 이미 알고 있는 기준국을 정하여 이곳에서 정확한 위치 값과 GPS에서 측정한 위치값을 비교하여 GPS 오차 값을 보정한 후, 그 보정값을 무선통신으로 이용자에게 실시간으로 알려주는 시스템이다.

여기에 사용되는 무선통신은 이동통신, 먼거리 IoT 통신인 LoRa(Long Range) 또는 283.5KHz~325KHz를 사용하는 무선통신도 있다. 이렇게 DGPS를 사용하지 않으면

GPS오차가 대략 15m 정도되는데, DGPS를 사용하면 측위오차는 1m 이내가 된다.

RTK(Real Time Kinematic)는 GPS의 Carrier Wave 신호의 Carrier를 활용하여 수 Cm 단위의 정밀 측위가 가능한 기술이다. RTK 단어에서 'Kinematic(그리스어)'은 'To Move'의 뜻으로 RTK는 수신기가 이동하면서 실시간 정밀측위가 가능함을 의미한다.

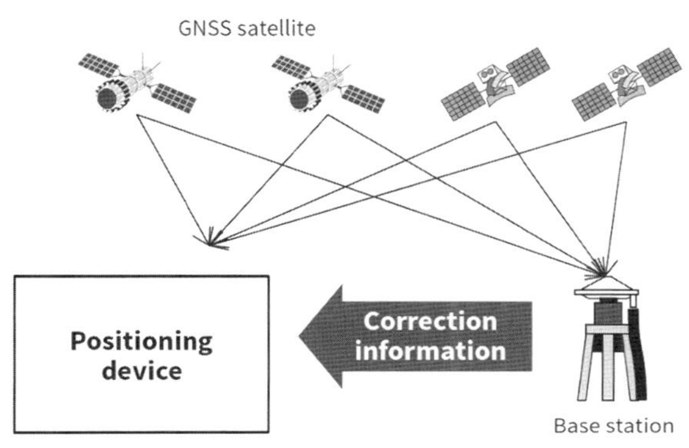

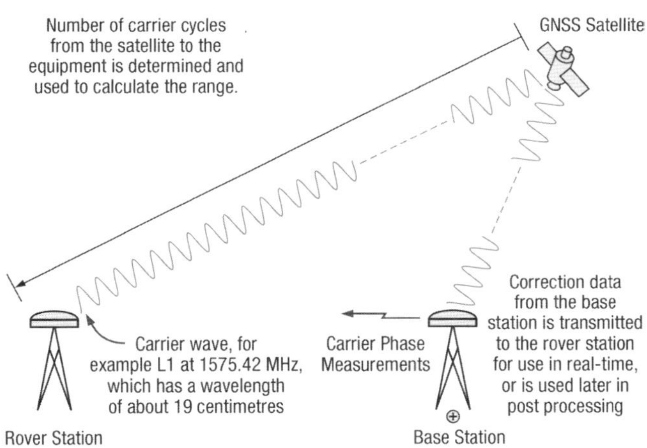

그림 3-46 RTK를 위한 시스템 구성도

크게 보면, RTK는 새로운 기술이 아니고 기존의 DGPS를 개선한 기술이다. RTK는 DGPS를 고도화한 기술로 DGPS는 주기가 약 293m인 디지털 코드를 이용하여 m급의 정밀도를 갖는다면, RTK는 1주기가 19cm인 반송파의 파장을 이용하므로 파장의 개수가 계산된다면 2~3cm이하의 정밀도를 갖는다.

RTK에서 'Real Time'은 처음 RTK 기술이 구현된 1980년대 말에 RTK를 구현하기 위해서 수신기에 높은 수학적인 계산이 필요했는데, 1990년대 중반에 RTK 기술이 공개되면서 Real Time으로 Post Processing이 가능하다는 의미가 포함되어있다.

(2) SSR

SSR(State Spatial Representation)은 GPS 위성 궤도에 대한 보정 값, GNSS 위성 신호가 이온층과 대류층을 통과할 때 전파 변화량, 위성시계 오차 등을 개별적으로 전송하여 수신기가 보정하는 방식이다.

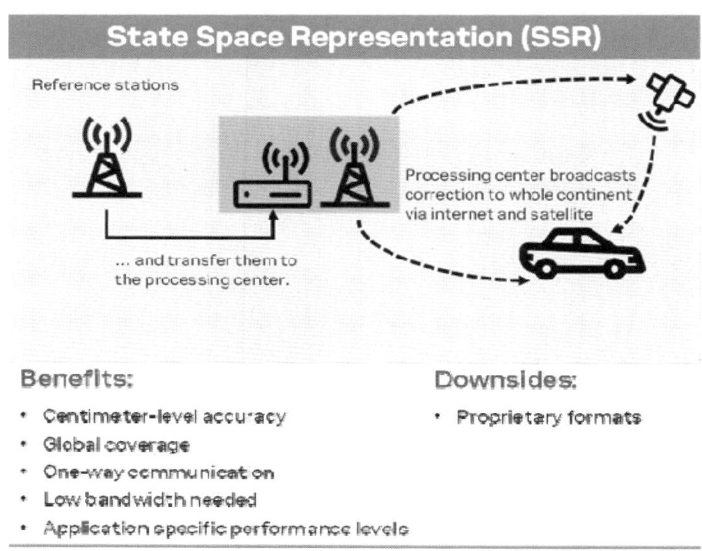

SSR은 Cm 단위의 정확도를 추구하며, 저속의 단방향 통신으로 정보를 전송한다. 또한 OSR과는 상대적으로 넓은 지역을 대상으로 오차 보정 정보를 전송한다. 대표적인 SSR 방식에는 SBAS(Satellite Based Augmentation System)와 PPP-RTK(Precise Point Positioning-Real Time kinematic)가 있다.

SBAS(Satellite Based Augmented System)는 GPS 위성과 수신기 사이의 오차정보를 정지궤도에 있는 위성이 전송하는 방식이다. 즉, SBAS는 또 다른 위성을 활용한 GPS 오차보정 시스템으로 주로 항공기 운항에 사용된다. 이러한 SBAS 기술표준은 국제민간항공기구(ICAO: International Civilian Aviation Organization)에서 정의하고 있다.

GPS 신호는 이온층, 대류층 등을 통하면서 전파의 변형이 있어서 오차가 발생되는데, 특히 이온층은 여러가지 환경(특히, 태양풍)과 조건에 따라 형태가 변하기 때문에 일관된 GPS 오차를 반영할 수 없다. 따라서 SBAS 위성은 다수의 지상 기준국에서 오차정보를 받아서 재전송한다.

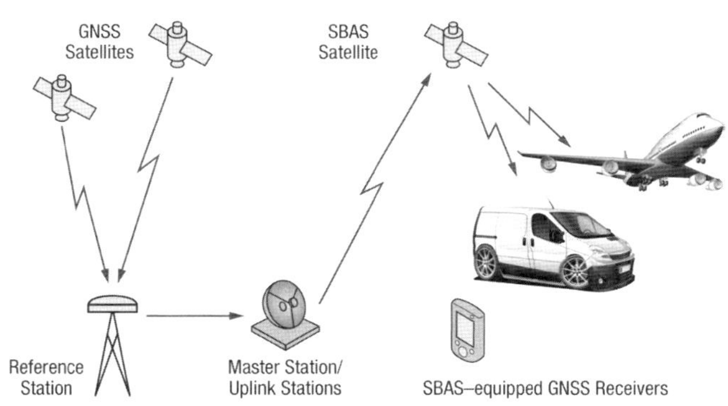

그림 3-47 SBAS 구성요소(출처: NovAtel)

SBAS 구성요소는 지상의 고정된 위치에서 GPS 신호를 수신하는 기준국(Reference Station), 기준국과 정보교환을 하면서 SBAS 위성과 통신하는 지상의 중앙국(Master Station), 그리고 정지궤도상에 있는 SBAS 위성 등이 있다.

GPS 측위는 위성과 수신기간 정확한 거리가 아닌 Psudo Range(의사거리 또는 가짜거리)를 기준으로 외부로부터 오차정보를 받아서 측위를 하는데, 이렇게 오차를 보정하는 작업은 결국 Psudo Range를 참에 가까운 값으로 수렴시키는 절차이다.

즉, 수신기가 오차보정 정보없이 받은 Psudo Range 값은 틀렸다는 가정에서 시작되어, SBAS 위성이 참값을 알려주는 역할을 한다. SBAS 위성이 전송하는 참값의 정보는 지상에서 움직이지 않는(고정된) 장소의 기준국으로부터 얻는다.

기준국은 고정된 장소이기 때문에 이미 자신의 위치를 알고 있고, 이를 기준으로 순수하지 않은 GPS 신호를 받아서 True Position(또는 자신의 위치)과 비교하여 오차를 산출한다. 기준국이 산출한 오차정보는 중앙국을 거쳐서 SBAS 위성으로 전송된다.

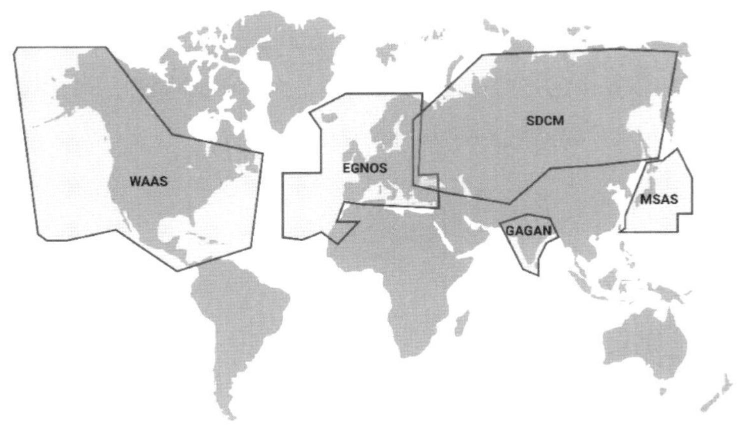

그림 3-48 세계 지역별 SBAS 종류

SBAS의 주요 목적은 항공 분야로써 전세계 주요 국가는 SBAS를 구축하여 서비스를 제공하고 있다. 미국은 WAAS(Wide Area Augmentation System), 유럽은 EGNOS(European Geostationary Navigation Overlay Service), 일본은 MSAS(Multi-Function Satellite Augmentation System), 인도는 GAGAN(GPS Aided Geo Augeded Navigation)와 같이 주요 국가에서 자체적으로 구축하여 서비스를 제공한다.

이러한 국가 이외에 한국(KASS: Korea Augumentationb Satellite System), 중국, 러시아 등도 자체 SBAS를 구축 중에 있다. 이러한 SBAS는 항공분야에 우선적으로 적용하여 정확한 노선으로 운행하여 운항거리를 줄이고, 연료를 절약할 수 있다. 이 외에도 SBAS는 지상의 차량이나 사람이 사용하는 단말기에도 적용된다.

미국이 구축한 WAAS는 기준국 38개소, 중앙국 3개소, SBAS 위성 3개, 지상에서 위성으로 정보를 전송하는 운영국 6개소 등이 있다. WAAS는 미국 전역, 캐나다, 멕시코까지 서비스를 제공한다.

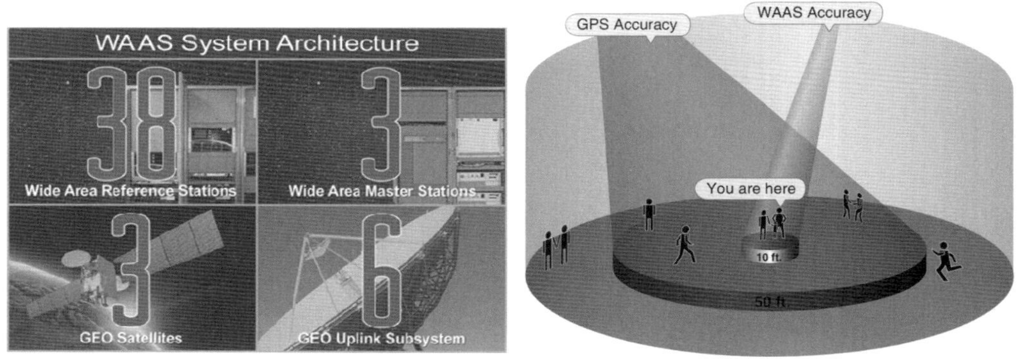

그림 3-49 WAAS 개요(출처: FAA)

일반적인 경우, Open Space(하늘이 보이는 공간)에서 GPS의 오차는 약 15m(50ft.)이지만, SBAS(미국의 경우, WAAS) 오차는 약 3m(10ft.)로 알려져있다.

3 Galileo, GLONASS, BeiDou

Galieo(갈릴레오), GLONASS(글로나스), BeiDou(베이더우)는 각각 EU(European Union), 러시아, 중국에서 추진하는 GNSS이다.

1) Galileo

Galieo(갈릴레오)는 유럽위원회(European Commission)와 유럽우주국(ESA: European Space Agency)이 공동으로 추진하는 글로벌 위성항법 시스템(GNSS)이다.

민간 전용 위성항법 시스템의 필요를 인식한 EU가 미국과 러시아 주도의 위성항법 기술과 시장의 의존도를 낮춤과 동시에 새로운 위성항법 관련시장을 창출하기 위하여, EU와 ESA가 공동으로 추진하였다.

GPS(Global Positioning System)가 5~10m의 오차범위를 가지고 있기 때문에, '갈릴레오 프로젝트'는 GPS의 오차 한계를 극복하려는 목표로 추진되었으며, 유럽의 우주개발 역사상 가장 큰 규모의 프로젝트이다.

첫 번째 시험 위성인 GIOVE-A는 영국의 서레이위성기술(SSTL: Surrey Satellite Technology Ltd.)에서 제작되었으며, 2005년 12월 28일 카자흐스탄의 바이코누르 기지에서 발사되었다.

이 위성은 중간 지구궤도에서 동작하는 정지궤도용으로 설계된 서레이 위성기술의 첫번째 위성으로, 2012년 고도를 높인 후, 현재는 사용 정지된 상태이다. GIOVE(지오베)는 Galileo In-Orbit Validation Element의 약어로서, 이탈리아어로 "목성"을 의미하며, 목성 및 천체 발견에 크게 이바지한 갈릴레오에게 경의를 표하기 위하여 명명되었다.

이후, 두 번째 위성인 GIOVE-B도 GIOVE-A와 유사한 임무로 시작되었으나, 2008년 4월 신호생성 등 주요 하드웨어의 큰 개선이 있었다. 이러한 2번의 시험위성의 성공으로 갈릴레오 위성항법 시스템의 상용화가 가능하게 되었다. 2020년 기준으로 총 위성은 30개에 달하며, 이중 24개는 작동 중이며, 6대는 예비용으로 배치하고 있으며, 위성 수명은 대략 12년 이상이다.

갈릴레오 프로젝트의 추진 목적으로는 첫째, 독자적인 위성항법 시스템의 개발이다. 유럽은 2003년 이라크 전쟁으로 미국과 갈등을 빚은 뒤, 독자적인 위성항법 시스템 개발의 필요성을 절감하였다. 이라크 전쟁에서 미군은 정밀한 위치추적이 가능한 군용 GPS를 장착한 폭탄으로 이라크군의 거점을 정밀 폭격하였다.

EU는 미국과 갈등에 빠질 경우, 미국이 제공하는 GPS 정보가 중단될 수 있다는 사실에 위기의식을 갖게 되었는데, GPS가 없으면 현대 국방체계는 사실상 마비되기 때문이다. 미국은 GPS 서비스를 전세계에 무료로 제공하고 있으나, 기본적으로 군사용이란 이유를 들어 민간 서비스 범위를 제한하고 있다.

또한, 자의적인 판단에 따라 신호 품질을 저하시키거나, 일방적으로 서비스를 끊는 경우도 적지 않아, 여객기 이착륙이나 열차 통제 시스템처럼 GPS 서비스에 절대적으로 의존하는 대중교통 시스템은 승객들의 안전을 100% 담보하기 어려웠다.

둘째, 경제적 필요보다는 유럽의 군사적 독립성 강화라는 정치적 동기가 더 강하게 작용하였다. 에어버스나 아리안로켓처럼 위성항법 시스템 분야에서 유럽의 독자 주권을 확보하려는 정치적 목표라고 할 수 있다. 민간위성이나 미국과 유럽이 군사적 갈등을 빚으면 갈릴레오는 언제든 군사용으로 전용이 가능하고, 유럽의 방위산업체들도 이 위성 기술을 이용할 수 있다.

원래, 갈릴레오(Galileo) 프로젝트는 EU의 제5차 연구개발 프레임워크(Research Framework Program)의 성장 테마 프로그램 하에 수행되는 파일럿 프로젝트로서, 고도 23,616km와 56도의 경사각을 가진 3개 면의 지구 중궤도에 각각 10개의 위성을 발사할 계획이었다.

위성은 총 30기이며, 이중 6기는 비상시를 대비한 보조위성이다. 여기에, 2개의 제어센터(제어국)를 포함한 지상국 네트워크를 전 세계에 구축하여 지구 전역을 대상으로 한 서비스 체제를 생각하였다. 현재 위성소유국은 EU이며, 제어국은 중부 유럽에 설치되며, 관제국 5기는 호주, 남아공, 브라질, 노르웨이, 남태평양 등에 설치되었다.

여기에서, 이 시스템은 3가지 신호를 제공하는데, 공개신호는 누구나 무료로 수신할 수 있고, 두 종류의 서로 다른 주파수를 수신해서 오차범위 4 m이내에서 위치확인이 가능하며, 유료 서비스로 제공하는 상용신호는 암호화된 상태로 제공되어 1m 이내의 정확도를 제공한다.

특히, 전용주파수 신호를 하나 더 수신할 수 있는데, 긴급구조 신호는 그 정확도가 공개신호와 비슷한 수준이지만, 방해전파에 잘 견디며, 신호에 이상이 생길 경우, 10초 이내에 조치할 수 있어서, 주로 경찰이나 소방, 응급서비스와 항공기의 자동관제 등에 활용될 것으로 보인다.

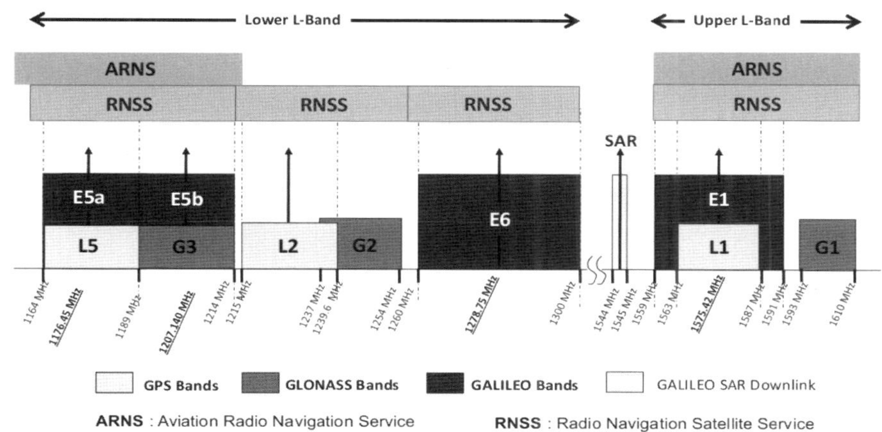

그림 3-50 GNSS, RNSS 주파수 대역

전체적으로 볼 때, 갈릴레오 시스템은 GPS와 다른 중요한 특징을 가지고 있다. 첫째, 갈릴레오는 NATO군이 미국 GPS 시스템의 군사용 신호에 대한 사용권을 가지고 있기 때문에 별도의 군사용 채널을 제공하지 않는다.

둘째, 위치정보의 정확도가 GPS 대비 우수한 1 m 이내의 오차를 갖는다. 셋째, 민간기업의 상업적 목적으로 운영하기 때문에 안정적인 서비스를 기대할 수 있으며, 일반적인 서비스는 누구나 수신기만 있으면 이용이 가능하지만, 정밀한 위치정보가 유료 가입자에게 제공된다.

넷째, 한 위성이 고장이 나는 경우, 이용자(수신기)에게 실시간으로 알려주게 되므로, 다른 위성 전파를 수신하거나 사용자 경고 대응이 가능하다. 이에 반해, GPS는 고장사실을 확인하는데, 보통 몇 시간 이상이 소요되므로 안전 관련 서비스에는 이용하기 어렵다.

사실, 미국은 갈릴레오 위성이 민간위성이지만, 언제든지 군사용으로 전환할 수 있다고 생각하고 강력히 반대한 바 있다. 갈릴레오 시스템의 주파수 중 일부가 미군이 사용하는 암호화된 GPS 대역과 인접해 있어서 교란의 가능성이 있고, 또한 중국이 갈릴레오 프로젝트에 3억달러 정도 투자에 참여한 것이 그 이유였다. 이후 EU는 미국이 요구할 경우 적국에 대하여 갈릴레오 신호를 차단하기로 합의하면서 이 사업을 지속할 수 있었다.

앞으로 갈릴레오 도입의 파급효과는 매우 크다고 할 수 있다. 우선, 미국의 위성항법 시스템의 독점체제가 종식된다. 물론, 러시아의 GLONASS, 중국의 BeiDou 등이 가동되고 있으나, 이 시스템들은 군사용/민간용을 함께 보유하고 있고, 갈릴레오는 유일한 민간용 글로벌 위성항법 시스템이기 때문이다.

또한, 위치기반 사용자들의 dual mode 사용이 가능해 지면서, 점차 smart phone의 navigation 뿐만 아니라 자동차, 물류, 토목, IoT 쪽으로 지속적인 적용 및 확대가 예상된다.

System	GPS	GLONASS	Galileo	BeiDou
개발/운영조직	미국 국방부	러시아 우주군	유럽 우주국	중국 우주국
궤도 고도	20,180 Km	19,130 Km	23,222 Km	21,150 Km
주기	11시간 58분	11시간 16분	14시간 5분	12시간 38분
위성 수	24개	24개	30개	55개(신형 30개)
위성 수명	8년	10년	12년	12년
사용 주파수	L1: 1.57542 GHz L2: 1.2276 GHz L5: 1.17645GHz	1.602 GHz 1.246 GHz	1.164~1.215GHz 1.260~1.300GHz 1.559~1.592GHz	B1: 1.561098GHz B1-2: 1.589742GHz B2: 1.20714GHz B3: 1.26852GHz
위치 정확도	0.2~10 m	1.5~4 m	1~4 m	2.5~20 m
항법 정밀도	0.1 m/sec	0.1 m/sec	0.1 m/sec	0.2 m/sec
위성발사 년도	1978년	1982년	2005년	2007년
서비스 완성	1995년	2011년	2018년	2020년
서비스 대상	군사용, 민간용	군사용, 민간용	민간용	군사용, 민간용

그림 3-51 주요 GNSS 시스템 현황 비교(2021년 기준)

2) GNONASS

GLONASS는 러시아의 글로벌 위성항법 시스템으로서, 1976년 구 소련 시절에 미국의 GPS 독점을 견제하기 위하여 개발이 추진되었다. 과거 미국과 러시아(구 소련)는 오랫동안 냉전 상태를 유지해 왔다. 그 당시 큰 문제는 가장 보편적인 측위 시스템인 GPS가 미국의 소유이기 때문에 미군이 마음먹기에 따라 GPS는 유사시 언제든 적국이 쓰지 못하게 차단할 수 있다는 점이다. 또한, 미 국방성이 제어하는 GPS의 랜덤 오차 코드에 대응하지 못할 경우, 원거리 정밀 타격 시스템 등은 사실상 무력화될 가능성이 매우 컸다.

결국, 구 소련 시기인 1982년10월 "Kosmos-1413" 위성이 발사되었으며, 1993년 9월 GLONASS의 첫 운용이 시작되었다. 이후 재정난과 시스템 노후화 등으로 7기 정도만 운영되다가, 2001년 푸틴 대통령이 GLONASS 위성망의 복원을 지시하였다.

이 당시 러시아 우주국의 예산 1/3을 투입하여 진행된 연방 프로그램 "Global Navigation System for 2002-2011"는 큰 성과를 달성하였다. 우선, GLONASS의 현대화를 GLONASS-K 위성으로 구성하였으며, 지상 제어 세그먼트는 GPS에 상응하는 수준의 정확도 특정을 보장하였으며, 시간 및 주파수 시설의 국가표준화, GNSS 증강 프로토파입 및 민간용 PNT 장비 및 관련 시스템 설계를 완성하게 되었다.

따라서, 2010년 러시아 영토의 100% 커버지리가 가능하게 되었으며, 마침내 2011년 10월 총 24기의 인공위성 전체 궤도가 복원되어 GPS처럼 세계 전역에서 위성항법 서비스가 가능하게 되었다.

GLONASS의 기본적인 측위 원리는 GPS와 거의 비슷하며, 군용과 민간용이 구분된 점도 같다. 단지 GPS에서는 CDMA 방식을 사용하나, GLONASS는 FDMA 방식을 사용하고 있다. 주파수 대역은 L1 밴드는 1,602 MHz을, L2 밴드는 1,246 MHz을 사용하고 있다.

이전에는 GLONASS의 성능이 GPS보다 뒤쳐진다는 평가도 있었지만, 러시아는 미국에 버금가는 우주기술 강국이므로, 첫 발사 이후 개선된 성능의 위성을 확대하면서, 지금은 성능 면에서도 GPS와 크게 다르지 않다.

GLONASS 위성항법 시스템은 19,100Km 고도에서 64.8도의 경사각을 지닌 거의 원형에 가까운 궤도에 24개의 위성으로 구성되어 있다. 이 궤도는 GPS 신호를 받는 것이 문제가 될 수 있는 고위도에서 사용하기 적합하다고 한다. 위성 배치는 3개의 궤도 면에 각 8개의 위성이 일정 간격으로 배치되어 있어서 총 24개의 위성으로 구성되어 있으며, 러시아 영토을 대상으로 서비스하기 위해서 18개의 위성이 필요하다.

점차 위성수명이 7년인 GLONASS-M에서 수명이 10년 이상인 3세대 GLONASS 위성 GLONASS-K가 보강되고 있으며, 이 시스템도 정확한 위치 확정을 얻기 위하여 수신기가 적어도 4개의 위성 정보를 가져야 한다.

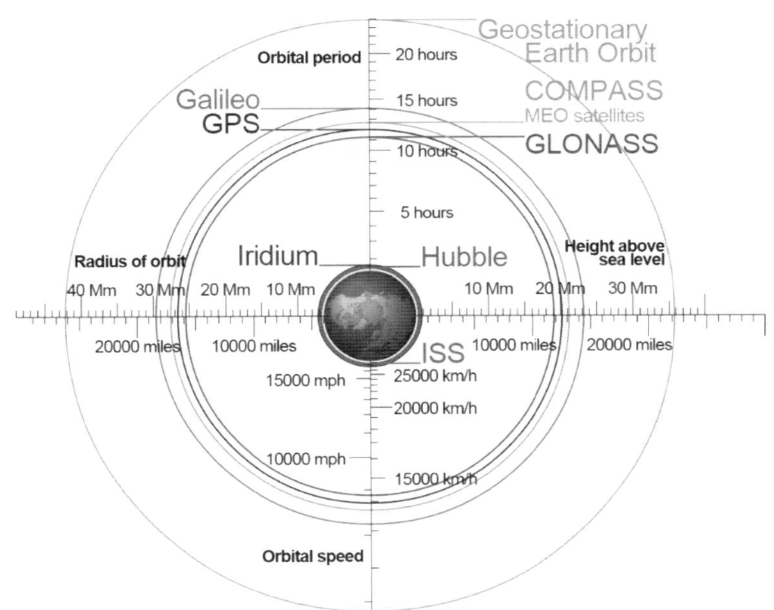

그림 3-52 주요 GNSS 시스템 궤도

최초의 GLONASS 장착 단말기는 Glospace SGK-70으로 처음으로 navigation에 사용되었으나, 사이즈가 크고, 가격대가 비싼 편이었다. 하지만, 러시아 정부는 GLONASS의 상업적 확대를 위하여 지속적인 홍보를 진행하였으며, iPhone 4S에 GPS와 GLONASS가 장착하게 되었다. 이후, 대부분의 위치기반 서비스를 가지는 high-end device에는 GLONASS 수신기가 포함되어 있다.

요즘 스마트폰이나, 태블릿 기기 사양서를 자세히 보면 GPS 단독이 아니라 GPS/GLONASS라고 표기한 것을 어렵지 않게 찾아볼 수 있다. 이는 해당 단말기가 GPS와 글로나스를 모두 지원하며, 동시 수신도 가능하다는 것을 의미한다. GPS와 글로나스를 함께 사용하면 가장 큰 장점이 있는데, 단독 사용할 때보다 정확도가 크게 개선된다. 측위에 동원되는 위성의 수가 증가하기 때문이다.

2012년 영국 T사의 GNSS 공학자들은 런던에서의 실험을 통하여, GPS 단독 상황에서 발생하던 오차에 GLONASS를 함께 적용할 경우, 오차가 대부분 제거되는 결과를 얻었다고 한다. 그러므로, 이러한 Hybrid수신 시스템은 전파적 방해 요소가 많은 번화한 도심 지역의 수신률 개선에 효과적이라고 할 수 있다.

3) BeiDou

중국은 독자적인 위성항법 시스템 BeiDou를 2000년 10월 지구 정지궤도 상에 첫번째 위성을 발사한 이후 지속적으로 구축하여, 드디어 2018년 전세계 대상 서비스를 시작했다. BeiDou는 중국어로 "북두(北斗)"를 의미하며, 미국, EU, 러시아에 이어 세계 4번째의 자체적인 위성항법 시스템이다.

개발 단계로 볼 때, 중국은 1994년 민간 및 군용 독자항법 시스템 개발에 착수하여, 1단계로 2003년까지 시험위성을 운영하였으며, 2단계로 2007년 최초로 BeiDou 위성을 발사하고, 2016년까지 16기의 위성을 발사하였으며, 3단계로 2020년 전세계 대상 위성항법 시스템 구축을 목표로 하였다.

BeiDou 위성항법 시스템은 총 35기의 위성으로 구성하도록 설계되었으며, 정지궤도 위성 5기, 경사궤도 위성 3기, 중궤도 위성 27를 배치하도록 설계되었다. 경사궤도와 중궤도 위성의 궤도면은 적도면과 55도의 경사각을 갖는다. 또한, Beido 신호는 B1, B2, B3 밴드를 사용하며, GPS와 같이 민간용 신호와 군용 신호를 모두 제공하고 있다.

실제로 운영 현황을 보면, 중국지역을 대상으로 하는 1호 시스템은 2000년 말에 완성되었으며, 아시아-태평양 지역을 대상으로 하는 2호 시스템은 2012년 말에 완성되어, 2019년

말 기준으로 위성 15개를 운영 중이다. 전 세계를 대상으로 하는 3호 시스템은 2020년 6월에 총 30개의 위성으로 완성되었다. 3호 시스템의 서비스 성능 지표는 위성신호 측위 오차 0.5m 이내, 위치 정확도 3m 이내, 항법 정확도 0.2m/s, 시간 정확도 20nsec 이다.

BeiDou 위성항법 시스템의 주요 특징을 보면, 첫째, 글로벌 범위의 PNT(위치, 항법, 시간)의 서비스 능력을 보유하고 있으며, 동시에 4대 GNSS 시스템 중 유일하게 쌍방향 메시지 통신을 갖추고 있다.

둘째, GPS 등 해외 다양한 GNSS 시스템과의 겸용성을 강화하였다. 민간용 신호 B1은 다른 GNSS 시스템과 유사하게 GPS L1(1,575.420 MHz) 밴드에 근접해서 동일한 신호체계로 설계되었다.

셋째, 위성기반 보정시스템(SBAS) 및 정밀절대측위(PPP) 서비스 능력을 향상시켰다. 위성 기반의 보정시스템은 다양한 시스템간 호환성이 용이하며, 현재 미국, 유럽, 러시아, 한국 등과 차세대 이중 주파수 및 멀티 위성 보강시스템의 표준연구 및 제정사업을 추진 중이다. 또한, 기본 항법 시스템의 경쟁력 향상을 위하여 정밀절대 측위 분야를 강화하고 있다.

기술적으로 이중주파수 반송파를 주요 측위모델로 사용하여, 중국 및 주변국 사용자에게 고정밀 측위서비스를 제공할 수 있으며, 2018년 11월 정밀절대 측위시스템의 첫 GEO 위성 발사에 성공하였다.

국가	시스템 명칭
미국	WAAS(Wide Area Augmentation System)
유럽	EGNOS(European Geostationary Navigation Overlay Service)
일본	MSAS(Multi-functional Satellite Augmentation System)
인도	GAGAN(GPS Aided Geo Augmentation Navigation)
러시아	SDCM(the Russian System for Differential Correction)
한국	KASS(Korea Augmentation Satellite System)
중국	BDSBAS(Bei-Dou Satellite Based Augmentation System)

그림 3-53 주요 위성 기반 보정시스템

중국의 BeiDou는 4대 GNSS 시스템 중 유일하게 항법 이외에 통신기능까지 유일하게 보유하여, 쌍방향 메시지 통신, 항법 및 보정 증강 기능이 일체화되어 있다. 이러한 기반을 활용하여 BeiDou 3호 시스템의 정지궤도 위성 3개와 중궤도 위성 14개를 이용하여 쌍방향 연결 방식으로 중국 및 글로벌 문자메시지 통신을 실현한 바 있다.

관련하여 5G 통신시스템과의 융합을 추진 중인데, BeiDou 항법시스템의 민간용 신호는 3GPP 와 국제표준화 작업을 완성하여, 5G 기반 위치서비스을 위한 선택 가능한 신호가 되었다. 향후, 글로벌 신호도 국제표준화 작업을 중점적으로 추진할 계획이며, 이를 통하여 BeiDou/GNSS와 5G 융합기술은 향후 Internet 확대 및 Smart city 등 분야에 응용되어 고정밀의 PNT 서비스를 충족시킬 수 있을 것으로 예상된다.

4 전파교란

1) 전파교란

GPS 전파교란은 GPS 수신기 근처에 강한 방해 전파로 인하여 수신기가 GPS 신호를 정상적으로 처리 못하게 하는 것이다. GPS 전파교란에는 ① 특정 사람이 목적을 가지고 GPS 신호를 방해하는 의도적 교란과 ② 사람의 관여없이 자연현상에 의한 비의도적 교란이 있다.

GPS 위성은 지상으로부터 약 20,000Km에 위치하고 있어서 GPS 전파가 지상에 도달할 때는 경로손실(Path Loss)이 커서 신호세기가 매우 약하기 때문에 전파교란에 취약하다. 전파의 경로손실은 전송거리가 멀어짐에 따라 세기가 점점 낮아지는 현상이다.

구분	종류	GPS 전파교란 피해내용
의도적 교란	재밍(Jamming)	GPS 신호를 잡음으로 인식하게 하여 위치정보 및 시각정보를 수신하지 못하도록 하는 행위
	스푸핑(Spoofing)	GPS 신호와 동일한 신호를 전송하여 잘못된 위치와 시각정보를 산출하도록 교란
	미코닝(Meaconing)	GPS 신호를 가로채어 원신호보다 높은 신호로 재송신하여 GPS 위치 및 시각정보를 교란
비의도적 교란	무선주파수 간섭	TV, 라디오, 블루투스, 와이파이 등의 무선주파수 간섭
	태양폭발의 지자기 교란	전리층 전자밀도 교란에 의하여 GPS 위치 오차 발생

그림 3-54 GPS 전파교란 종류(출처: 국내 정부)

의도적 교란에는 GPS 주파수 대역에 ① 수신 GPS 전파세기보다 높은 출력의 방해 전파를 송출하는 Jamming(재밍, 방해전파)과 ② 가짜 GPS 신호를 송출하여 수신기가 잘못된 위치를 계산하도록 유도하는 Spoofing(스푸핑, 기만) 등이 있다.

Jamming은 일종의 방해전파(또는 전파간섭)로 수신기 근처에 GPS 신호보다 강한 방해전파를 발생시켜 수신기가 정상적으로 GPS 신호를 수신 못하게 하는 것이다. 이것은 작은 목소리(GPS)로 소곤소곤 말하는데, 옆에서 큰 소리(Jamming)로 말하는 것과 같은 원리로 작은 목소리를 듣지 못하는 것과 같다.

또는 Jamming은 아주 먼거리에 오는 희미한 불빛(GPS) 근처에 환한 전등(Jamming)을 켜서 원래 불빛을 볼 수 없게 하는 방법에 비유될 수 있다. GPS 수신기는 위성과 거리가 멀기 때문에 매우 미약한 신호를 받는다.

Spoofing은 사용자 수신기 근처에 잘못된 정보를 송출하는 가짜 GPS 송신기를 사용하여 수신기가 현재 위치를 파악하지 못하게 하여 다른 곳(Spoofed Position)으로 인식하게 하는 방법이다. Spoofing은 GPS 전파세기보다 Spoofing 장치(Spoofer)가 더 강한 전파를 송출하기 때문에 수신기는 Spoofing 장치의 전파를 수신한다.

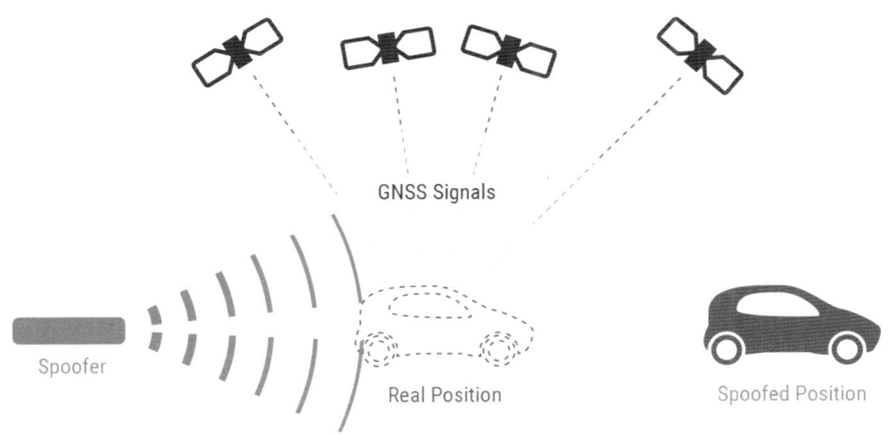

그림 3-55 GPS 신호 Spoofing(출처: Orolia, Drotek)

또한 Spoofing과 유사한 Meaconing(미커닝)은 수신기 근처에서 GPS 신호를 가로챈 다음, 시간차를 두고 원래 GPS보다 높은 출력의 전파를 재송출하여 수신기가 정확한 위치를 파악하지 못하게 하는 방법이다.

이것은 현재의 GPS 신호가 아닌 이전의 GPS 신호를 Meaconing 장치가 송출하기 때문에 수신기는 잘못된 위치를 계산하게 된다. 이러한 Meaconing 기법은 관련 장비를 쉽게 구현할 수 있어서 불법적인 용도로 많이 사용된다.

<u>비의도적 교란에는 ① 주변의 다른 무선통신 장비에 의한 전파간섭과 ② 태양풍에 의한 지구 자기장 변화, 대기층(이온층, 대류층 등) 변화로 인하여 GPS 신호가 변질되는 자연현상</u>

에 의한 전파간섭이다.

다른 무선통신에 의한 전파간섭은 주변의 무선통신(5G, Wi-Fi, Bluetooth 등) 장비에서 발생되는 전파간섭으로 수신기가 정상적으로 GPS 신호를 처리하지 못하는 경우이다. 5G, Wi-Fi, Bluetooth 등은 GPS와 다른 주파수 대역을 사용하지만, 상호변조(Intermodulation) 등에 의하여 GPS 주파수 대역의 전파도 발생된다.

자연현상에 의한 전파간섭 중에 태양풍에 의한 지자기는 태양의 활동상태에 따라 발생되는 전파가 GPS 전파에 영향을 주는 현상이다. 이 현상은 예측이 불가능하기 때문에 대처가 어렵다.

(1) Anti-Jamming 기술

GPS 전파교란을 수신기에서 어느 정도 줄이는 방법이 Anti-Jamming(항재밍) 기술이다. GPS Anti-Jamming 기술에는 ① 안테나 기술, ② RF 신호 필터링, ③ 알고리듬을 활용한 디지털 신호처리, ④ AGC(Automatic Gain Control) 기술 등이 있다.

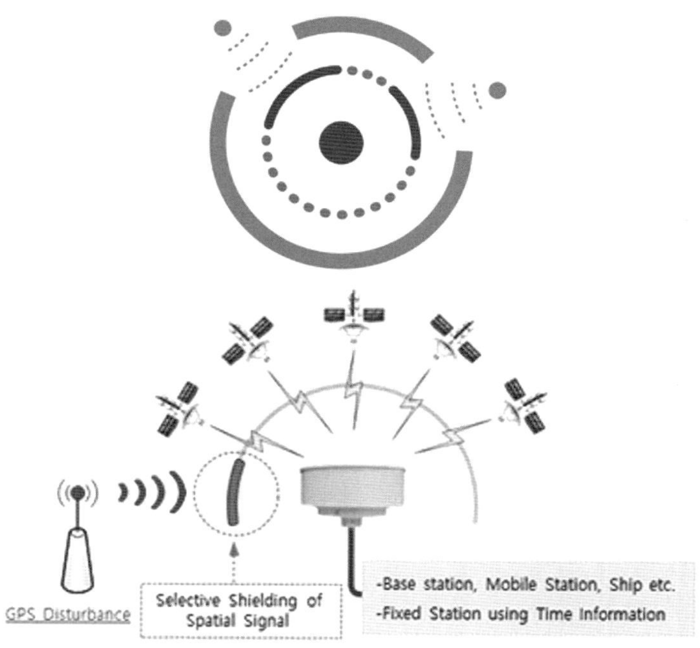

그림 3-56 Anti-Jamming을 위한 안테나 기술(출처: NovAtel, sjsolution)

안테나 기술은 Adaptive Array(적응형 어레이) 안테나를 사용하여 교란신호가 오는 방향을 찾아서 그 방향을 피하면서 다른 방향으로 GPS 신호쪽으로 빔을 좁게 형성하여(즉, 이득을 높혀서) 순수한 GPS 신호를 받는 방법이다.

즉, 기존 GPS 수신기 안테나와 다른 별도의 Adaptive Array 안테나를 사용하여 여러 방향의 GPS 신호를 수신하지만, 교란신호가 오는 방향의 신호는 받지 않는 기술이다. 이러한 방법을 Anti-Jamming을 위한 "공간적 기법"이라고도 한다.

RF 신호 필터링 기술은 수신기의 Front End(RF 신호를 처리하는 부분)에서 정상적인 GPS 신호가 아닌 경우(즉, Jamming 신호), Jamming 신호는 필터를 활용하여 제거하는 방식이다. 알고리듬을 활용한 디지털 신호처리 기법은 Jamming과 같은 간섭신호를 신호처리 기술을 활용하여 제거하는 기술이다.

AGC 기술은 수신기에서 Jamming 신호를 검출하는 H/W를 활용하여 Jamming 신호로 판단되면, 자동으로 이득을 조절하여 Jamming 신호크기는 줄이고, 순수한 GPS 신호는 최대한 크게 하는 방법이다.

또한 Anti-Jamming 기술은 공간적 기법과 시간적 기법으로도 구분될 수 있다. 공간적 기법은 Adaptive Array 안테나 기술로써 공간에서 특정방향에서 오는 교란 신호를 차단하는 방법으로 가장 효과적인 Anti-Jamming 기술이다.

시간적 기법은 수신기에 강하게 유입되는 Jamming 신호를 차단하기 위해 필터와 알고리듬을 사용하는 방법이다. 즉, 수신기는 받은 신호에서 Jamming으로 판단되면, 이 신호를 필터링하고 알고리듬을 통하여 Jamming 신호의 S/N를 줄이는 방법이다.

이외에도 이동통신망 신호를 활용하여 Jamming과 Spoofing을 어느 정도 줄일 수 있는 방법이 있다. 이것은 GNSS 수신 신호보다 이동통신망을 활용한 측위에 가중치를 부여하여 이동통신망을 이용한 측위를 우선적으로 처리하는 방법이다.

2) eLoran, R-Mode

GPS 전파교란으로 위성항법시스템이 동작되지 않을 때, 백업시스템(Backup System)이 필요하다. 백업시스템은 GPS가 없는 경우를 가정한 것으로 GPS가 제공하는 수준의 PNT(Positioning, Navigation, Timing) 성능은 아니지만, 어느 정도 유사한 성능을 제공해야 한다.

이러한 GPS 백업시스템은 먼거리에서 전송되는 GPS가 아니라 지상에 설치된 항법시스템이 일반적으로 활용된다. 특히, 항법시스템은 지상보다 해상의 선박항해에 절대적으로 필요하므로 해상 위주의 지상항법시스템이 개발되고 있다.

구분	eLoran	R-Mode	eLoran + R-Mode
독립운영	가능	불가(요구성능 충족 不)	가능
장비비용	60억원 이상(개소당)	5억 이하(개소당)	5억 이하(개소당)
부지확보	필요(3만평 이상)	불필요	불필요
민원발생	有(전자파, 토지매입 등)	無	無
항법서비스	전해역	전해역	전해역
시각서비스	전국	불가(요구성능 충족 不)	전국
시각정밀도	〈100ns	–	〈100ns
측위정확도	〈20m		〈10m
이용범위	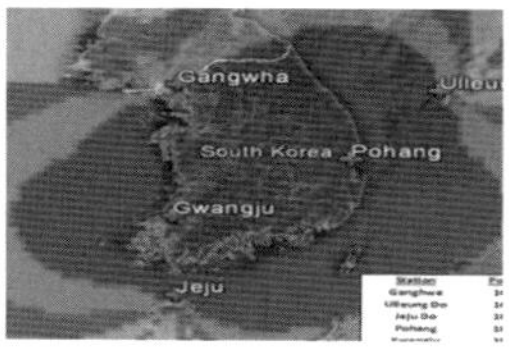	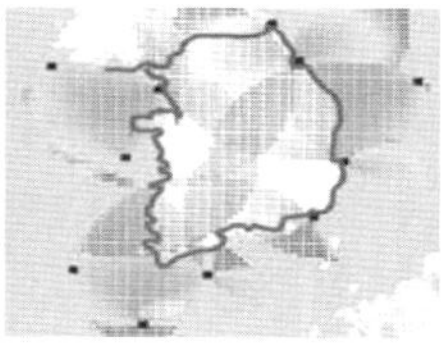	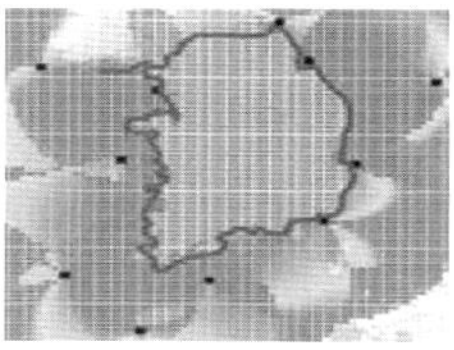

그림 3-57 eLoran과 R-Mode 비교(출처: KISA)

지상파 기반 PNT 시스템은 여러가지 기술이 제안되고 있지만, 많이 활용되거나 검토되는 기술은 eLoran(Enhanced Long Range Navigation), 이동통신망 활용, R(Ranging)-Mode이다. 이동통신망을 활용하는 경우는 지상의 기지국을 활용하여 해상은 약 100Km까지 가능하지만, 측위 정확도는 떨어진다. 따라서 해상항해를 위하여 eLoran과 R-Mode 위주로 GNSS 백업시스템이 개발되고 있다.

(1) eLoran

eLoran은 GPS 시스템 오류, 인위적인 전파교란에 대응하기 위하여 GPS가 아닌 지상의 전파를 활용하는 항법시스템이다. 즉, eLoran은 GPS 장애나 전파교란이 있어도 지속적으로 PNT(Positioning Navigation and Timing) 정보를 제공하기 위해 GPS가 아닌 지상에서 송출하는 전파를 이용하는 시스템이다.

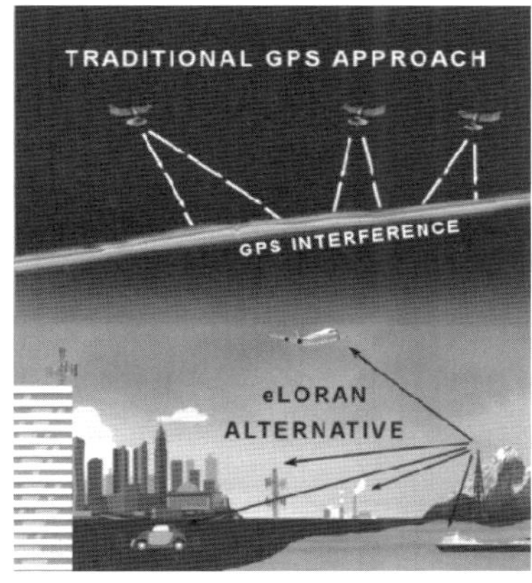

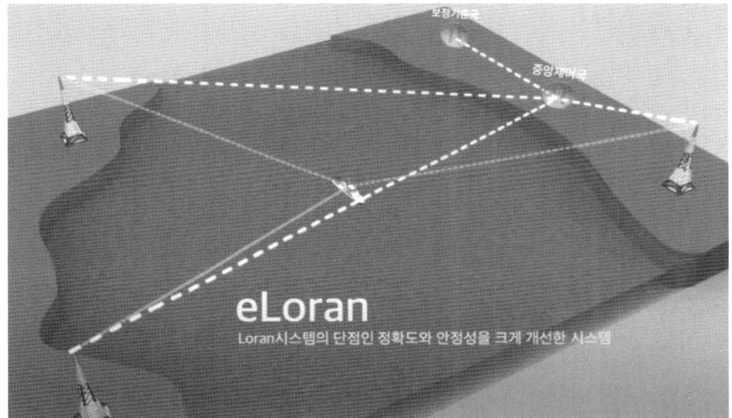

그림 3-58 eLoran 개요(출처: 국립해양측위정보원)

eLoran은 GPS와 다른 항법시스템으로 위치 정확도는 GPS보다 낮지만, 측위를 위하여 지상에 있는 몇 개의 송신국이 사용된다. 이 방식은 미국이 911테러 이후 GPS 취약성을 보완하기 위해 GPS 백업시스템으로 개발되었으며, 주로 선박항해에 사용되기 때문에 "해양 지상파 항법기술"이라고도 한다.

eLoran은 기본적으로 GPS를 사용할 수 없다는 가정에서 시작되며, 주된 목적은 선박운항과 군사용이다. 지상항법의 경우, 지상의 지형지물을 활용하여 어느 정도 항법(Navigation)이 가능하지만, 선박의 경우 바다에 지형지물이 없기 때문에 항법이 쉽지 않다. 따라서 GPS를 활용할 수 없을 경우, 지상의 전파를 활용한 선박운항이 필요하다.

또한 eLoran은 GPS대비 상대적으로 훨씬 낮은 주파수 대역인 90KHz에서 110kHz 사이의 주파수를 사용하기 때문에 지형지물에 대한 극복성이 강하고 먼거리 전송이 가능하다. 이러한 저주파 특성과 함께 전파출력도 강하게 송출하기 때문에 Jamming과 같은 전파교란에 대한 극복성이 좋다.

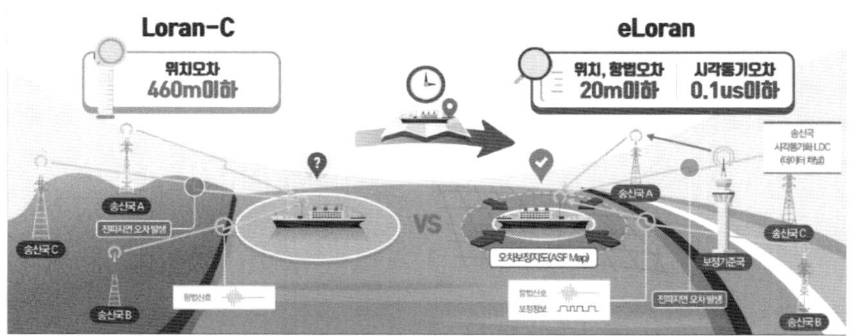

그림 3-59 eLoran과 Loran-C 비교(출처: 국립해양측위정보원)

eLoran은 이전에 사용되고 있었던 Loran-C(측위오차 460m)를 개선한 것으로 원하는 PNT 성능은 측위오차가 20m, 항법 가능, 시간 정밀도는 0.1㎲ 이하이다. eLoran의 측위는 지상의 3개 이상의 eLoran 송신기를 활용한 3각 측량으로 위치와 시간이 계산된다.

즉, 수신기는 지상에 설치된 3개 이상의 송신국으로부터 수신한 신호를 이용하여 자신의 위치를 파악한다. 이때 수신기는 송신국에서 보낸 시간정보를 활용하여 삼변측량으로 위치를 파악하는 측위방식인 TOA(Time Of Arrival)가 사용된다.

eLoran 수신기는 송신국 시각과 수신기 시각과의 TOA를 측정함으로써 송신국과 수신기 사이의 거리를 알 수 있다. 송신국은 자체 시계(UTC 기준)로 전송 메시지에 현재 시간을 보내고 수신기는 받은 시간과 자체 시간을 비교하여 TOA를 계산한다.

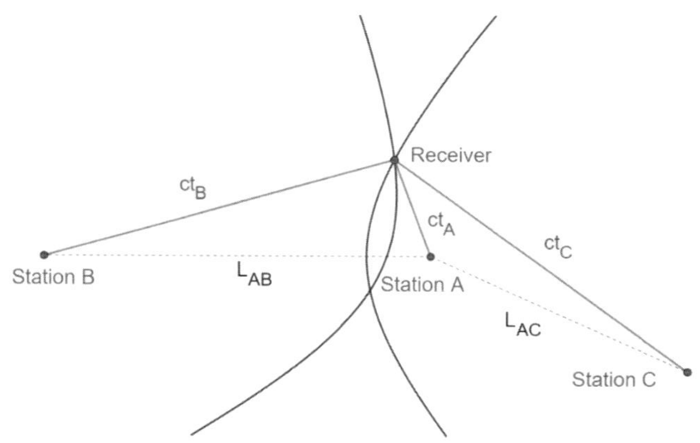

그림 3-60 TOA를 활용한 측위 방식

즉, 수신기 시각과 송신국 시각 차이가 TOA가 되며, 이 TOA에 전파 진행속도(3×10^8m/s)를 곱하면 송신국과 수신기간 거리가 산출된다. 이렇게 수신기는 3개 이상의 송신국과 거리를 측정한 후, 삼변측량으로 현재 위치를 계산한다.

송신국과 수신기간 측정된 거리를 의사거리(Pseudo Range)라고 하며, 이 의사거리는 오차가 포함되어 있는데, 주요 오차요소는 송신국 부분, 전파 부분 그리고 수신기 부분이다. 오차를 보정할 수 있는 별도의 방법이 있지만, 일반적으로 오차를 보정하지 않기 때문에 오차 범위가 다른 측위기술 대비 큰 편이다.

(2) R-Mode

R(Ranging)-Mode는 현재 해상에서 사용중인 기존 무선통신 인프라에 송신국과 수신기간 거리를 계산하기 위한 신호원을 추가한 지상파 항법시스템이다. 즉, R-Mode는 주로 선박운항을 위한 항법시스템으로써 기존에 설치된 eLoran, DGPS(Differential Global Positioning System), 선박 자동 식별장치(AIS/VDES) 등을 동시에 활용하는 방식이다.

이러한 의미에서 R-Mode를 다수의 지상파 신호를 동시에 이용하는 방식으로 지상파 통합 항법시스템이라고도 한다. 국제해사기구(IMO: International Maritime Organization)와 국제항로표지협회(IALA: International Association of Marine Aids to Navigation and Lighthouse Authorities)는 GNSS 의존도가 증가함에 따라 백업시스템으로 각 국가에 R-Mode 기술개발을 권고하고 있다.

구분	위성항법시스템		지상파항법시스템		
	GPS(미국) [운영중]	KPS(한국) [개발 예정]	eLoran [개발 완료]	R-Mode [개발 중]	
				DGNSS	(AIS/VDES)
주파수 (파장)	UHF(극초단파)		LF(장파)	MF(중파)	VHF(초단파)
	1.5GHz (19.03cm)	1.5GHz (19.03cm)	100KHz (3km)	300KHz (1km)	160MHz (2m)
송신 출력	60W	60W	10kW~150kW	300~500W	50W
서비스 이용 범위	전 세계	한반도	1,000km 이하	육상 80km 해상 185km	해상 80km
송신국	위성 32기	위성 8기	3개 이상	17개소 기준국 중 선택 사용	기지국 42개소 중 선택 사용
측위 정확도	< 10m	< 10m	< 20m (ASF 보정)	< 10m (eLoran 연계)	< 10m (eLoran 연계)
정보제공 P·N·T	P·N·T	P·N·T	P·N·T	P·N	P·N
전파교란 영향	취약 (고주파, 저출력)	취약 (고주파, 저출력)	강향 (저주파, 고출력)	강향 (저주파, 고출력)	보통 (저주파, 고출력)

그림 3-61 위성 항법시스템과 지상파 항법시스템 비교(출처: 국내 정부)

R-Mode를 구현하는 방법은 여러가지가 있지만, 국제해사기구는 지상파 항법시스템의 측위성능을 10m 이하로 정의하고 있다. 따라서 각 국가는 이러한 성능을 만족시키기 위하여 R-Mode 구현에 eLoran과 DGPS 등을 활용하고 있다.

R-Mode는 현재 활용되고 있는 무선통신 시스템이나 측위시스템을 활용한 점에서 신규 전파항법 인프라를 구축하는 비용이 필요없는 장점이 있다. 또한 R-Mode는 eLoran과 마찬가지로 위성 항법시스템과 독립적이어서 GPS 백업 시스템 역할을 할 수 있다.

CHAPTER

04

실내측위 기술

CHAPTER

04 실내측위 기술

1 개요

실내측위 기술은 GNSS 신호가 도달되지 못하는 건물 내부와 같은 GNSS 음영지역에 사용되는 측위방법이다. 실내측위 기술은 여러가지가 있지만, 일반적으로 Wireless Connectivity를 활용한 방식이 많이 사용된다.

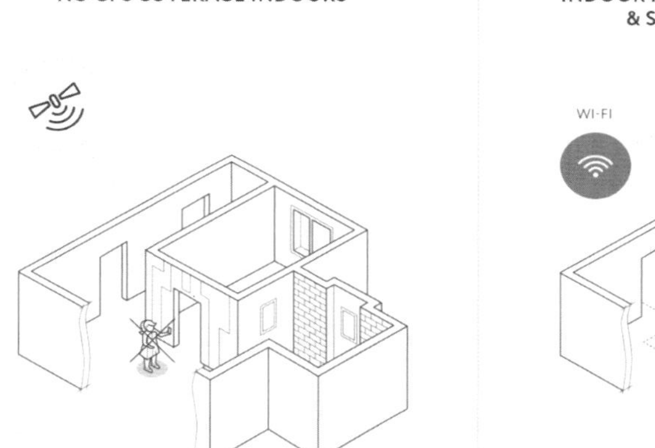

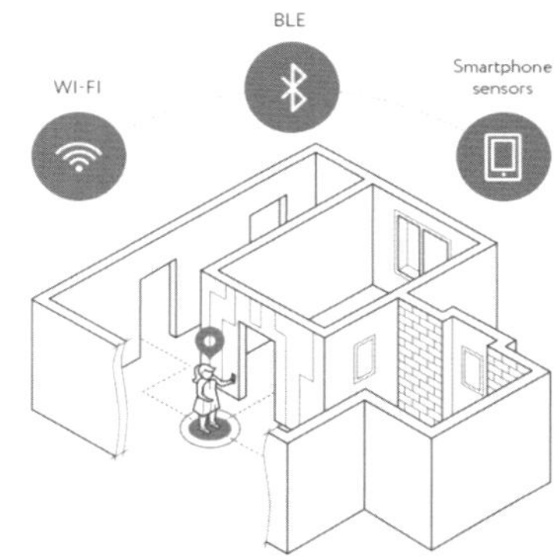

그림 4-1 실내측위 개념

실내측위를 위하여 실내에 GNSS 중계기가 사용될 수 있는데, 이것은 건물외부에서 GNSS 신호를 받아서 건물내부에서 이 신호를 증폭하는 방법으로 별도의 장치인 GNSS 중계기가 사용된다. 이 방법은 실내 GNSS 중계기가 있는 지점을 정확하게 파악할 수 없고, 실내에서 전파의 Multipath Fading으로 인한 오차 발생, 중계기 가격 등의 문제로 많이 사용되지 않는다.

실내측위에 사용되는 신호는 크게 무선통신, 빛, 지구 자기장(Earth Magnetic), 음파(Acoustic) 등으로 구분될 수 있다. 무선통신은 일반적으로 Wireless Connectivity 기술이며, 빛을 이용하는 대표적인 예는 카메라로 실내 이미지를 촬영해서 위치를 파악하는 기술이다.

지구 자기장(간단히 지자기)은 지구 자기력선을 활용하는 것으로 지구는 하나의 자석으로써 N극에서 S극으로 형성되는 자기력선이다. 지구 자기장을 활용하는 측위는 해당 실내공간에서 구역별로 지구 자기장 분포를 사전에 측정하여 지도(Map)를 구축한 후, 실제 측정한 값과 매칭시켜 위치를 파악하는 방법이다.

Radio	Optical	Magnetic	Acoustic
UWB(Ultra-wideband)	Video camera	Magnetic strength	Ultrasound
Bluetooth(e.g. Beacon)	Lidar(Light Detection and Ranging)		
UHF RFID	Infrared light pulses		
Wi-Fi(Wireless Fidelity)	VLC(Visible light communications)		

그림 4-2 실내측위 기술 종류(출처: sewio)

음파 방식은 주로 사람이 들을 수 없는 초음파를 사용하며, 초음파 발생기가 초음파를 발생시켜 반사되는 초음파를 활용하는 것으로 이것도 사전에 지형이나 구조물에 대한 초음파 지도가 구축되어야 한다.

이외에도 관성센서(Inertial Sensor)를 이용한 방법, RFID(Radio Frequency dentification)를 활용하는 방법 등이 있다. 관성센서는 Accelerometer, Gyro 등으로 구성된 센서인데, 이 센서는 기준점으로부터 이동한 위치(거리, 방향)를 파악하여 측위한다.

RFID는 근접거리의 비접촉 인식 기술로써 위치정보가 포함된 RFID Tag에 단말기를 근접시켜 해당 RFID Tag에 저장된 위치 정보를 읽는 방법이다. 이 방식은 이동하는 운반체의 위치 파악이 필요한 물류센터나 공장에서 주로 사용된다.

일반적으로 실내측위에 사용되는 방식은 Wireless Connectivity이며, Wireless Connectivity에는 Wi-Fi, UWB(Ultra Wide Band), BLE(Bluetooth Low Energy) 등이 있다. Wi-Fi는 주로 무선인터넷 접속, UWB는 고속통신과 정밀측위, BLE는 소형 디바이스간 통신에 사용된다.

이렇게 실내측위에 Wireless Connectivity가 많이 사용되는 이유는 ① Wireless Connectivity 관련 장비(또는 Infra)가 이미 실내에 설치되어 투자비 절감이 가능하며, ② 대부분 스마트폰에 기본적으로 Wireless Connectivity 칩이 탑재되어 있기 때문이다.

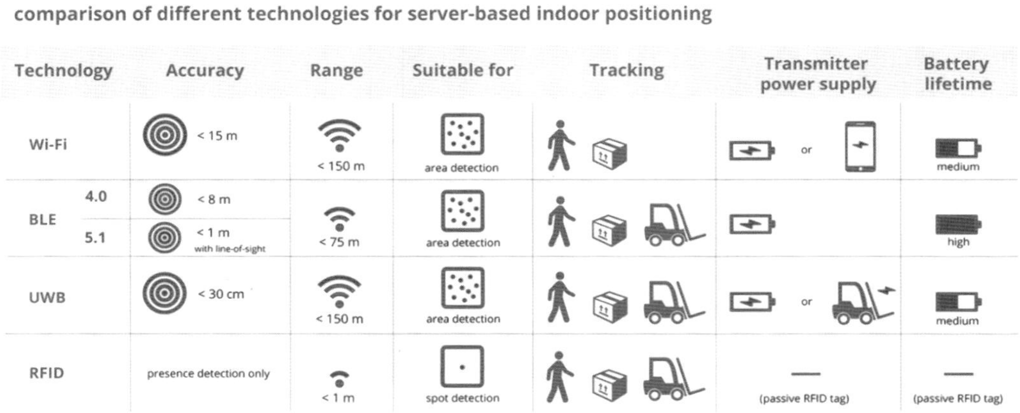

comparison of different technologies for server-based indoor positioning

Technology		Accuracy	Range	Suitable for	Tracking	Transmitter power supply	Battery lifetime
Wi-Fi		< 15 m	< 150 m	area detection		or	medium
BLE	4.0	< 8 m	< 75 m	area detection			high
	5.1	< 1 m with line-of-sight					
UWB		< 30 cm	< 150 m	area detection		or	medium
RFID		presence detection only	< 1 m	spot detection		— (passive RFID tag)	— (passive RFID tag)

그림 4-3 무선통신을 활용한 실내 측위기술(출처: InfSoft)

Wi-Fi의 경우, 무선 인터넷 접속을 위해 Wi-Fi AP(Access Point)가 실내에 많이 설치되어 있다. 이렇게 설치된 인프라를 그대로 실내측위에 사용할 수 있다. 또한, 대부분의 휴대폰은 Wi-Fi 칩을 내장하고 있으므로, 실내측위 기술에 많이 사용된다.

물론 기술적으로 측위정확도가 높고, 측위속도가 빠른 다른 방법도 있지만, 무엇보다도 비용적인 측면이 크게 고려된다고 볼 수 있다. 이런 측면에서 볼 때, 실내측위 기술로서 Wi-Fi가 많이 사용된다.

Wireless Connectivity를 활용한 측위는 전파를 사용하는데, 수신기는 다수의 고정된 장치(예, AP)가 송출하는 전파를 수신하여 위치를 파악한다. 이때 주로 사용되는 측위 알고리듬은 삼각측량과 Fingerprinting 방식이다.

삼각측량 방식은 범위가 넓은 지역에서 대략적인 위치를 찾을 때, 정밀도가 높은 장점이 있지만, 좁은 실내 공간에서는 물리적 장애물, 신호의 간섭 등의 요인에 의해 오차가 높은 단점이 있다.

Fingerprinting 방식은 실제 환경에서의 참조위치를 지정하고, 참조 위치를 기반으로 측위하기 때문에 삼각측량보다 외부 요인에 의한 오차는 낮지만, 지정된 셀 크기 안에서의 정확한 위치를 찾기 힘든 단점이 있다.

기존 Wi-Fi 측위 기술은 수신된 신호의 세기를 나타내는 RSSI(Received Signal Strength Indicator) 정보를 이용한 Fingerprinting 측위 기법이 주로 사용되었으나, 측위오차를 극복하기 위하여 신호 도착시간 정보인 RTT(Round Trip Time)를 활용한 기술이 사용되고 있다.

이러한 실내측위 기술에서 일반적으로 많이 사용되는 것은 ① 기존 인프라를 활용하여 투자비 절감이 가능한 방식, ② 사용자가 많이 활용하는 스마트폰에 이미 구현되어있는 방식이다. 따라서, 전체적으로 Wi-Fi를 활용한 실내측위 기술이 많이 사용된다.

2 Wi-Fi

1) 기술

(1) 개요

Wi-Fi(Wireless Fidelity)는 다수의 디바이스가 하나의 AP(Access Point)를 통하여 인터넷에 연결되는 WLAN(Wireless Local Area Network) 기술이다. WLAN이란 좁은 장소(예: 가정, 사무실)에서 무선으로 네트워크에 접속하는 표준기술 이름이고, WLAN의 대표적인 기술이 Wi-Fi이다.

Wi-Fi는 1971년 미국 하와이 대학교에서 개발된 무선 컴퓨터 네트워킹시스템 ALOHAnet에서 시작되었다. ALOHAnet은 ALOHA Protocol을 사용하여 하와이 여러 섬을 무선으로 연결하는 통신망이었다. 이후, ALOHAnet과 ALOHA Protocol은 유선 인터넷 기술인 Ethernet(이더넷)의 시작이 되었다. 이렇게 개발된 Ethernet을 무선으로 연결하는 기술이 Wi-Fi(즉, 무선 Ethernet)이다.

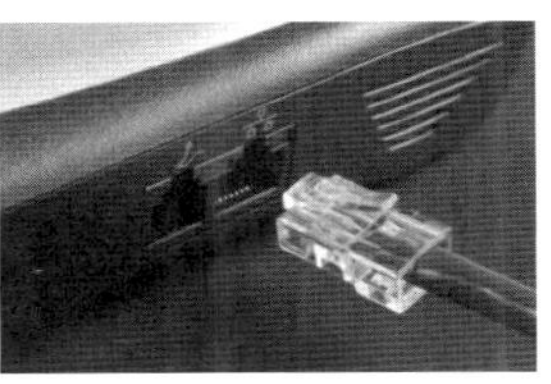

그림 4-4 Ethernet 케이블과 PC 접속

이러한 배경으로 Wi-Fi는 다수의 디바이스가 하나의 AP에 무선으로 인터넷에 접속하게 된다. 이후, Wi-Fi 진영은 ① 고속 무선통신인 UWB(Ultra-WideBand)에 대응하기 위하여 초고속 통신이 추가되었고, ② Zigbee와 Bluetooth에 대응하기 위하여 저속통신과 단말기의 저전력 동작이 정의되고 있다.

미국 FCC(Federal Communications Commission, 미국 통신위원회)는 1985년에 Wi-Fi를 확대

하기 위하여 비면허 주파수 대역(Unlicensed Spectrum)을 선정했다. 이 대역에서는 누구든지 특정 전파세기 이하로 Wi-Fi 전파를 송출할 수 있었다.

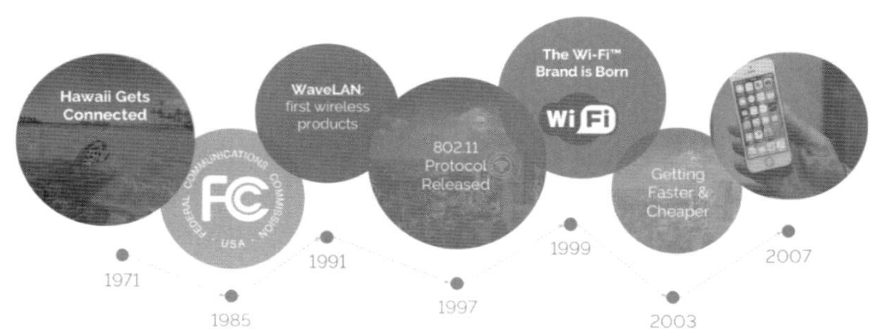

그림 4-5 Wi-Fi 기술 역사

Wi-Fi가 IEEE 802.11 규격으로 확정되기 이전인, 1991년에 미국 통신회사인 AT&T와 오프라인 매장 결제 솔루션 회사인 NCR이 공동으로 매장 계산원이 사용하도록 비면허 대역을 활용한 무선통신 제품인 WaveLAN을 개발하였다. 이후 이 기술을 기반으로 호주의 John O'Sullivan과 그의 동료들은 비면허 대역에서 같은 주파수 대역 사용시 충돌을 회피하는 기술 등을 추가했다.

이렇게 개선된 기술을 기반으로 IEEE는 1997년에 2.4GHz 대역 위주로 IEEE 802.11 규격을 정의했다. 1999년에는 Apple사가 자사 노트북인 iBooks에 Wi-Fi 외장형 모뎀을 꽂을 수 있는 Slot을 추가하면서 Wi-Fi가 전세계적으로 확산되는 계기가 되었다.

(2) 기술

Wi-Fi Network Topology는 'Star' 형태로 구성된다. 초기 Wi-Fi가 지향하는 목표는 하나의 AP를 중심으로 여러 대의 디바이스가 무선으로 인터넷에 연결하자는 것에서 시작되었기 때문이다. 이 AP는 다수의 Wi-Fi 디바이스와 연동되고, 인터넷 연결은 유선망(즉, Ethernet)이나 4G/5G 이동통신을 사용한다.

Wi-Fi 기술과 관련된 단체는 IEEE와 Wi-Fi Alliance가 있는데, ① IEEE는 Wi-Fi 기술을 정의하는 표준화 단체로 Physical Layer와 MAC Layer를 정의하고, ② Wi-Fi Alliance는 주로 Wi-Fi 장치간 호환성 시험을 담당한다.

Wi-Fi는 Wi-Fi Alliance의 브랜드 이름이며, Wi-Fi 제품을 판매하기 위해서는 Wi-Fi Alliance에서 정의하는 시험방법으로 지정된 시험소에서 인증(Certification)을 받아야 한다. Wi-Fi Alliance의 주된 미션은 호환성 시험이며, Wi-Fi를 홍보하는 역할를 수행하기도 한다.

Upper Layers	Application Layer					
	Transport Layer					
	Network Layer					
Datalink layer	Logical Link Control					
	MAC Sublayer					
Physical layer	11a OFDM	11b DSSS	11g OFDM	11n OFDM DSSS/CCK	11ac OFDM DSSS/CCK	11ad PHY
	RF Layer					

WLAN protocol stack

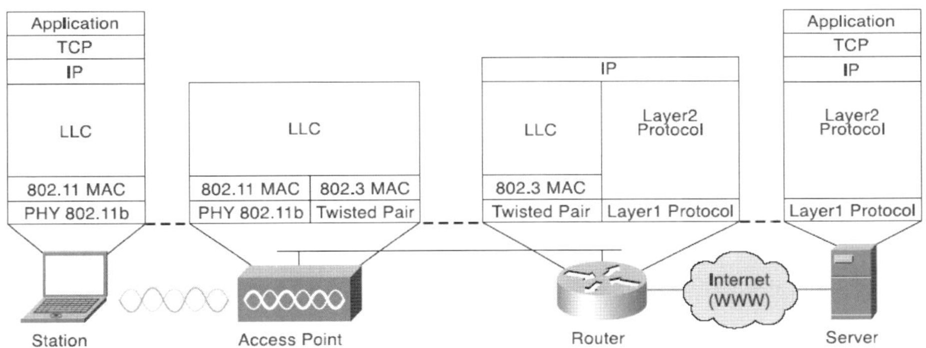

그림 4-6 Wi-Fi Protocol Stack

Wi-Fi Protocol Stack은 IEEE에서 정의하는 L1, L2를 기반으로 상위에 인터넷 접속을 위한 Protocol이 구현되는데, 대부분 IETF(Internet Engineering Task Force, 인터넷 표준화 작업기구) 규격을 준수한다. Wi-Fi 칩은 PC나 휴대폰에 주로 적용되는데, 해당 OS(Windows 또는 Android)에서 L3 이상 Protocol이 S/W로 지원된다.

Wi-Fi의 주된 Network Topology는 Star 구조로 AP(또는 Gateway, Router)를 중심으로 다수의 디바이스(또는 노드)가 연결되는 구조이며, 디바이스 상호간 연결은 없다.

일반적으로 Wi-Fi AP는 ① 다수의 Wi-Fi 단말기와 통신하는 Wi-Fi 기능과 ② 유선 인터넷망 접속을 위한 유선모뎀을 모두 가지고 있다. 이러한 Wi-Fi 형태는 Network 구조상 모든 리소스를 AP에서 관리하는 'Centralized Network' 구조에 해당된다.

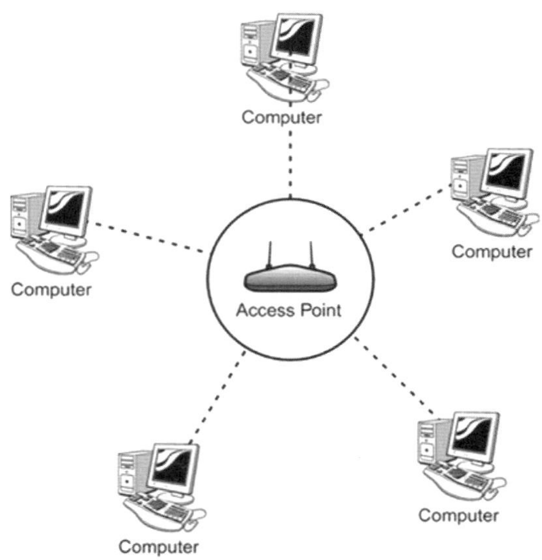

그림 4-7 Wi-Fi Star Network Topology

Wi-Fi는 기본적인 구조로 고정된 단말기를 대상으로 기술이 정의되었기 때문에, 단말기가 이동시 인접한 AP와 Handover는 안되며, 서비스를 받고 있는 해당 AP의 전파가 도달되는 않는 위치에서는 AP와 단말기가 통신할 수 없다.

Wi-Fi 기술은 IEEE에서 정의하며, 지속적으로 기술을 보완하여 IEEE 802.11b/a/g/n, IEEE 802.11ac, IEEE 802.11ax(또는 Wi-Fi 6) 등과 같은 기술로 발전되고 있다. 이렇게 기술이 발전되는 이유는 Wi-Fi 디바이스 수가 많아지고, 사용자는 비디오, 동영상과 같은 고속 대용량 서비스를 원하기 때문이다.

IEEE Standard	802.11a	802.11b	802.11g	802.11n	802.11ac	802.11ax
Year Released	1999	1999	2003	2009	2014	2019
Frequency	5Ghz	2.4GHz	2.4GHz	2.4Ghz & 5GHz	2.4Ghz & 5GHz	2.4Ghz & 5GHz
Maximum Data Rate	54Mbps	11Mbps	54Mbps	600Mbps	1.3Gbps	10-12Gbps

그림 4-8 IEEE 802.11 기술 종류

Wi-Fi는 기본적으로 비면허 대역을 사용하며, 초기에는 2.4GHz를 사용하다가, 이 대역에 트래픽이 많아짐에 따라 5GHz 대역을 추가로 사용하고 있다. 이와는 별도로, 일부 국가는 Wi-Fi 고속통신을 위해서 3.6GHz나 60GHz 대역을 사용하기도 한다.

Wi-Fi는 셀룰라와 유사하게 주된 표준화 방향성은 고속통신이며, 이를 위하여 초기 IEEE 802.11a/b에서 IEEE 802.11g/n/ac/ax 등으로 발전되고 있다.

한편, Wi-Fi를 전파 도달거리에 따라서 세부 규격을 분류하기도 하는데, 가장 먼거리 전송이 가능한 기술부터 802.11af, 802.11ah, 802.11b/g/n, 802.11ad로 구분될 수도 있다. 802.11af, 802.11ah는 IoT 디바이스를 위한 목적으로 먼거리 전송이 가능하다. 이것이 사용하는 주파수 대역은 2.4GHz나 5GHz가 아닌, TV 주파수 대역이나 900MHz 대역을 사용한다.

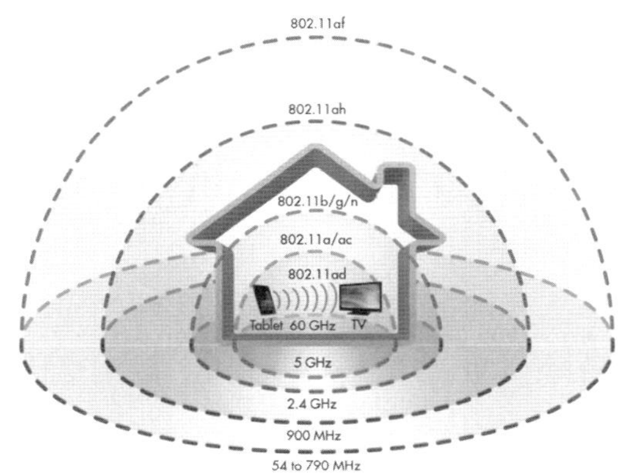

그림 4-9 전송거리별 Wi-Fi 기술 분류

초기 Wi-Fi 기술은 단순히 무선으로 인터넷 접속이 목적이었는데, 응용 분야가 늘어나면서 초고속 전송, IoT 목적, 차량간 통신 목적 등으로 기술이 분리되어 정의되고 있다. 하지만 IoT 목적으로 정의된 Wi-Fi 기술(예: 802.11af, 802.11ah)은 많이 사용되지 않는다.

전파는 주파수가 높을수록 감쇄가 심해지기 때문에 먼거리 전송을 위해서는 상대적으로 낮은 주파수 대역을 사용한다. 예를 들어, 900MHz 대역을 사용하는 802.11ah는 먼거리 전송이 가능하고, 2.4GHz나 5G 대역을 사용하는 Wi-Fi 6는 가정의 거실과 같이 짧은 거리에서 사용된다.

일반적으로 주파수 대역이 높을수록 주파수 여유가 많기 때문에 통신에 필요한 주파수 폭을 넓게 설정하여 고속통신 목적으로 사용한다. 고속통신이 목적인 802.11ac, Wi-Fi 6 등은 5GHz 대역에서 넓은 주파수 대역을 사용한다.

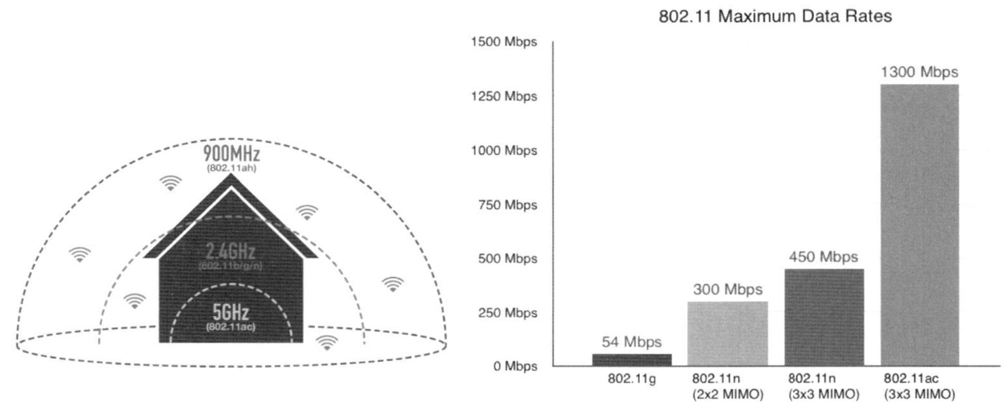

그림 4-10 Wi-Fi 전송거리, 전송속도 별 분류

이 중에서 IEEE 802.11ad는 WiGig(Wireless Gigabit Alliance, 무선 통신기술 채택 단체)기술을 사용하는 것으로 60GHz 대역으로 짧은 거리에서 초고속 통신을 목적으로 정의되고 있다. 대표적인 예는 가정에서 PC에 있는 4K 동영상을 무선으로(즉, 802.11ad로) TV로 보내는 경우이다. 하지만, 802.11ad는 주파수가 너무 높아서(즉, 전파감쇄가 심해서) 신호전달에 어려움이 있으므로 많이 사용되지 않는다.

이렇게 가정에서 고속 비디오 전송을 위한 무선통신 기술은 광대역 주파수 대역을 사용하는 UWB(Ultra-Wideband)나 높은 주파수 영역에서 많은 안테나를 사용하는 Amimon사 등의 기술이 있다.

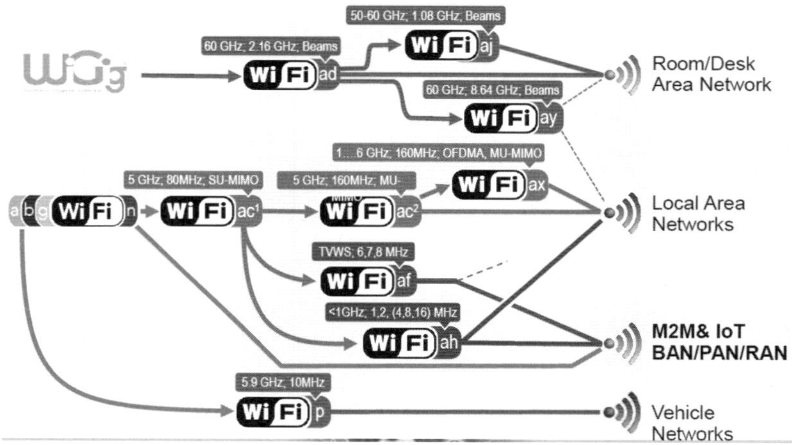

그림 4-11 Wi-Fi 세부 기술별 적용 분야 예(출처: R&S)

Wi-Fi 규격에서 짧은 거리에서 비디오 전송을 위한 초고속 전송과 60GHz를 사용하는 기술인 802.11ad는 802.11ay로 발전되고 있다. 802.11ad와 802.11ay는 가정에서 STB(Set Top Box)나 휴대폰에서 TV로 4K 이상의 비디오 전송시 사용된다.

이것은 60GHz(감쇄가 매우 심한 대역)를 사용하기 때문에 LOS(Line Of Sight) 환경이 되어야 하고, 일반적으로 송수신에 여러 개의 안테나가 있는 MIMO(Multiple Input Multiple Output)가 사용된다. LOS 환경이란 전파 송수신 양단간에 장애물이 없는 물리적 공간이다.

Wi-Fi Alliance는 Wi-Fi 규격인 IEEE 802.11ax의 명칭을 'Wi-Fi 6'로 정했다(2018년). 이렇게 기술버전을 숫자로 바꾼 배경에 대하여 Wi-Fi Alliance 담당자는 "사용자가 최신 Wi-Fi 기술을 제공하는 기기를 쉽게 식별할 수 있도록 단순하게 세대 이름(숫자로 표시)을 도입했다"라고 밝혔다.

따라서 이전 버전인 IEEE 802.11a는 'Wi-Fi 1', IEEE 802.11b는 'Wi-Fi 2', IEEE 802.11g는 'Wi-Fi 3', IEEE 802.11n은 'Wi-Fi 4', IEEE 802.11ac는 'Wi-Fi 5', IEEE 802.11ax는 'Wi-Fi 6'으로 재정리되었다.

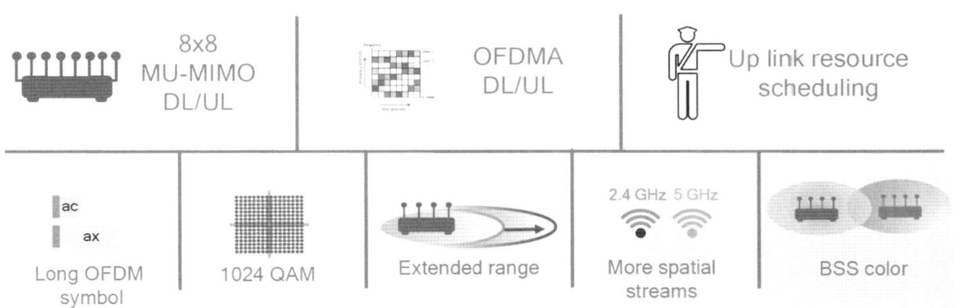

그림 4-12 Wi-Fi 6 주요 기능

Wi-Fi 6는 기본적으로 전송속도를 높이기 위한 방안으로 기술이 정의되었으며, 이를 위하여 OFDMA(Orthogonal Frequency Division Multiple Access), MIMO(Multiple- Input Multiple-Output), 1024 QAM(Quadrature Amplitude Modulation), More Spatial Streams 등의 기술이 사용된다.

Wi-Fi 6의 주요기술 중에는 OFDMA(Orthogonal Frequency Division Multiple Access)가 있는데, Wi-Fi 5까지는 OFDM(Orthogonal Frequency Division Multiplexing)이 사용되었다. OFDMA는 하나의 패킷에 여러 명의 데이터를 전송하는 방식이고, OFDM은 하나의 패킷에 하나의 사용자 데이터를 보내는 방식이다.

따라서, OFDM는 사용자 패킷이 순차적으로 전송되기 때문에 다음 패킷을 받을 때까지 시간이 걸리지만, OFDMA는 하나의 패킷에 다수의 사용자 데이터 전송이 가능하므로 상대적으로 빠른 전송이 가능하다.

그림 4-13 Wi-Fi 6에 적용된 OFDMA

이러한 기술적 차이로 Wi-Fi 6는 Wi-Fi 5대비 전송속도도 빠르고, 원하는 데이터를 조기에 수신할 수 있어서 디바이스 배터리 절약에도 도움이 된다. 즉, OFDMA는 데이터 지연을 짧게 하는 'Low Latency' 기능을 한다.

또한, 여러 개의 안테나를 사용하여 데이터를 송수신하는 MIMO(Multiple Input Multiple Output), 고차 변조기술인 1024 QAM(Quadrature Amplitude Modulation), 2개의 주파수 대역에 동시에 데이터를 전송하는 Spatial Diversity 등을 통하여 전송속도를 높인다.

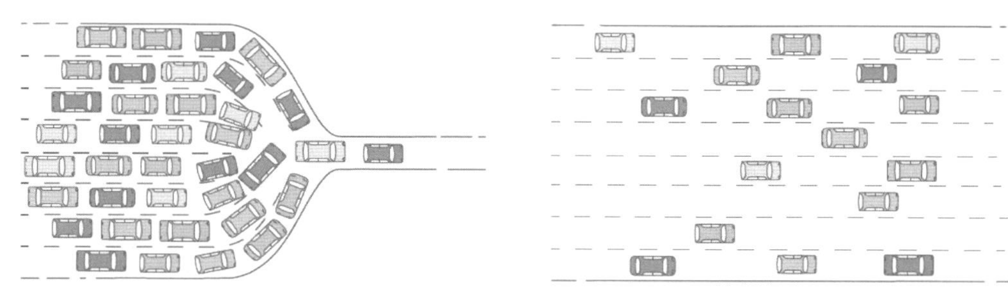

그림 4-14 MU(Multi-User) MIMO(출처: Aruba)

Wi-Fi 6에 도입된 TWT(Target Wake Time)는 디바이스 전력소모를 줄이기 위하여 정해진 시간에 동작되는 기능이다. 즉, TWT가 지원되는 디바이스는 항상 Wi-Fi를 켜지 않고, 데이터를 받는 정해진 시간에만 깨어난다. 이러한 특징으로 TWT는 주로 배터리를 사용하는 IoT 디바이스에 적용된다.

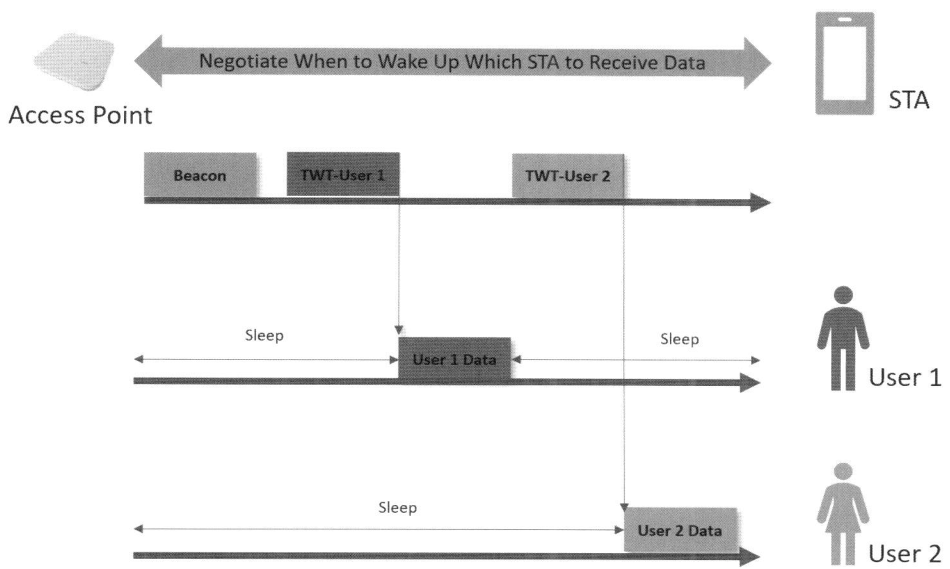

그림 4-15 TWT 동작(출처: radiotechcorp)

TWT는 AP와 단말기(또는 STA)간 데이터 송수신이 가능한 시간을 사전에 정의하여 단말기 전력소모를 줄이는 것이 목적이다. 각 단말기는 깨어나는(Wake Up) 시간을 AP와 사전에 협상해야 한다.

각 단말기가 깨어나는 시간에 AP는 단말기가 깨어나기를 준비시키기 위하여 미리 Beacon 신호를 송출하고, 단말기는 해당되는 시간에 Wi-Fi H/W와 S/W를 동작시켜 깨어난다. 이때 각 단말기별로 깨어나는 시간이 다르기 때문에 AP는 Scheduling을 통하여 해당 단말기에 데이터를 전송한다.

단말기는 깨어나는 시간 이외에는 Sleep Mode로 진입하여 배터리 소모를 줄이게 된다. Sleep Mode에서는 자체적으로 Timer가 동작되고, Wi-Fi는 꺼져 있다. 하지만, 단말기는 Wi-Fi 정보(SSID 등)를 사전에 저장하고 있어서 깨어나면서 바로 데이터 송수신이 가능하다.

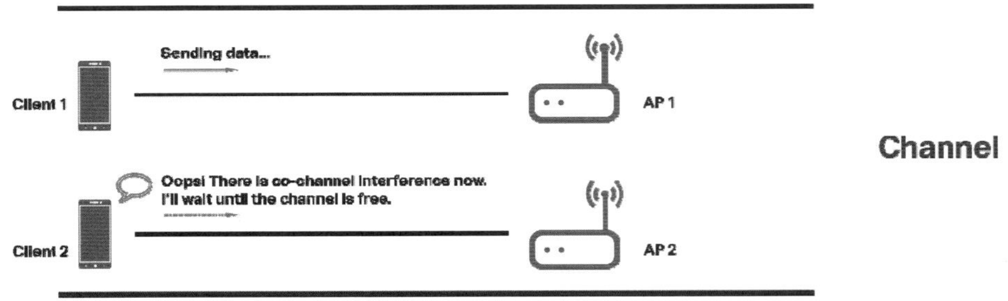

그림 4-16 BSS Coloring이 없을 때 동작(출처: tp-link)

BSS(Basic Service Set) Coloring은 같은 주파수 채널을 사용하는 디바이스간 충돌을 피하여 채널의 사용 효율을 높이는 방법이다. Wi-Fi는 많은 디바이스가 AP를 사용할 때 기본적으로 시간을 나누어서 각 디바이스가 AP에 접속하는 Half Duplex 방식을 사용한다.

Wi-Fi 6는 여기에 고밀도 공간에서의 접속 안정성을 개선하기 위한 BSS 컬러링(Coloring)이란 기술도 더했다. BSS 컬러링은 쉽게 설명해 하나의 AP가 우선 처리할 수 있는 기기를 AP 구역 별로 그룹화하여, 기기가 주변의 여러 AP의 범위에 중복 접속하며 발생할 수 있는 통신 대기와 지연 문제를 최소화하는 개념이다.

2) 측위

Wi-Fi는 Star 구조의 Network Topology를 사용하기 때문에 Wi-Fi 측위는 AP(Access Point) 신호를 이용한다. 이렇게 Wi-Fi AP 신호를 활용하는 측위기술은 크게 ① 전계강도를 이용하는 Fingerprinting과 삼변측량, ② 시간정보를 활용하는 RTT(Round Trip Time) 방식이 있다.

무선으로 인터넷에 접속하는 needs가 많아지고, 대부분 건물에 Wi-Fi AP가 설치되어 있으므로 Wi-Fi를 활용한 실내측위가 많이 사용된다. Wi-Fi를 활용한 측위는 별도의 투자 없이 쉽게 구현할 수 있는 장점이 있기 때문이다.

Fingerprinting 방식은 다수의 Wi-Fi AP로부터 수신되는 전계강도(RSSI: Received Signal Strength Indicator)를 활용하는 방식이다. 삼변측량(Trilateration) 방식은 3개 이상의 Wi-Fi AP로부터 수신되는 전계 강도세기 정보를 활용하여 위치를 계산한다.

RTT 방식은 AP에서 시간정보가 포함된 신호를 전송하면, 단말기는 이 신호의 응답(여기에 시간정보 포함)을 보내고, 다시 AP가 이 응답을 받는 시간을 기준으로 위치를 파악하는 방법이다. Wi-Fi 기술을 정의하는 IEEE는 측위 정확도를 높이기 위해서 Fingerprinting 방식보다 정확도가 높은 RTT 방식인 FTM(Fine Time Measurement) 기술을 정의했다.

그림 4-17 Fingerprinting 방식 동작 예(출처: infsoft)

Wi-Fi 실내측위에서는 전계강도를 활용하는 수신 전계강도(RSSI) 기준의 삼각측량과 Fingerprinting 방식이 많이 사용된다. 수신 전계강도를 활용하는 삼변측량은 실내 공간의 벽, 장애물, 사람 등에 의해 신호 감쇄, 반사, 회절 등이 심해서 오차가 많이 발생된다.

(1) Fingerprinting

Fingerprinting 측위 절차는 ① 전파 분포지도를 만드는 단계, ② 이를 활용한 측위 단계로 구분된다. 전파분포 지도를 만드는 단계는 실내공간을 여러 개의 셀(예, 1m x 1m 사각형)로 분류한 다음, 각 셀에서 측정되는 수신 전계강도를 지도에 맵핑하여 전파 분포지도를 만든다.

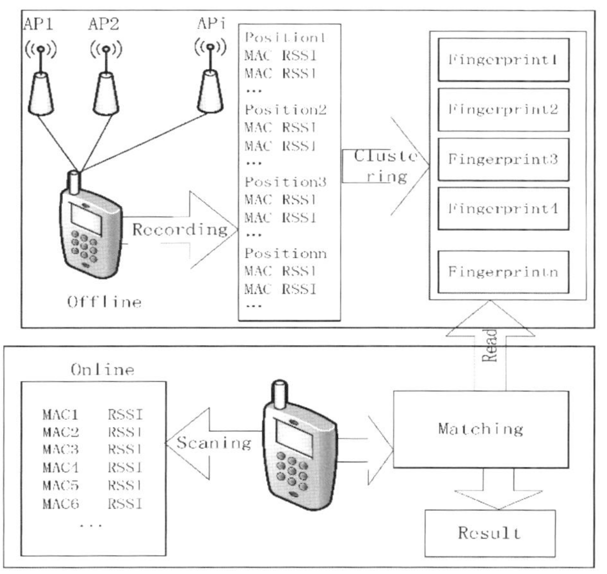

그림 4-18 Wi-Fi MAC 주소와 RSSI를 활용한 전파 분포지도 예

즉, Fingerprinting를 활용한 측위는 직접 사람이나 측정장비가 해당 실내공간의 전파 분포지도를 작성하는 단계와 사용자 단말기가 온라인으로 측위하는 단계로 구성된다.

이 방식은 사전에 구축한 전파 분포지도를 기준으로 사용자가 전송한 신호 패턴과 전파 분포지도를 비교하여 가장 유사한 패턴에 해당하는 셀 위치를 사용자의 위치로 추정하게 된다. 이때 사용되는 정보는 Wi-Fi AP의 MAC(Media Access Control) 주소와 해당 지점의 수신 전계강도(RSSI)이다.

전파 분포지도인 셀의 크기는 일반적으로 5m 이하로 설정되는데, 셀의 크기가 작을수록 측위 정밀도는 높아진다. 하지만, 셀 크기가 작으면 정밀한 전파 분포지도를 구축해야 하기 때문에 시간이 많이 소요되는 단점이 있다.

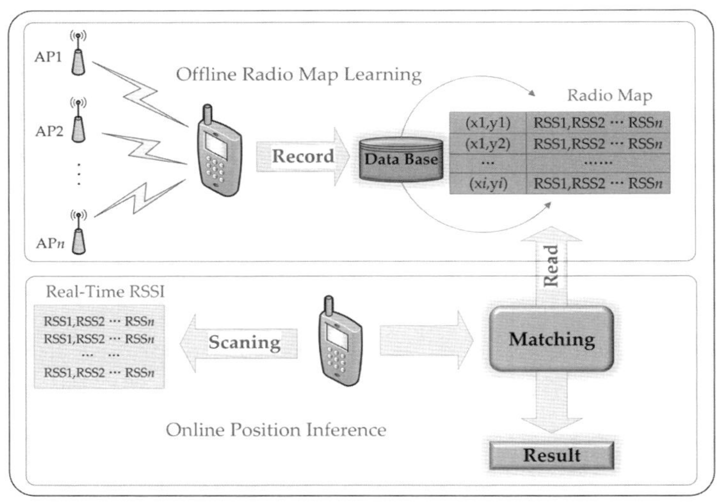

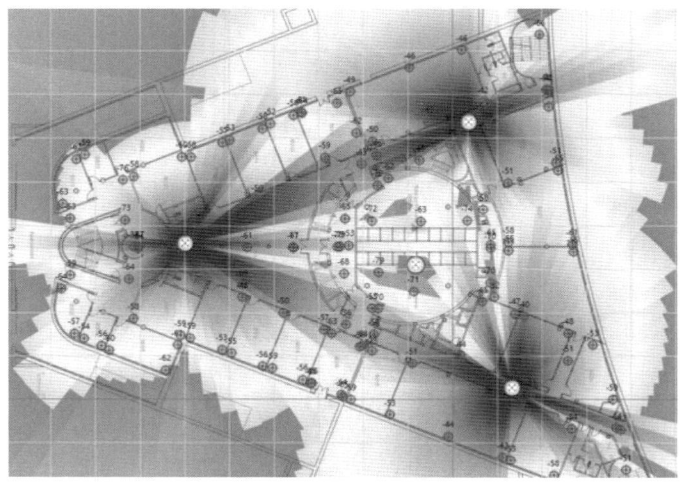

그림 4-19 Wi-Fi Fingerprinting(출처: SpringerOpen)

Fingerprinting 방식은 AP의 수가 많을수록 MAC 주소가 많아지므로 측위 정확도는 높아진다. 또한, 실내 공간이 지형지물이 없는 평면인 경우, 전파 난반사가 줄어들기 때문에 측위 정확도가 높아지게 된다.

그러나, 전파 분포지도를 구축하는 작업과 관련하여, AP 정보 변경(추가, 삭제 등)이나 공간 형태의 변화(예, 새로운 가구 설치)가 생기는 경우, 새로운 전파 분포지도를 구축해야 하기 때문에 번거로운 측면이 있다. 이러한 문제를 어느 정도 해결하는 방법으로 자동으로 전파 맵을 구축하는 크라우드 소싱 방식이 검토되고 있다.

(2) 수신 전계강도

수신 전계강도를 활용한 측위는 3개 이상의 AP(Access Point)로부터 전계강도(RSSI: Received Signal Strength Indicator)를 측정하고, 수신기에서 각 AP까지 거리로 환산한 후 위치를 계산하는 방법이다.

이때, 기준점인 AP의 위치를 활용하는 절대적인 방법과 대략적인 위치를 파악하는 상대적인 방법이 있다. 일반적으로 AP의 위치를 활용하는 방법이 많이 사용된다.

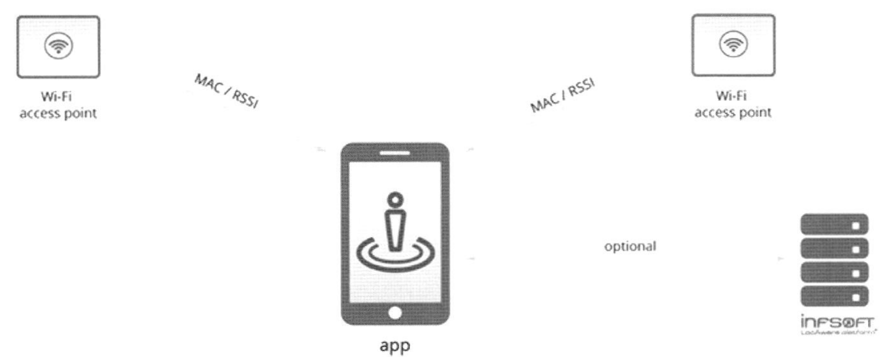

그림 4-20 Wi-Fi 수신 전계강도를 활용한 측위(출처: infsoft)

물론 수신기는 측위서버와 연동되어 수신기가 수신하는 전계강도와 각 AP로부터 수신된 MAC 주소를 기반으로 위치를 구분한다. 즉, 수신기는 MAC 주소와 RSSI값을 측위 서버로 전송하고, 측위 서버가 해당 위치를 파악한 후, 다시 단말기로 측위정보를 전송하는 방법이다.

하지만, 이 방법은 Fingerprinting 방식 대비 많이 사용되지 않는다. 실내에서 전파는 벽, 물체, 사람 등에 의하여 신호의 감쇄, 반사, 회절 등으로 발생되는 현상인 Mutipath Fading으로 오차가 많이 발생되기 때문이다.

(3) FTM

Wi-Fi FTM(Fine Time Measurement)은 Wi-Fi 메시지를 활용하여 AP와 단말기간 전파도달 시간을 활용한 측위방식이다. Wi-Fi 표준을 정의하는 단체인 IEEE(Institute of Electrical and Electronics Engineers)는 실내에서 정교한 측위를 위하여 FTM 표준인 IEEE 802.11mc를 정의했다.

FTM은 Wi-Fi 메시지에 시간정보를 추가하여 송수신 양단간 RTT(Round Trip Time)을 계산하는 측위방식으로 Wi-Fi RTT라고도 한다. RTT는 신호의 왕복시간을 의미하며, 신호의 왕복시간을 알면 송수신 양단간 거리를 알 수 있다.

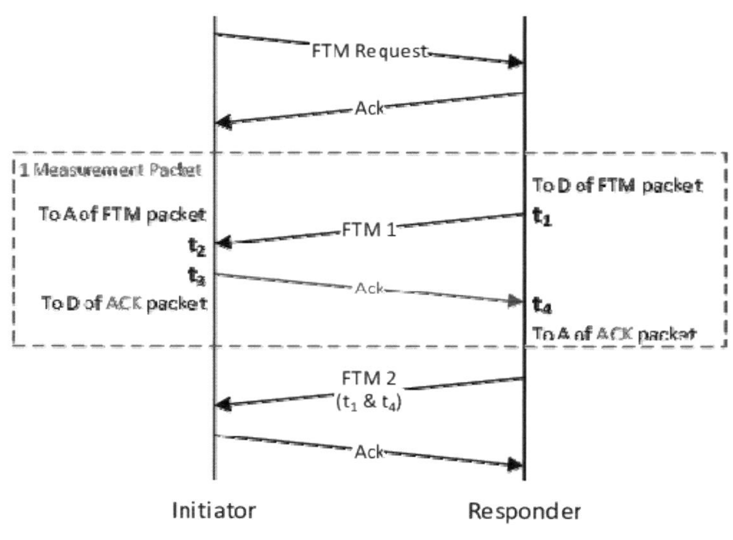

그림 4-21 Wi-Fi FTM 처리 절차 예

따라서, Wi-Fi FTM은 RTT의 한 종류이며, 주로 단말기에서 FTM Request 메세지를 보내고 AP에서 응답하는 FTM Packet을 송수신하면서, 단말기와 AP간 시간을 측정한다. 이렇게 RTT를 알게 되면, 전파의 진행속도를 곱하여 거리가 산출된다.

결국, FTM 방식은 수신기에서 3개 이상의 AP로부터 시간정보가 포함된 메시지를 교환한 후, 삼변측량으로 수신기의 위치가 계산된다. Wi-Fi를 Promotion하는 단체인 Wi-Fi Alliance는 FTM의 최대 오차를 2m로 정의하여 적용방안을 제시하고 있다.

3 UWB

1) 기술

UWB(Ultra-Wideband)는 짧은 시간의 펄스 신호를 사용하여 넓은 주파수 대역으로 데이터를 송수신하는 근거리 무선통신 기술이다. UWB는 500MHz 이상의 넓은 주파수 대역폭을 사용하고, 낮은 출력의 전파를 사용하는 100m 이내의 근거리 통신이 목적이다.

UWB는 용어가 의미하듯이 광대역에 신호를 전송하는 방식으로 미국 통신규제 기관인 FCC(Federal Communications Commission)는 광대역을 500MHz 이상의 주파수 폭으로 정의했다.

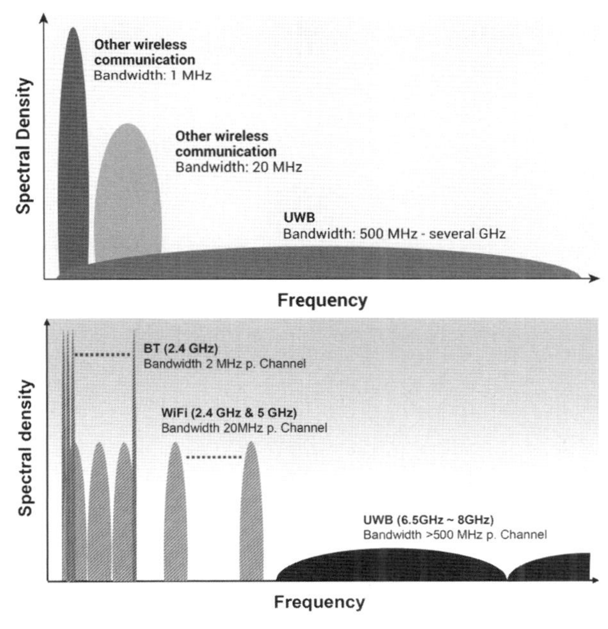

그림 4-22 UWB의 Impulse Radio 특징

또한, UWB 송수신기가 송출하는 전파세기는 매우 작으며, 잡음레벨(Noise Level)보다 낮게 전송되기 때문에 다른 무선통신에 미치는 영향(즉, 전파간섭)도 작다. 통신채널 용량을 결정하는 샤논 법칙(Shannon Theory)에 따라 UWB는 낮은 출력의 전파를 사용해도 넓은 주파수 폭을 사용하기 때문에 고속통신이 가능하다.

UWB와 유사한 근거리 무선통신 기술인 Bluetooth나 Wi-Fi는 UWB 대비 좁은 주파수 폭을 사용하지만, 상대적으로 높은 출력의 전파를 사용한다. UWB가 사용하는 전파의 세기는 작지만 다른 무선통신에 영향을 줄 수 있기 때문에 각 국가는 UWB가 사용하는 주파수 대역을 별도로 지정한다.

무선통신 기술 분류는 일반적으로 전파 도달거리에 따라 WPAN(Wireless Personal Area Network), WLAN(Wireless Local Area Network), WWAN(Wireless Wide Area Network) 등으로 구분되며, UWB는 최대 전송거리가 약 100m로 정의되는 WPAN 기술이다.

일반적으로 WPAN 기술은 전파 도달거리가 10m로 정의된다. 과거의 UWB 기술은 10m를 목표로 개발되었지만, 최근에는 새로운 기술이 적용되어 UWB 도달거리가 직선거리인 LOS(Line Of Sight)에서 최대 200m까지 가능하다.

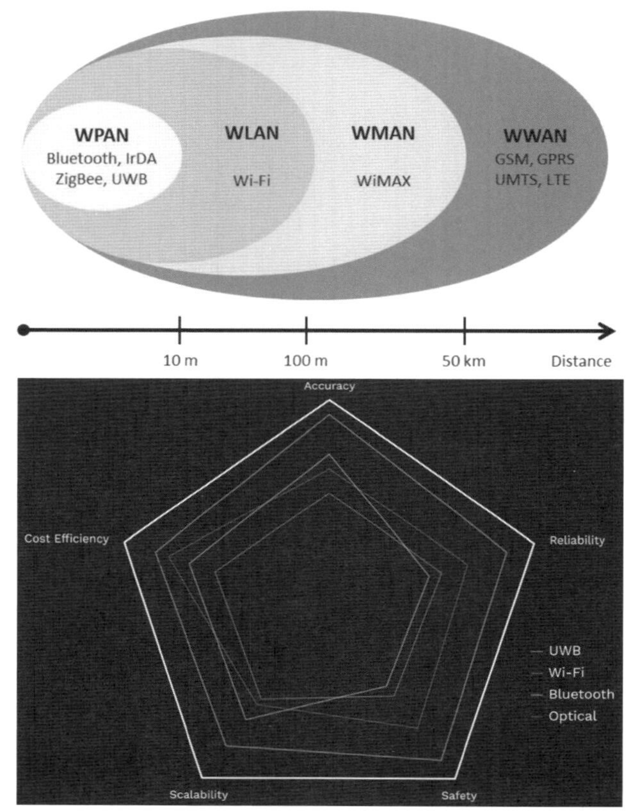

그림 4-23 무선통신 기술 종류, 다른 무선통신 기술 대비 UWB 특징

각 영역별 대표적인 무선통신 기술을 보면, WPAN은 Bluetooth(BLE 포함)와 UWB, WLAN은 Wi-Fi, WWAN은 5G 이동통신이 있다. 일반적으로 데이터 송수신 속도가 빠르고, 통신거리가 멀어짐에 따라 기술이 복잡해지고, 통신망 투자비용이 증가된다.

미국은 1970년대부터 UWB를 군사목적으로 개발했으며, 이후 1994년에 군사보안을 해제함으로써 표준화 단체인 ECMA(European Computer Manufacturers Association)와 IEEE(Institute of Electrical and Electronics Engineers)에서 관련 기술표준을 정의하기 시작했다.

기술 표준화는 유럽 주도의 ECMA보다는 미국 주도의 IEEE위주로 진행되고 있으며, IEEE는 UWB 표준 이름을 IEEE 802.15.4a로 정의를 시작하여(2007년), 보안과 측위기능이 강화된 IEEE 802.15.4z 규격을 추가로 정의했다(2020년).

UWB는 2000년부터 2010년까지 많은 관심을 받았으며, 2000년대 초반에 UWB 활성화를 위하여 관련업체가 UWB 협의체인 WiMedia를 구성하여 확산을 시도했었다. 당시 WiMedia가 추구하는 방향은 유선 USB(Universal Serial Bus)를 무선으로 대체하는 것이었다.

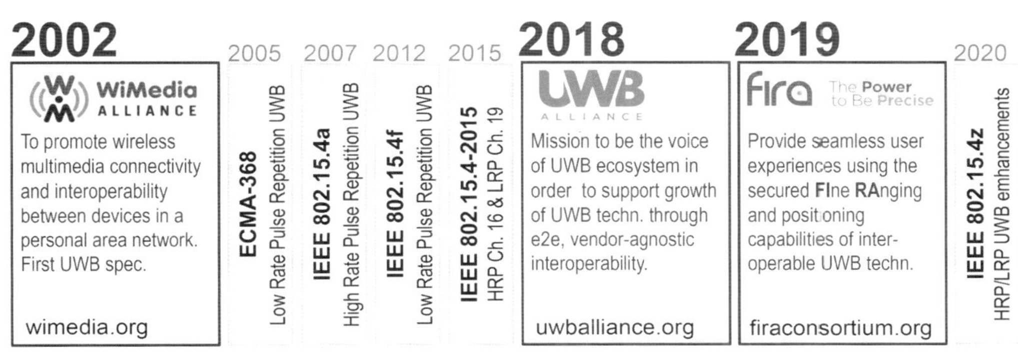

그림 4-24 UWB 기술 역사(출처: Rohde Schwarz)

당시 UWB가 추구하는 방향인 무선 USB는 근거리 고속 무선통신으로 Wi-Fi의 경쟁기술이었다. Wi-Fi 진영은 UWB에 대응하기 위하여 IEEE802.11ac(지금은 Wi-Fi 5)를 출시하였고, UWB는 2010년 이후 큰 관심을 받지 못했다.

이때 UWB는 Wi-Fi보다 효과적인 방법으로 고속통신이 가능했지만, UWB 진영은 Wi-Fi 대비 Eco System이 절대적으로 부족했고, 시장을 주도하는 회사가 없어서 성공하지 못했다.

2010년 이전에 전세계적으로 UWB 칩을 만드는 회사는 Alereon, Staccato Communications 등 작은 규모의 회사인 스타트업 위주로 약 5개사, Wi-Fi 칩을 만드는 회사는 30개 이상이어서 UWB Eco System이 절대적으로 부족했다. 이런 이유로 Wi-Fi는 휴대폰에 필수적으로 사용되었고, UWB 칩은 사용되지 않았다.

하지만, 2019년에 Apple이 iPhone 11에 UWB 칩을 탑재하여 정밀측위를 활용한 서비스와 근거리 고속통신에 사용하면서 UWB가 다시 관심을 받게 되었고, 이후 다수의 휴대폰 제조사가 UWB를 적용하여 다양한 기능과 서비스를 제공하고 있다.

그림 4-25 UWB의 주요 특징(출처: FiRa Consortium)

이러한 Apple의 전략에 대응하기 위해서 삼성, Qorvo, NXP, Qualcomm, STMicroelectronics 등은 UWB 기반 서비스 기술규격, 서비스 시나리오 등을 정의하기 위하여 UWB 협의체인 'FiRa(Fine Ranging) Consortium'을 구성했다.

FiRa Consortium은 IEEE 802.15.4z 기술을 활용하여 Use Cases 개발, 각 Use Cases에 대한 상호 호환성 인증, UWB Eco System을 확대하는 역할을 한다. 이러한 역할에서 FiRa Consortium은 UWB의 정밀측위 기능을 활용한 서비스 구현에 중점을 두고 있다.

FiRa Consortium은 IEEEE 802.11을 기반으로 하는 Promotion 단체인 Wi-Fi Alliance와 유사하게 IEEE 802.15.4z 기술을 기반으로 기능, 서비스, 제품을 Promotion 하는 단체이다.

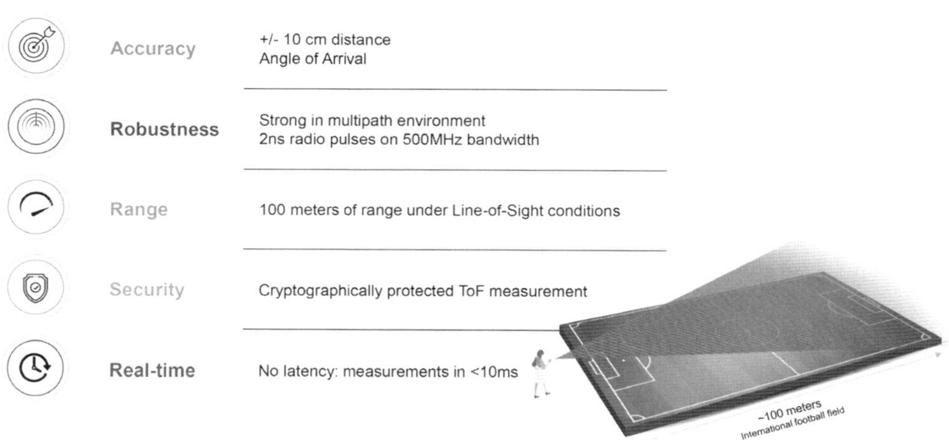

그림 4-26 UWB 특징(출처: NXP)

FiRa Consortium과는 별도로 UWB를 활용한 기능 개발을 위하여 다수의 회사가 2018년에 UWB Alliance를 구성하기도 했다. 초기 UWB Alliance가 추구하는 방향은 고속통신을 활용한 기능이었으나 차츰 정밀측위를 활용한 서비스 개발에 중점을 두고 있다.

Apple은 자체 UWB 칩 개발을 추구하고 있으며, 초기에는 미국의 칩회사인 Qorvo사가 인수한 Decawave사 칩을 기반으로 U1 칩을 개발했다. Apple U1 칩은 대부분 Decawave 칩 기술을 사용하고 있으나 Decawave 칩 대비 크기가 작고, 전력소모가 적은 것으로 알려져있다.

현재, UWB 칩을 판매하거나 개발중인 회사는 Qorvo, NXP, Qualcomm, STMicroelectronics 등이 있고, UWB 시장이 확대됨에 따라 UWB 칩을 개발하는 회사가 점차 많아지고 있다.

UWB 칩시장 예측을 보면, 2025년 기준으로 Smartphone에 적용되는 칩이 절대적으로 많고, 그 다음은 Automotive Access로 자동차 Digital Key에 적용되는 칩이다. Smartphone과 차량 이외에 시장은 작지만, Consumer Tag와 Consumer Wearable이 있다.

Consumer Tag는 휴대폰과 연동되는 UWB Tag로써 어떤 사물에 부착되어 해당 사물을 찾거나 분실방지 등에 사용된다. Consumer Wearable은 주로 손목에 착용할 수 있는 디바이스로써 차량 Digital Key, 스마트 도어락 제어 등에 사용된다.

UWB는 아주 짧은 시간의 펄스(Pulse)를 사용하는 통신기술로써 펄스의 주기가 2ns(또는 초당 10억개 이상)로 과거에는 UWB를 'Pulse Radio'라고 했다. 이렇게 짧은 시간에 펄스가 생성되면, 주파수 측면에서는 넓은 주파수 폭이 형성된다.

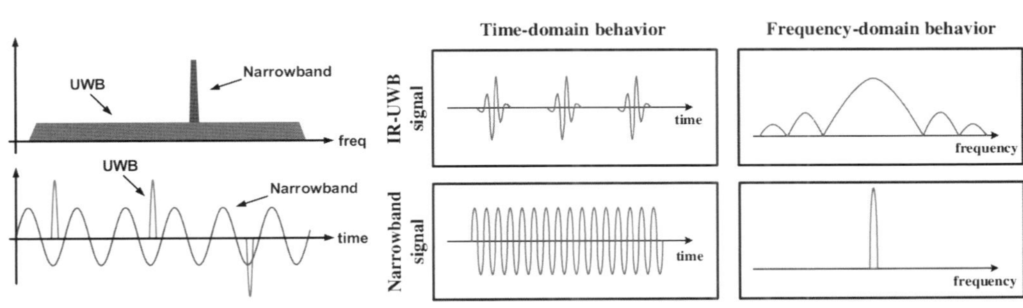

그림 4-27 UWB 신호 특징

UWB 기술은 1890년대에 세계 최초로 전파를 활용하여 사업을 시작한 Guglielmo Marconi에 의해 처음으로 제안되었다. 이후, 1920년대에 미국은 군사목적으로 UWB 기술연구를 시작했고, 1960년대부터 1990년대까지 군사용으로 많이 사용되었다.

이후 1998년에 다수의 업체는 민간용으로 UWB 사용을 제안했고, 미국의 통신규제 기관인 FCC(Federal Communication Commission)는 2002년에 UWB를 민간에서 사용할 수 있도록 UWB 주파수를 할당했다.

UWB 기술 표준은 주로 IEEE에서 정의하고 있으며, 휴대폰에 적용되는 기술은 IEEE 802.15.4z이다. IEEE 802.15.4z는 기존 WPAN(Wireless Personal Area Network) 기술인 IEEE 802.15.4를 기반으로 보안을 강화하고, 정밀측위에 중점을 둔 기술이다.

즉, IEEE 802.15.4z는 기존 UWB 기술인 IEEE 802.15.4a의 PHY, MAC을 보완하여 기존 고속 데이터 전송 대비 저속데이터 전송, 정밀측위, 보안이 강화된 채널 등의 기능이 추가되었다. 이러한 관점에서 IEEE 802.15.4z 기술을 “Secure Fine Ranging Technology”라고도 한다.

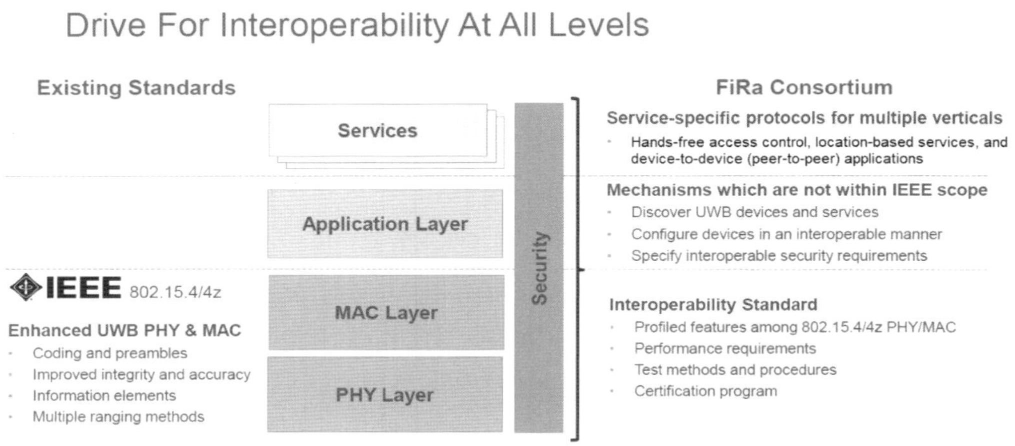

그림 4-28 UWB Protocol Stack과 관련 단체(출처: 5gtechnologyworld)

이것은 기존 IEEE 802.15.4a가 추구하는 방향이 고속통신이었기 때문에 IEEE 802.15.4z는 보안이 강화된 채널을 활용한 측위에 중점을 두었다. IEEE는 IEEE 802.15.4z 규격을 정의하기 위해서 IEEE 802.15.4z Enhanced Impulse Radio(EIR) Task Group을 구성하여 PHY, MAC 기술을 정의했다.

IEEE802.15.4z는 3개의 주파수 밴드를 사용하는데, Band 0은 500MHz, Band 1은 3.5GHz에서 4.5GHz까지, Band 2는 6.5GHz에서 10GHz 대역을 사용한다. 이러한 3개의 주파수 밴드에서 사용하는 주파수 폭은 500MHz에서 1.35GHz까지 사용된다.

UWB는 주로 6.5GHz~10GHz 대역에서 주파수 폭은 500MHz 이상을 사용하며, IEEE802.15.4z 표준은 LOS(Line-of-Sight) 환경에서 최대 전력으로 송출할 때, 약 200m

까지 전송될 수 있다.

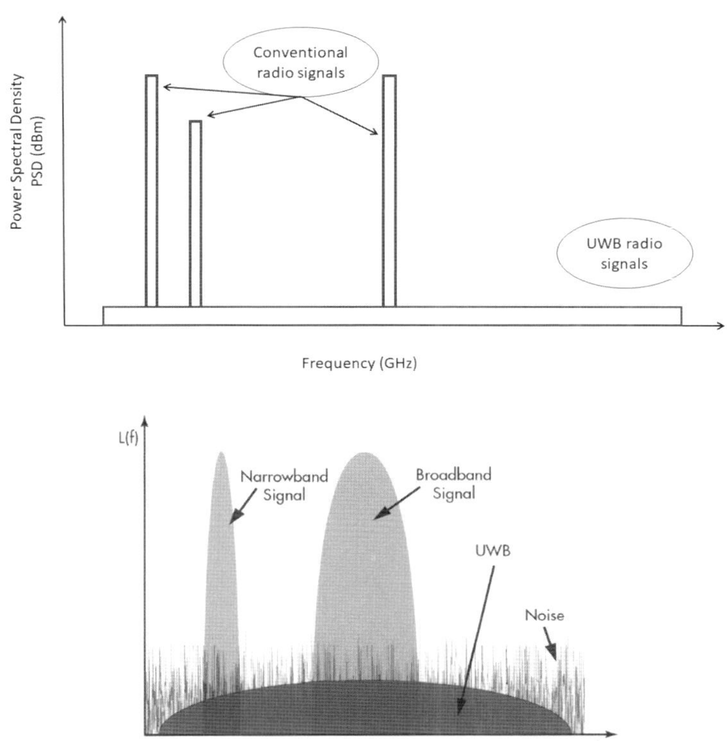

그림 4-29 기존의 무선통신 주파수폭과 UWB 주파수 폭

UWB는 넓은 대역을 사용하는 방식인데, 일반적인 신호처리 방법으로 광대역을 구현하는 방법은 CDMA(Code Division Multiple Access)나 OFDMA(Orthogonal Frequency Division Multiple Access) 방식이 있다. 이러한 방식은 원래 신호에 고속의 확산코드(Spreading Code)나 Sub Carrier를 활용하여 광대역을 생성시킨다.

OFDMA를 활용하는 5G 이동통신의 경우, 주파수 폭은 10MHz에서 100MHz를 사용하지만, UWB는 500MHz 이상의 주파수 폭을 사용한다. 이와 같이 UWB는 시간 축에서 Impulse를 활용하기 때문에 UWB를 IR(Impulse Radio)-UWB라고도 한다.

UWB는 확산신호(Spreading Signal)를 사용하지 않고, 짧은 시간에 펄스를 송출하여 광대역 주파수 신호를 생성한다. 이것은 퓨리에 이론(Fourier Theory)에 의한 것으로 아주 짧은 시간의 펄스는 주파수 측면에서 넓은 주파수 폭을 형성하게 된다.

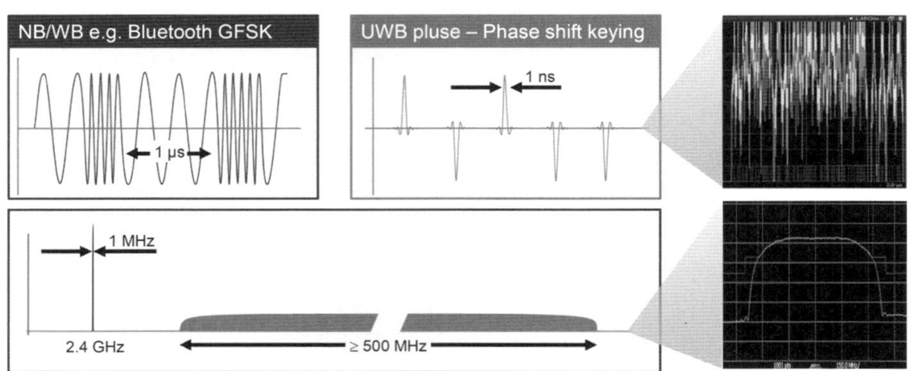

그림 4-30 Bluetooth와 UWB 신호 비교(출처: Rohde Schwarz)

예를 들어, Bluetooth와 UWB 신호를 비교해 보면, Bluetooth 점유 대역폭은 1MHz이지만, UWB 주파수 폭은 500MHz로 Bluetooth 대비 비교가 안될 정도로 넓다.

신호를 광대역으로 보내면, 전송속도를 높일수 있고, 무선채널 환경인 Multipath Fading에 대한 극복성이 강해진다. 일반적으로 이동통신을 포함한 무선채널은 특정 주파수 성분에 오류가 발생되는 Frequency Selective Fading이 발생되는데, 광대역으로 신호를 전송하면 이러한 현상을 줄일 수 있다.

또한 광대역으로 신호를 보내면 보안이 강해지고, 정밀측위를 위한 거리 해상도가 증가된다. 즉, 광대역 신호는 Multipath Fading에 대한 극복성이 강해서 장애물 영향을 덜 받게 되므로 정밀 측위가 가능하다.

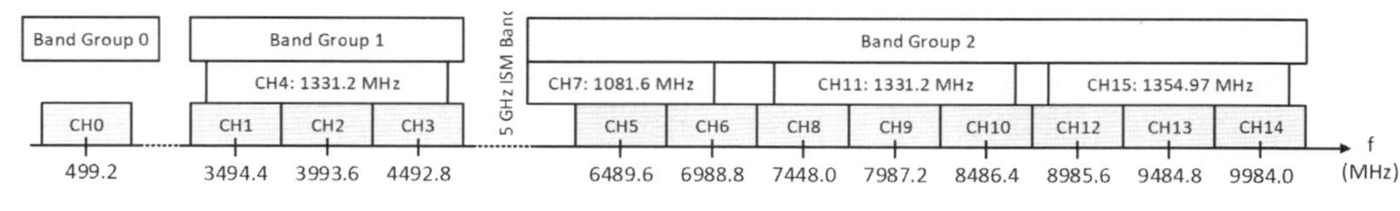

그림 4-31 UWB 주파수 대역

국내 정부는 UWB 초기 주파수를 3.1~4.8GHz(Low Band)와 7.2~10.2GHz(High Band) 대역을 할당했으나 이후, 6.0~7.2 GHz 대역을 추가했다. 이것은 FiRa Consortium이 UWB 주파수를 6.5~9GHz 대역을 권고했기 때문이다.

6GHz 대역은 Wi-Fi와 Bluetooth가 사용하고 있는 기존의 ISM 밴드인 2.4GHz 대역과 멀리 떨어져 있으므로 전파 간섭을 덜 받고, 5GHz대역과 6GHz 대역을 사용하는 Wi-Fi와 UWB 안테나를 공유할 수 있는 장점이 있다.

그림 4-32 Point-to-Point와 Star 형태의 Network Topology

또한 UWB의 기본적인 Network Topology는 'Point-to-Point'로 2개의 디바이스간 연결 구조이다. 반면, Wi-Fi는 하나의 AP(Access Point)를 중심으로 다수의 디바이스가 연결되는 'Star' 구조이다.

UWB는 매우 짧은 2ns의 펄스를 사용하는데, 이러한 펄스의 주기를 PRF(Pulse Repetition Frequency)라고 한다. 즉 초당 펄스의 수는 수십만 개에서 수십억 개가 되며, UWB의 변조 방식에는 PPM(Pulse Position Modulation)과 BPSK(Binary Phase Shift Keying) 등이 있다.

IEEE 802.15.4z 표준에는 PRF에 따라 Physical Layer는 크게 고속통신인 HRP(High Rate Pulse)와 상대적으로 저속통신인 LRP(Low Rate Pulse)로 구분된다. 예를 들어, HRP는 1ms 동안 1000개의 펄스가 전송되고, LRP는 1ms 동안 100개의 펄스가 전송된다.

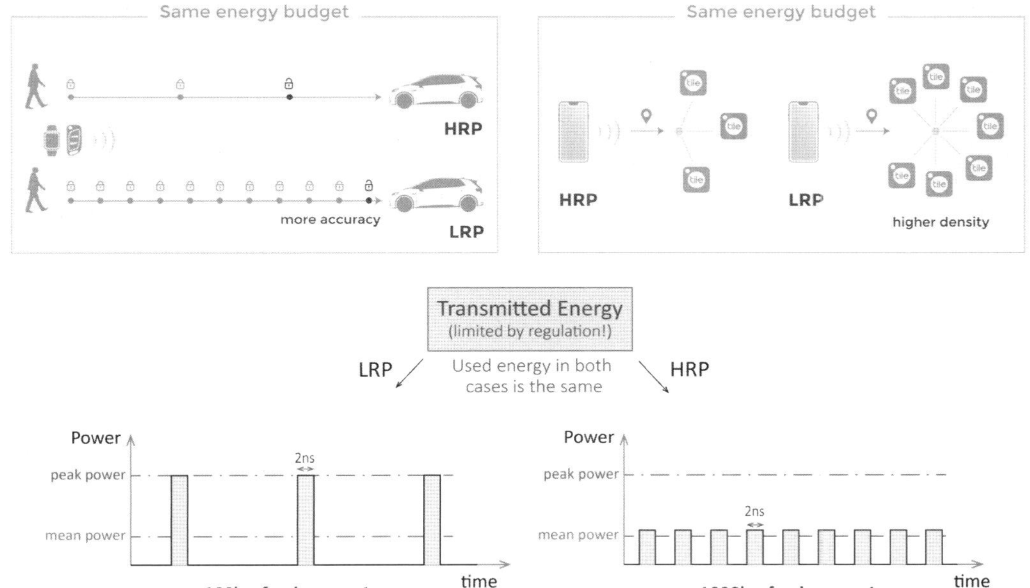

그림 4-33 HRP와 LRP 비교(출처: 3db-access)

LRP는 HRP 대비 펄스의 전송주기는 느리지만, 출력은 높다. 정밀측위 관점에서 볼 때, LRP와 HRP는 거의 동일하지만, HRP는 많은 펄스를 사용하기 때문에 전력소모가 크다. 따라서 현재 대부분 측위 목적으로는 LRP를 사용한다.

2) 측위

(1) TWR

UWB를 활용한 측위는 크게 ① 송수신 디바이스간 시간을 활용하는 ToF(Time of Flight) 방식과 ② 안테나의 전파 송수신 각도를 이용하는 방법이 있다. 시간을 이용하는 방식에는 TWR(Two Way Ranging)과 TDOA(Time Difference of Arrival) 등이 있고, 신호도달 각도를 이용하는 방식에는 AoA(Angle of Arrival) 등이 있다.

ToF는 전파의 진행시간을 거리로 환산하여 측위에 사용하는 방식이다. 전파는 빛의 진행 속도인 3×10^8m/s로 진행하므로 송신기에서 신호 전송시점부터 수신기의 도달시간 차이를 알면 송신기와 수신기가 떨어진 거리를 알 수 있다.

물론 수신 전계강도를 활용하는 RSSI(Receive Signal Strength Indicator) 방식의 측위기술을 UWB에 적용할 수 있으나, ToF 방식이 RSSI보다 더 정밀하다. 일반적으로 RSSI 방식은 송수신 메시지에 시간정보를 보낼 수 없는 경우에 사용된다.

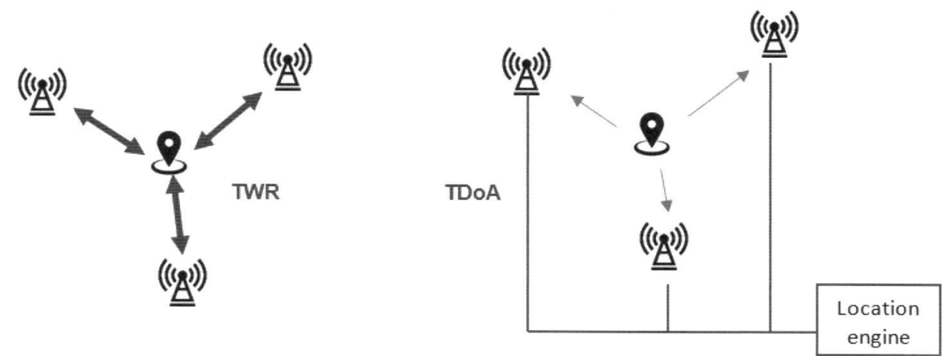

그림 4-34 UWB를 활용한 측위 기술 종류

이러한 몇 가지 UWB를 활용한 측위 기술에서 가장 많이 사용되는 방식은 TWR과 TDOA이다. TWR은 UWB 디바이스간 양방향 통신으로 송수신 메시지의 시간 정보를 활용하는 측위 방식이고, TDOA는 측위 대상인 UWB 디바이스(Tag)가 단방향으로 신호를 다른 UWB 장치(Anchor)로 전송함으로써 측위가 이루어진다.

UWB, BLE, Wi-Fi 등과 같은 근거리 통신기술에서 신호를 생성시키는 'Anchor'는 특정 지점에 고정된 장치이고, 'Tag'는 이동하는 장치이다.

즉, UWB 측위는 ① 송수신 양단간 시간적인 동기를 하지 않는 TWR 기반의 ToF(Time of Flight) 방식과 ② 송수신 양단간 시간적인 동기가 필요한 TDOA 방식이 많이 사용된다. 따라서 UWB 측위기술은 송신기에서 전송된 전파가 수신기에 도달되는 시간을 활용하는 방식이다.

TWR은 용어가 의미하듯이 송수신 디바이스가 Point-to-Point로 연결되어 송수신 양단간 양방향 통신(Two Way)으로 거리를 측정(Ranging)하는 방식이다. 결국, 신호 전송시간을 측정하여 양단간 거리를 계산하고, 이러한 거리 정보를 활용하여 삼각측량과 같은 방법으로 위치를 파악한다.

그림 4-35 송수신 양단간 신호의 전송시간을 활용한 거리 측정

TWR 방식은 UWB 디바이스간 시간 동기가 필요없다는 가정에서 시작되는데, TWR방식은 Anchor와 Tag간 메세지 교환을 통하여 서로 떨어진 거리를 측정한다. 이때, 거리 측정은 Anchor와 Tag간 신호도달 시간에 전파의 진행속도를 곱해서 산출된다.

UWB에서 TWR과 함께 OWR(One Way Ranging)이 있는데, OWR은 단말 A가 단말 B에 메시지를 전송(혹은 broadcasting)하면 단말 B는 이를 측정하여 측위에 사용하는 것이다. 이 방식은 정확도가 떨어지기 때문에 많이 사용되지 않는다.

TWR방식에서 Tag가 T_0 시점에 Anchor쪽으로 신호를 보내고, Anchor가 신호를 받은 시점을 T_1이라고 하면, Anchor는 T_2시점에 다시 Tag쪽으로 신호를 보낸다. 이후, Tag가 T_3 시점에 신호를 받았다면, T_0에서 T_3까지의 시간이 RTT(Round Trip Time)가 된다.

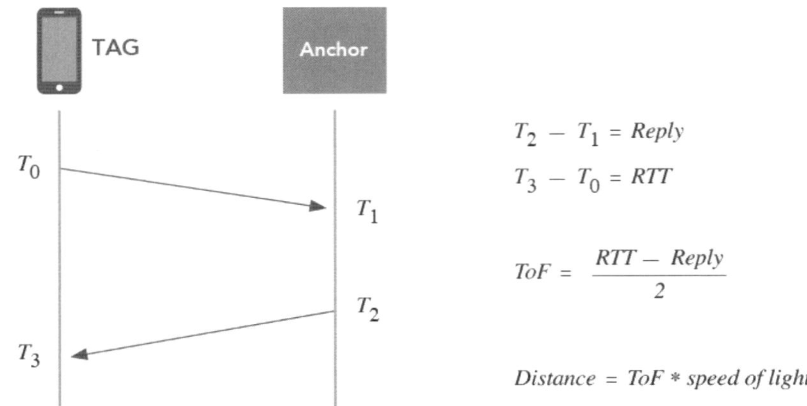

그림 4-36 UWB의 TWR 원리(출처: LightPoint)

결국, ToF는 Tag가 신호를 보낸 시점에서 받은 시점까지 시간에서 Anchor의 내부 처리시간(T_2 - T_1)을 뺀 시간이다. 따라서 ToF는 전파가 이동하는 시간이므로 이 ToF에 전파의 진행속도(즉, 빛의 속도)를 곱하면 Anchor와 Tag간 거리를 알 수 있다.

즉, TWR은 통신 대상인 송/수신기간의 RTT(Round Trip Time)를 측정하여 거리를 측정하는 기술로써, 다수의 수신기간의 동기화가 필요하지 않은 장점이 있으나, 반복적인 메시지 송수신으로 트래픽이 증가되고, 전력소모가 큰 특징이 있다.

ToF는 2개의 디바이스간 전파전달 시간을 활용하여 거리를 측정하는 것이고, TWR은 하나의 측정대상 단말기와 여러 개의 수신 단말기로 구성된다. 즉, TWR은 ToF를 활용하는 것이고, ToF의 처리절차를 "Ranging" 이라고 한다.

(2) TDOA

TDOA(Time Difference of Arrival) 방식은 UWB Tag가 메시지를 보내고, 주변에 있는 다수의 Anchor가 메시지를 수신하여 전체 Anchor 데이터를 모아서 Tag의 위치를 파악하는 기술이다.

이때, Tag는 Anchor로 데이터를 단방향으로 전송하기 때문에 Anchor로부터 응답은 요구하지 않으며, 다수의 Anchor는 서로 거리적으로 떨어져 있어야 효과가 좋다.

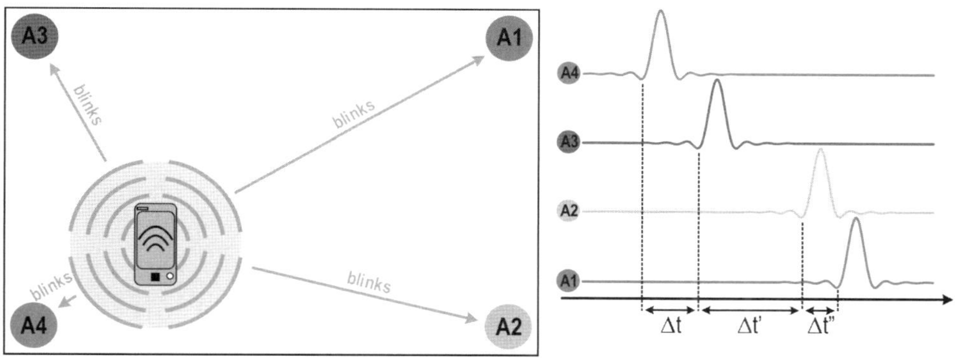

그림 4-37 TDOA 원리(출처: NXP)

TDOA는 용어가 의미하듯이 각 Anchor에 도착되는 Tag 신호가 시간적으로 다르기 때문에 이를 이용한 측위방식이다. 따라서 Tag와 Anchor간 정확한 시간적인 동기가 요구된다. 이것도 전파 전달시간으로 Tag와 Anchor사이의 거리를 측정하여 서버에서 계산한다.

(3) 응용분야

FiRa Consortium에서 언급하는 UWB 주요 특징은 ① 보안이 강화된 방법으로 실시간 정밀측위, ② 기존의 Wi-Fi나 Bluetooth와 다른 주파수 대역, ③ 저전력 동작 등이다.

Wi-Fi나 Bluetooth는 공용 주파수 대역인 ISM(Industrial, Scientific and Medical) 밴드를 사용하기 때문에 사용자가 많아질 경우 통신품질이 낮아진다. 하지만 UWB가 주로 사용하는 6GHz 대역은 다른 무선통신의 전파 간섭이 작다.

SMART CITIES & MOBILITY >>		SMART BUILDING & INDUSTRIAL >>		SMART RETAIL >>		SMART HOME & CONSUMER >>	
Parking garage access control	Driverless valet parking and pick-up	Physical access control	Patient tracking	Foot traffic and shopping behavior analytics	Targeted marketing	Logical access to personal devices	Find someone/ something nearby
Vehicle digital key	V2X* and autonomous driving	Employee indoor navigation	Teleconference system	Exhibition attendee management	Drone-controlled delivery	AR gaming	Presence-based device activation
Rider identification (Private transport services)	Reserved seat validation	Employee mustering in emergencies	Proximity-based patient data sharing		In-vehicle payment	Gesture-based control	
Bike sharing (Find a bike nearby)	Transportation fare payment	Find equipment	Logical access control			VR gaming and group play	
Ride sharing (Precise positioning)	eID validation in crowded environments						

그림 4-38 FiRa Consortium에서 정의하는 UWB 응용 분야(출처: FiRa Consortium)

FiRa Consortium은 UWB의 주요 응용분야를 Smart Cities & Mobility, Smart Building & Industrial, Smart Retail, Smart Home & Consumer와 같이 4가지로 정의했다. 이러한 주요 응용분야는 대부분 UWB의 정밀측위 기능을 활용하는 것이다.

Smart Cities & Mobility의 대표적인 예는 차량이 주차장에 진입할 때 자동으로 문이 열리게 하거나 자율 주행차가 주변 사물과 통신하는 경우이고, Smart Building & Industrial 예는 회사에서 직원이 출입문에 접근할 때 자동으로 문이 열리게 하거나, 병원에서 환자의 이동을 실시간으로 모니터링하는 것이다.

Smart Retail은 매장에서 고객의 동선을 추적하여 고객의 행위 데이터를 확보하거나, 드론을 이용하여 무인으로 상품을 배송하는 경우이며, Smart Home & Consumer는 가정에서 근접 거리에 있는 가족끼리 AR(Augmented reality)이나 VR(Virtual Reality)을 활용한 게임과 근거리에 있는 친구찾기가 해당된다.

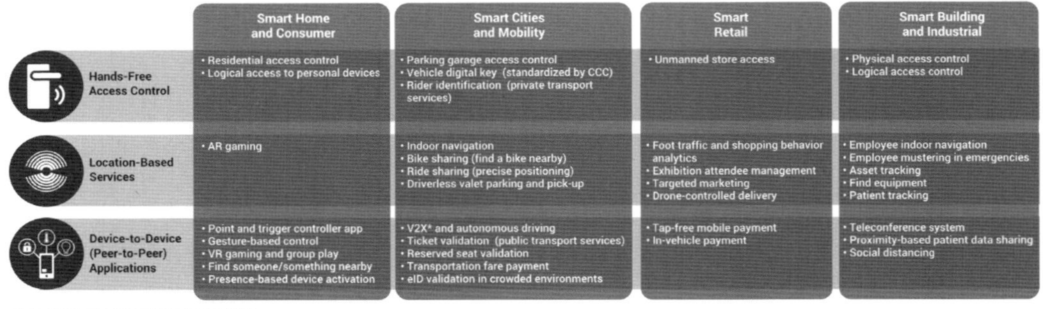

	Smart Home and Consumer	Smart Cities and Mobility	Smart Retail	Smart Building and Industrial
Hands-Free Access Control	• Residential access control • Logical access to personal devices	• Parking garage access control • Vehicle digital key (standardized by CCC) • Rider identification (private transport services)	• Unmanned store access	• Physical access control • Logical access control
Location-Based Services	• AR gaming	• Indoor navigation • Bike sharing (find a bike nearby) • Ride sharing (precise positioning) • Driverless valet parking and pick-up	• Foot traffic and shopping behavior analytics • Exhibition attendee management • Targeted marketing • Drone-controlled delivery	• Employee indoor navigation • Employee mustering in emergencies • Asset tracking • Find equipment • Patient tracking
Device-to-Device (Peer-to-Peer) Applications	• Point and trigger controller app • Gesture-based control • VR gaming and group play • Find someone/something nearby • Presence-based device activation	• V2X* and autonomous driving • Ticket validation (public transport services) • Reserved seat validation • Transportation fare payment • eID validation in crowded environments	• Tap-free mobile payment • In-vehicle payment	• Teleconference system • Proximity-based patient data sharing • Social distancing

*Connected Vehicle-to-Everything Communication

그림 4-39 FiRa Consortium에서 정의하는 UWB 주요 3가지 응용(출처: FiRa Consortium)

이러한 응용분야를 기반으로 FiRa Consortium은 공통으로 사용 가능한 3가지 기능을 언급했는데, 여기에는 ① Hands Free Access, ② Location Based Service, ③ Device to Device Application이 있다.

여기에서 Hands Free Access는 손을 사용하지 않고, 주머니에 있는 휴대폰의 UWB가 자동으로 현관문 doorlock과 통신하여 사용자가 근접했을 때, 문이 열리게 되는 기능이다. Hands Free Access에서 "Hands Free"란 손을 사용하지 않는다는 의미이고, 'Access'는 현관문을 통과하거나 어디에 접근한다는 의미이다.

Location Based Service는 UWB의 실시간 정밀 측위 특성을 활용하여 주로 실내에서 측위를 활용하는 서비스이며, Device to Device Application은 단말기 상호간 통신으로 데이터를 송수신하는 기능이며, 이것은 UWB 고유의 고속통신으로 많은 데이터를 짧은 시간에 송수신할 수 있다.

이러한 3 가지 주요 기능은 모두 스마트폰을 대상으로 제공되는 서비스로써 스마트폰에 UWB 칩이 탑재되고, 관련된 S/W가 구현되어야 한다.

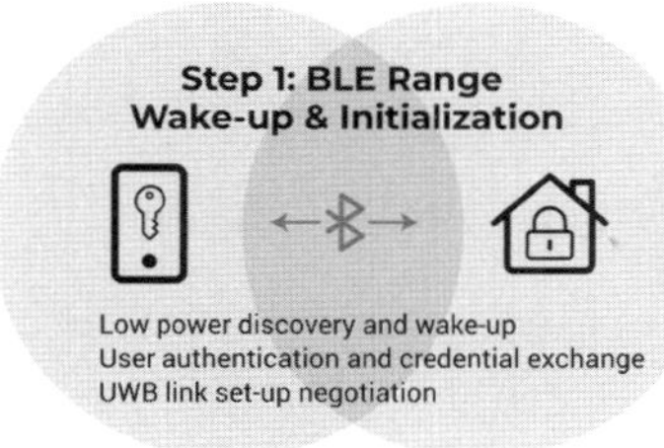

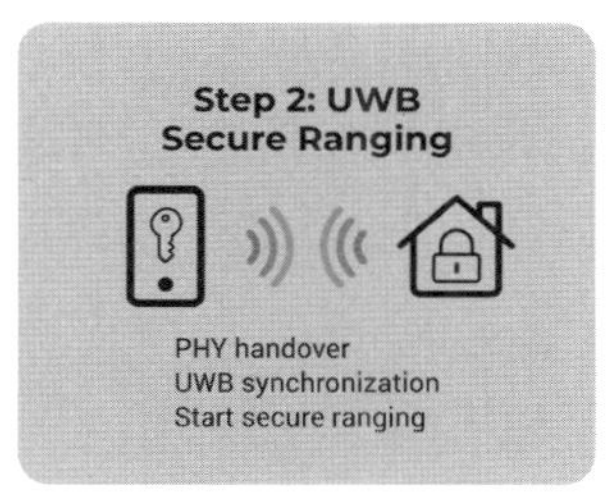

그림 4-40 UWB를 활용한 Door Unlock 시나리오(출처: Fira Consortium)

Hands Free Access에 대한 세부적인 동작 시나리오를 보면, BLE(Bluetooth Low Energy) 기능을 활용하여 휴대폰과 스마트 도어락간 Wake-up 신호로 연결을 시도한다. 즉, UWB가 동작되기 이전에 BLE가 먼저 통신할 대상을 확인하는 절차이다.

이후, BLE가 상대방을 확인하고, 휴대폰이 스마트 도어락 장치와 가까워지면 UWB 통신이 이루어진다. UWB 통신에 의하여 양단간 동기가 설정되고, UWB와 스마트 도어락간 거리가 근접하게 되면, 휴대폰과 도어락 장치간 보안기능이 처리되고, 문이 자동으로 열린다.

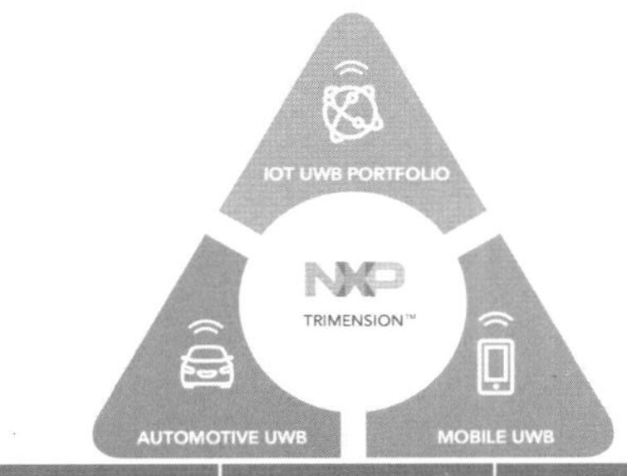

APPLICATION	INDUSTRIAL	MOBILITY	TRANSPORT	RETAIL
Precision location	Indoor asset tracking Industrial automation	Personal transport sharing	Ride sharing	Indoor navigation Foot traffic analytics
Device-to-device Connectivity	Responsive manufacturing	Drone-controlled delivery V2X	Ticket validation	Secure payments
Secure Access	Restricted access control	Vehicle keys	Rider/Driver ID	Unmanned store access

그림 4-41 UWB 응용 분야 예(출처: NXP, Antenova)

또한 UWB 칩 회사인 NXP는 UWB 주요 응용분야를 IoT, Mobile, Automotive와 같이 3가지로 분류했다. IoT는 주로 정밀측위를 활용한 기능이고, Mobile은 Smartphone이나 Tablet을 이용하여 디바이스 상호간 데이터 송수신이나 스마트 도어락을 제어하는 기능이며, Automotive는 차량문을 자동으로 열거나 닫는 기능이다.

휴대용 디바이스용 안테나 전문회사인 Antenova는 UWB 응용분야를 Industrial, Mobility, Transport, Retail과 같이 정의했다. 이러한 분야에서 Antenova는 차량과 사람을 연결하는 Ride Sharing이나 Personal Transport Sharing 등을 강조했다.

이렇게 NXP와 Antenova가 제안하는 UWB 응용분야는 경우에 따라서, 10Cm 이내의 근접거리 통신기술인 NFC(Near Field Communication), H/W 기반 보안 기술인 SE(Secure Element)가 연동되어야 한다.

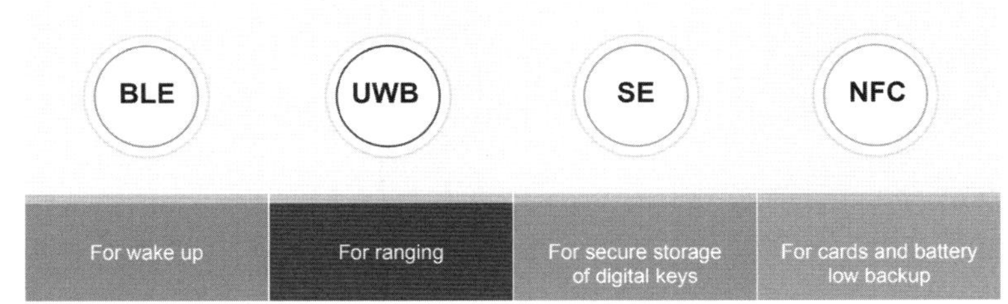

그림 4-42 Smart Access를 위한 각 요소별 역할(출처: NXP)

NXP는 Smart Access를 위한 각 요소에서 BLE는 Wake Up, UWB는 측위기능인 Ranging, SE는 보안키를 저장하는 공간, NFC는 휴대폰 배터리가 없을 경우 예비용으로 사용된다. NFC는 휴대폰에서 Tag 모드로 동작되면, 배터리가 없어도 동작된다.

UWB를 활용한 Digital Car Key와 관련하여, 주로 휴대폰과 차량간 연동기술을 정의하는 단체인 CCC(Car Connectivity Consortium)는 휴대폰을 자동차 키로 활용하는 'Digital Key' 기술과 Use Cases를 주도적으로 정의하고 있다.

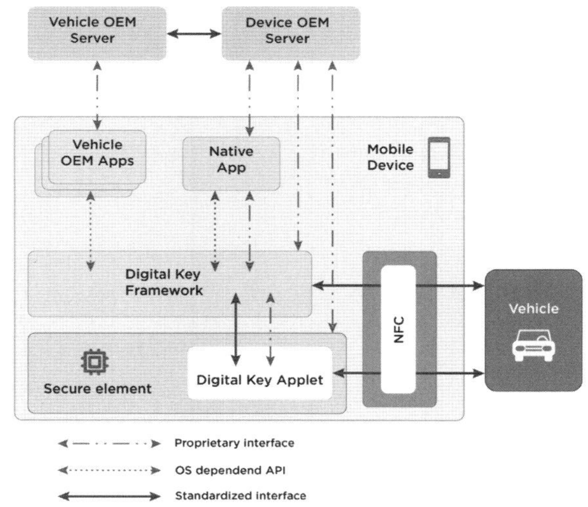

그림 4-43 NFC 기반 Digital Key 시스템 구성도(출처: CCC)

CCC는 Digital Key를 위해서 기존에는 휴대폰과 차량간 통신으로 NFC를 정의했는데, UWB가 휴대폰에 탑재되면서, UWB를 휴대폰과 차량간 주된 통신방식으로 정의했다.

CCC가 정의하는 Digital Key는 휴대폰과 차량에 저장되는 Key 관리, 사용자 인증, 자동차 문 열기와 닫기, 엔진 시동걸기, Digital Key 공유 등이 있다. 이러한 Digital Key 기능은 강한 보안기능이 필요하기 때문에 SE와 TSM(Trusted Service Manager) 서버를 통해서 처리된다.

여기에서, SE는 스마트 카드나 microSD 등으로 구현되는 H/W 기반의 보안장치로써 암호 알고리듬, Key 저장, 인증이나 암호화와 같은 보안 기능 처리 등을 담당한다. 그리고, TSM 서버는 주로 SE와 보안채널을 설정하여 SE에 관련된 파라메터를 설정하는 Provisioning 역할을 한다.

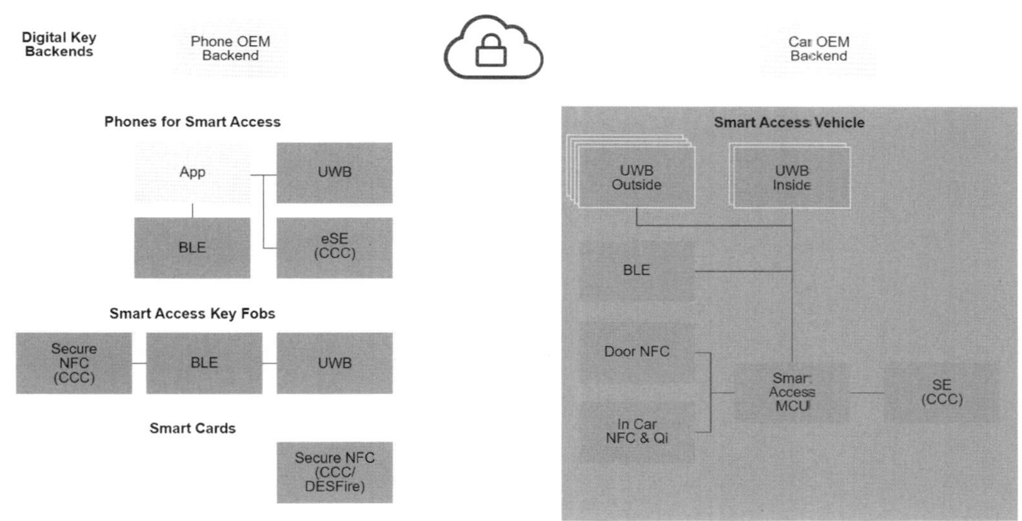

그림 4-44 UWB 기반 Digital Key 시스템 구성도(출처: NXP)

NXP는 CCC의 Digital Key 규격을 기반으로 UWB를 활용한 Digital Key 구현 방안을 제시했다. NXP는 크게 차량부분을 'Smart Access Vehicle'로 명명했고, 사람이 휴대하는 Digital Key를 휴대폰에 구현되는 'Phones for Smart Access', 기존 차량키와 유사한 전용 키인 'Smart Access Key Fobs' 그리고 지갑에 넣을 수 있는 키를 'Smart Cards'로 명명했다.

먼저, 휴대폰을 Digital Key로 활용할 때 주요 기술을 살펴 보면, 휴대폰 내부에 UWB, eSE(embedded Secure Element), BLE(Bluetooth Low Energy)가 상호 연동되어야 한다. 물론

이러한 기능은 휴대폰과 통신되는 차량에도 구현되어야 한다.

하지만, 차량에 설치되는 UWB는 휴대폰이 접근하는 방향과 거리 측정, 주변 잡음에 의한 UWB 기능 저하 등에 대처하기 위하여 2개에서 5개의 UWB 칩이 사용된다. 또한 경우에 따라서 UWB를 Baseband(기저대역)과 RF(Radio Frequency, 고주파 대역)으로 나누어서 RF 부분이 차량 외부에 구현될 수도 있다.

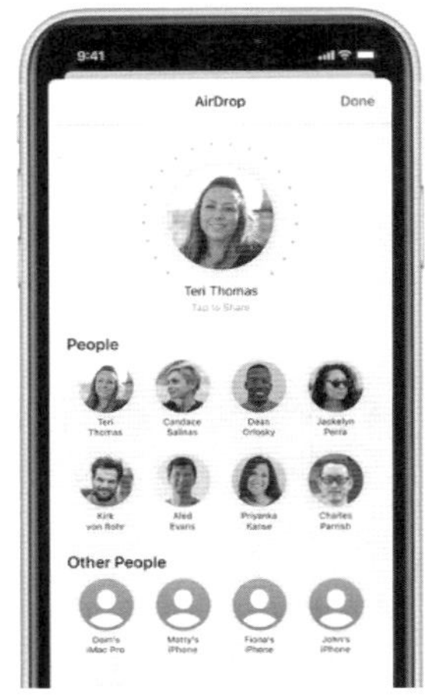

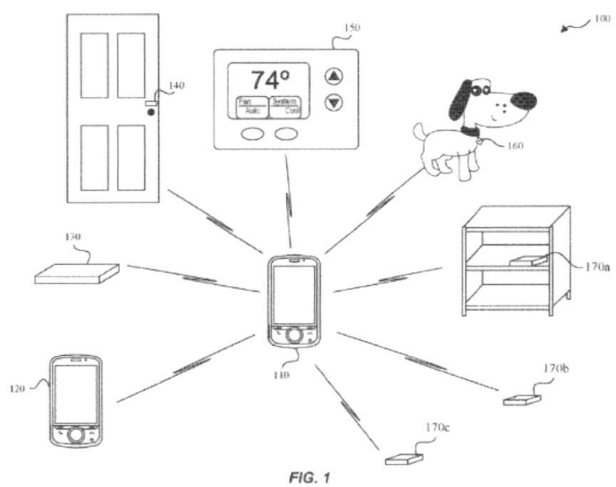

그림 4-45 UWB 측위를 활용한 Apple iPhone 기능

Apple은 UWB가 적용된 iPhone으로 측위를 기반으로 주변장치와 통신을 우선적으로 추진하고 있다. 예를 들면, 근접한 iPhone끼리 정보 공유, 친구찾기, 게임 등을 고려하고 있다. 이러한 근접위치의 정밀측위를 활용하여 Apple은 차량용 Digital Key로 활용을 계획 중이다.

Apple은 근접위치에서 iPhone, iPad, iPod, MAC 등 Apple 디바이스간 간단한 동작으로 상호 데이터를 교환할 수 있는 'AirDrop'을 위하여 UWB를 활용하고 있다. 기존 AirDrop은 Wi-Fi나 Bluetooth를 사용했지만, UWB까지 확장하고 있다.

그림 4-46 Apple AirDrop, Apple AirTag

Apple은 iPhone과 연동되는 소형의 디바이스인 'AirTag'에 UWB 적용을 시도하고 있다. AirTag는 보통 다른 사물에 부착하여 분실방지, 사물찾기 등을 목적으로 BLE로 연동되는 디바이스이다.

하지만, 이러한 AirTag에 UWB을 적용하면, iPhone에서 AirTag가 있는 위치(거리, 방향 등)를 파악할 수 있어서 쉽게 AirTag를 찾을 수 있다.

삼성도 Apple과 마찬가지로 UWB 응용분야를 근접거리에서 데이터를 공유하는 'Nearby Share', 기존 BLE 기반의 SmartTag를 UWB를 적용한 'SmartTag+'로 활용하고 있다. 특히 삼성은 NXP사의 UWB칩을 기반으로 자동차용 Digital Key에 중점을 두고 있다.

이것은 NXP사에서 UWB 칩뿐만 아니라 NFC, SE 등의 솔루션을 보유하고 있기 때문에 NXP칩 기반으로 쉽게 기능을 확장할 수 있기 때문이다.

4 BLE

1) 기술

(1) 배경, 시장

Bluetooth는 근거리(10m 이내) 무선통신을 목표로 스웨덴의 통신장비 제조사인 Ericsson에서 1994년에 개발이 시작되었다. 이 당시 Ericsson은 통신장비뿐만 아니라 무선통신 단말기(휴대폰, 무전기 등)를 제조하고 있어서 무선통신 디바이스간 근거리 통신을 활용한 다양한 기능(예: 무선 이어폰)이 필요했던 시기였다. 2000년 이후, Ericsson은 휴대폰 사업을 일본 SONY사에 매각한 후, 이동전화 단말기 사업은 포기하고, 통신장비(주로 이동통신) 사업 위주로 개편했다. 이러한 배경으로 현재 Ericsson은 Nokia, Huawei, 삼성 등과 함께 주요 이동통신 장비 제조사가 되었다.

Ericsson은 1999년에 다수의 회사와 함께 Bluetooth 표준화 단체인 Bluetooth SIG(Special Interest Group)를 구성하여, 기존에 개발된 Bluetooth 기술을 공개하고, 많은 회사를 참여시켜 차세대 Bluetooth 기술표준을 주도했다.

Bluetooth 명칭은 Bluetooth SIG 멤버였던 Intel의 엔지니어인 Jim Kardach(짐 카다크)가 작명한 것으로, Jim Kardach는 스웨덴 소설가의 역사소설 책에서 10세기 덴마크 왕으로서 스칸디나비아 반도를 통일한 Harald Gormsen(하랄드 고름손)에서 힌트를 얻었다.

당시, Jim Kardach는 Frans G. Bengtsson의 역사 소설인 “The Long Ships”을 읽고 있었는데, 이 책 내용은 바이킹과 Harald Gormsen 왕에 대한 이야기였다. 당시, Harald Gormsen은 바이킹의 왕이었고, 스칸디나비아 반도의 끝에 있는 노르웨이까지 통일했다.

당시, Harald Gormsen의 이름이 Harald “Blåtand” Gormsen으로 호칭되었는데, Blåtand(블라톤)은 실제 이름이 아니고, Nick Name(별명)이었다. 10세기에는 비슷한 왕 이름이 많아서 주로 Nick Name을 사용했다고 한다.

덴마크어로 Blåtand의 뜻은 Bluetooth인데, Harald “Blåtand” Gormsen의 치아는 좋지 않아서 부분별로 검은색, 회색, 파란색이 있어서 별명이 Blåtand이 되었다고 한다.

따라서 Jim Kardach는 Blåtand에서 힌트를 얻어 새로운 무선통신 기술의 이름을 ‘Bluetooth’로 명명했다. Jim Kardach가 Bluetooth로 작명한 의도는 Harald “Blåtand” Gormsen이 북유럽 왕국을 건설한 것처럼, Bluetooth로 근거리 무선통신을 통일하겠다는 의미가 있다.

Harald "Blåtand" Gormsen이 블루베리를 좋아해서 치아색깔이 파란색으로 변해서 Bluetooth로 정했다는 속설이 있다. 하지만, 블루베리의 원산지는 북아메리카이며, 10세기에 블루베리가 북유럽까지 전파되지 않았고, 북유럽은 추워서 블루베리가 자라기는 힘든 자연환경이다.

그림 4-47 Bluetooth 로고

Bluetooth 로고는 룬문자(Runic Alphabet)에서 유래되었는데, 룬문자는 고어로써 게르만 민족이 라틴문자를 받아들이기 전에 사용했던 표음문자였다. Harald Blåtand에서 첫 단어인 'H'와 'B'에 해당되는 룬 문자는 ᚼ와 ᛒ이다. 따라서 Bluetooth 로고는 룬문자의 'H'와 'B'가 합성된 것이다.

Bluetooth SIG는 Bluetooth(BLE 포함) 응용분야를 Audio Streaming, Data Transfer, Location Services, Device Networks와 같이 크게 4가지로 구분했다. Bluetooth 시작은 Audio Streaming이었지만, 차츰 응용분야가 확대되고 있다.

Audio Streaming

Data Transfer

Location Services

Device Networks

그림 4-48 Bluetooth(BLE 포함) 응용분야(출처: Bluetooth SIG

Audio Streaming은 Bluetooth 디바이스간 Audio(음향)를 스트리밍하는 것으로 대표적인 예는 휴대폰과 무선이어폰, 휴대폰과 Smart Speaker간 Audio 스트리밍이다. 여기에서 Audio란 고품질 음향을 의미하며, 음성통화에 사용되는 Speech(또는 Voice)와는 다르다.

Audio는 귀를 모델링하여 만든 MP3, MP4와 같은 고품질의 음향이고, Speech는 사람의 목구멍을 모델링하여 압축률이 높으며, 낮은 전송속도의 음성통신에 사용된다.

Data Transfer는 Wearable Device와 휴대폰간 간단한 데이터 교환, Location Services

는 Bluetooth 5.1에 도입된 측위기술을 활용한 서비스, Device Networks은 Bluetooth 5.0에 도입된 Mesh Network을 활용한 대규모 디바이스를 연결하는 기능이다.

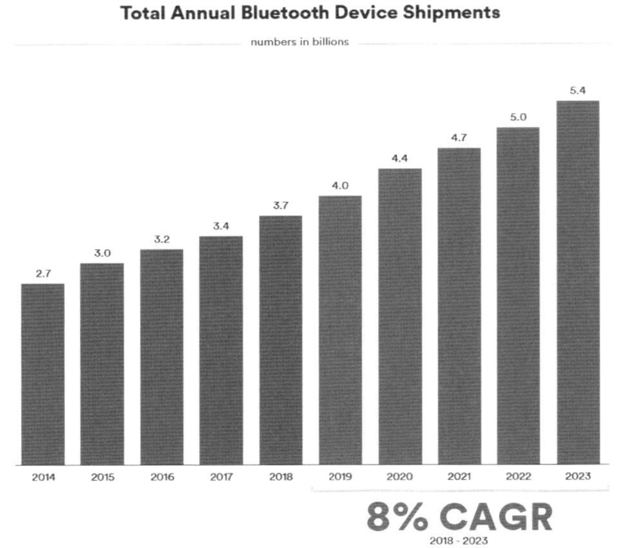

그림 4-49 Bluetooth 시장 예측(출처: Bluetooth SIG)

Bluetooth SIG에서 발표한 보고서에 따르면, Bluetooth 디바이스 판매는 연간 8%로 꾸준히 증가되고 있어서, 47억개(2021년)에서 54억개(2023년)로 증가될 것이라고 예측하였다.

(2) Bleutooth/BLE 주요기술

Bluetooth는 WPAN(Wireless Personal Area Network) 기술의 한 종류로써, Centralized Network(이동통신 기지국이나 Wi-Fi AP에서 많은 디바이스를 관리하는 형태)이 아닌 디바이스간 Point-to-Point로 연결되는 Distributed Network 구조로 되어 있다.

무선통신 기술은 초기 설계시 목적이 정해져있는데, Bluetooth는 근거리 디바이스간 통신, Wi-Fi는 AP를 사용하여 다수의 디바이스에서 인터넷 접속, 5G 이동통신은 수십 Km까지 원거리 통신과 기지국 이동시 연속적인 통신을 목표로 개발되었다.

Bluetooth Network은 통신을 관할하는 중앙노드(예: AP)없이 각 디바이스는 Master(Central) 또는 Slave(Peripheral)로 역할이 정해 진다. Bluetooth 표준에는 Network Topology로 P2P(Point to Point), Star Network, Mesh Network이 정의되어 있으나, P2P가 가장 많이 사용된다.

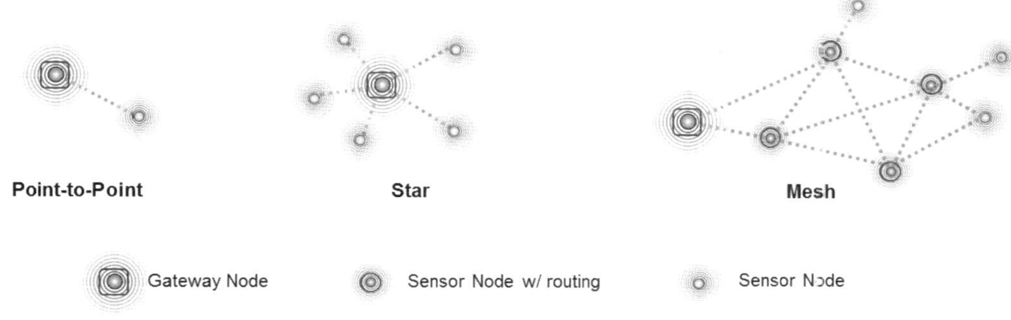

그림 4-50 Bluetooth Network Topology

Bluetooth는 1999년부터 지속적으로 성능이 개선되고 기능이 추가되어 고속전송, 전송거리 증대와 같은 기능 개선과 저전력 기술인 BLE(Bluetooth Low Energy), Bluetooth Mesh, 측위기술 등이 추가되었다. Bluetooth 4.0 이상의 규격은 이전 Bluetooth(Bluetooth Classic이라고 함)와 BLE가 모두 포함된 기술이다.

BLE는 Bluetooth Classic과는 다른 무선통신으로 BLE Beacon, Wearable Device 등 저전력 장치에 적용하기 위하여 개발되었다. BLE는 2001년에 Nokia 주도로 개발된 저전력 무선통신 기술인 'Wibree'이며, 2010년에 Bluetooth SIG에 제안되어 명칭변경(WiBree → BLE)과 함께 2013년에 Bluetooth 규격에 포함되었다.

Bluetooth와 BLE는 서로 다른 통신방식이지만, BLE는 Bluetooth의 Physical Layer, Link Layer, Control Plane 등을 공동으로 사용하여 상호 연관성을 높였다. 즉, 하나의 칩으로 Bluetooth와 BLE를 같이 구현할 수 있다. 이러한 배경에서 일반적으로 Bluetooth라고 하면, BLE가 포함된다.

스마트폰에 적용되는 Bluetooth 칩은 보통 1개의 칩으로 Bluetooth(또는 Bluetooth Classic)와 BLE가 함께 구현된다. Wearable Device나 BLE Beacon에 적용되는 Bluetooth칩은 저전력, 소형화 목적에 맞게 BLE 기능만 가지고 있다.

Bluetooth 5.1 규격은 Bluetooth Classic과 BLE를 구분하지 않고, 하나의 Bluetooth 규격에 통합되었으며, IoT 디바이스에 적용하기 위하여 기존 대비 원거리 전송, Advertising Channel 용량 증대, 측위기술 등이 특징이다.

Bluetooth SIG는 Bluetooth 5.1에 전파의 발사, 도달각도를 이용한 측위기술인 'Direction Finding'을 도입했다. 전파의 각도를 이용한 측위는 기존 Bluetooth가 사용한 전파세기를 활용한 방식보다 측위 정밀도가 높다.

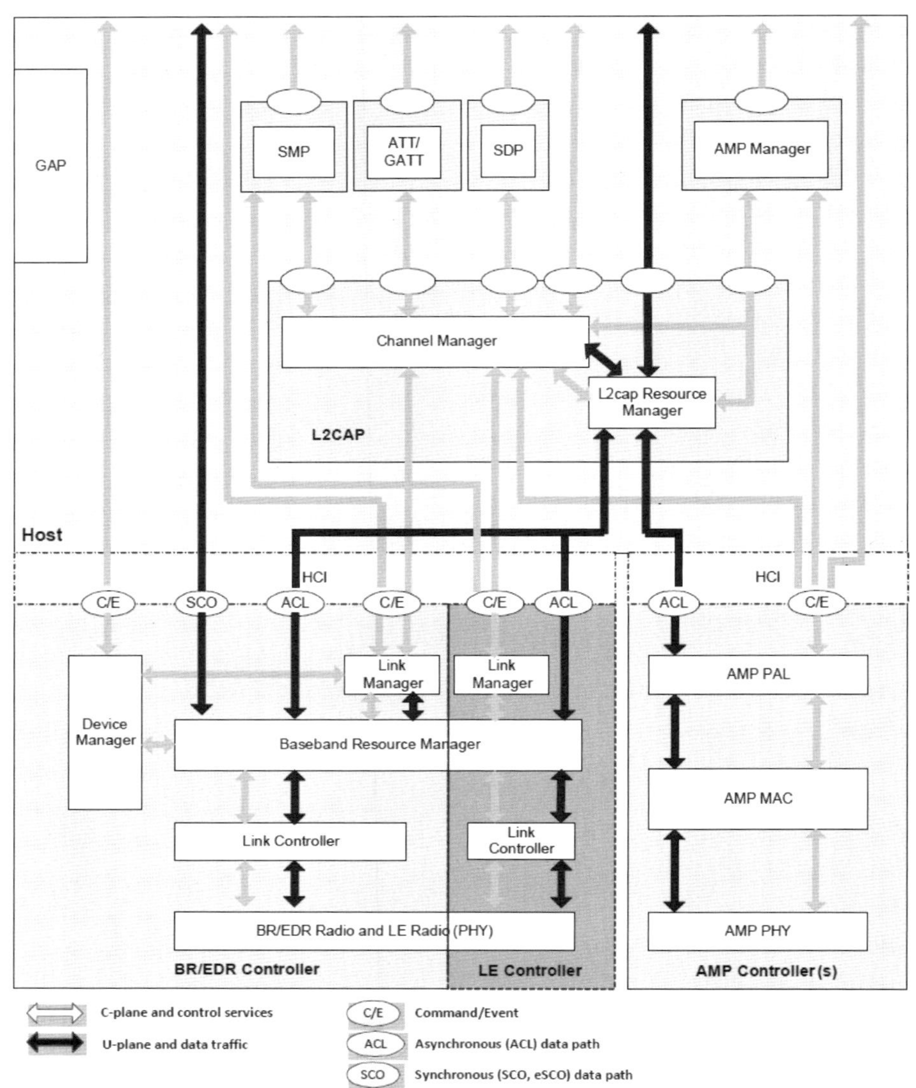

그림 4-51 Bluetooth 5.1 Protocol Architecture

Bluetooth Protocol 구조는 크게 Controller(Bluetooth Classic, BLE, AMP)와 Host로 구성된다. Controller는 PHY, MAC에 해당되는 부분이고, Host는 디바이스간 통신을 위한 다수의 Protocol이 정의된 부분이다.

(3) BLE Beacon

<u>BLE Beacon은 BLE의 Advertising Channel(방송채널)에 특정 정보가 포함된 메시지를 단방향으로 송신하는 장치이다.</u> 이 메시지를 수신할 수 있는 스마트폰 앱은 BLE Beacon

정보를 해석한 다음, 해당되는 내용(예: 오프라인 매장의 할인 정보)을 스마트폰 화면에 표시한다.

Beacon이란 "등대의 불빛"이란 뜻으로 등대 불빛은 전구에서 발생된 빛이 단방향으로 퍼져나가기 때문에 단방향 통신을 의미하기도 한다. BLE는 기본적으로 Bluetooth와 다른 기술이므로, BLE Beacon을 위해서 저가의 BLE 전용(Bluetooth Classic 기능이 없는 것) 칩이 많이 사용된다.

BLE 무선채널은 Bluetooth와 공유하며 Frequency Hopping을 활용하여 혼잡제어(Congestion Control)를 한다. 즉, BLE는 공유 주파수 대역(예: 2.4GHz)에서 전송하고자 하는 정보가 있으면, 해당 채널이 비어있는지를 검색한(Check) 후에, 채널이 비어 있으면 데이터를 전송한다.

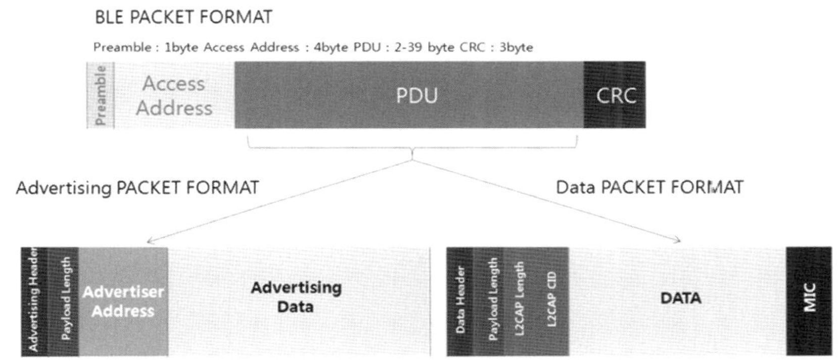

그림 4-52 BLE Packet Format

BLE로 Packet을 보내는 채널은 ① 'Advertising Channel'과 ② 'Data Channel'이 있으며, BLE Beacon은 단방향 통신인 Advertising Channel만 사용한다. BLE Beacon 장치는 주로 휴대폰으로 단방향(즉, 방송) 메시지를 보낸다.

Apple은 2013년에 BLE Beacon을 활용한 서비스인 iBeacon을 발표했고, Google은 브라우저에서 BLE Beacon 신호인식과 몇 가지 기능을 추가한 Eddystone 규격을 발표했다. iBeacon과 Eddystone은 표준단체에서 정의한 규격이 아니고, Apple과 Google의 자체 기술이다.

BLE Beacon을 활용한 서비스는 ① 별도의 하드웨어(BLE Beacon)가 필요하고, ② 주기적인 BLE Beacon의 배터리 교체와 ③ 매장에 BLE Beacon설치비용이 요구된다. 하지만, O2O(Online to Offline) 서비스를 위한BLE Beacon 방식은 다른 기술 대비, 상대적으로 Infra 구축비용이 저렴하다.

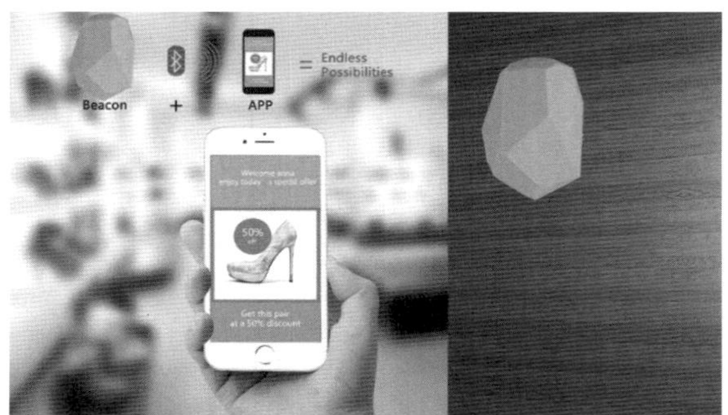

그림 4-53 BLE Beacon 예

적은 면적의 매장에 O2O 서비스 제공과 방문 고객 데이터 확보를 위해서는 몇 개의 BLE Beacon만 설치하면 된다. 하지만, 대형 매장을 다수 가진 제휴사 매장에 BLE Beacon 설치와 데이터 수집이 필요할 경우, BLE Beacon은 신호도달 거리가 짧아서 많은 BLE Beacon을 설치해야 하므로 구축비용 이슈가 있다.

많은 BLE Beacon을 효과적인 관리하기 위하여 BLE Beacon에 양방향으로 대용량 통신이 가능한 Wi-Fi를 추가하여 Wi-Fi로 BLE Beacon의 정보를 변경한다. 이 경우, BLE Beacon에는 BLE와 Wi-Fi가 함께 구현되어야 하므로 Beacon 가격이 상승하고, 별도의 Wi-Fi 망을 구축해야 한다.

또한 BLE Beacon은 Firmware Upgrade, Parameter Setting(송출전력 크기, 할인내역, 할인가격 등) 등의 S/W 변경이 요구될 수 있다. 기존 BLE Beacon의 S/W 변경은 관리자가 각 BLE Beacon에 근접해서 앱이나 유선으로 연결해서 S/W를 변경해야 한다. 하지만, Bluetooth Mesh를 사용할 경우, Cloud나 앱에서 S/W 변경사항을 입력하면, 모든 BLE Beacon S/W를 쉽게 변경할 수 있다.

(4) Bluetooth Mesh

Bluetooth SIG(Special Interest Group)는 BLE 기반으로 Mesh Network을 구현하기 위해 Mesh Profile, Mesh Device Properties, Mesh Model Specification 등의 규격을 Bluetooth 5.0에 추가했다.

Bluetooth Mesh는 Bluetooth 4.0 이후 규격에 적용 가능하며(즉, S/W 업그레이드로), 기존의 Point-to-Point 통신과는 달리 다수의 통신노드가 임의로 연결되는 구조로써 공장 자동화, 자산 추적, 물류센터 등에 사용된다.

Bluetooth Mesh Profile은 Bluetooth 규격의 근간인 'Core Specification'을 사용하면

서 Upper Layer에 Mesh Network을 위한 별도의 처리 절차이다.

Mesh Network은 Network에 연결된 다수의 노드가 Network Hub(예: Wi-Fi AP)에 연결되지 않아도 서로 통신이 가능한 Network을 의미한다. Mesh Network이 특정 Hub에 연결되지 않고도 통신이 가능한 이유는 네트워크에 참여한 노드가 그물망 형태로 서로 연결되어 정보를 주고받기 때문이다.

Mesh Network을 사용하는 이유는 ① 적은 투자비로 넓은 영역에 서비스 제공, ② 디바이스의 저전력 동작으로 오랜 기간 사용 가능, ③ 새로운 디바이스를 쉽게 연결할 수 있는 확장성, 그리고 ④스마트폰 앱으로 다수의 디바이스 제어 등이다.

Mesh Network은 BLE 이외에 Wi-Fi, Zigbee 등의 무선통신 기술로도 구현될 수 있지만, 대부분의 스마트폰은 Bluetooth(BLE 포함) 기능이 있어서 앱으로 Mesh Network 노드 제어가 가능하므로, 다른 기술 대비 큰 장점이 된다.

칩 회사인 Broadcom, Qualcomm, TI, Nordic Semiconductor, Silicon Labs 등은 ① Bluetooth Mesh가 가능한 칩, ② Mesh Profile이 포함된 Protocol Stack, ③ 서비스 개발을 위한 SDK 등을 배포하고 있어서 쉽게 Mesh Network을 개발할 수 있다.

또한 Silvair, Wirepas사 등은 타사 BLE 칩을 기반으로 Bluetooth Mesh를 S/W로 구현하여 Mesh 기반 BLE Beacon, 실내측위 기술 등의 S/W 솔루션을 제공하고 있다. 이처럼 Bluetooth Mesh와 관련된 다수의 솔루션 업체가 기술을 제공하고 있어서, Bluetooth Mesh를 활용한 서비스가 확대될 것으로 예상된다.

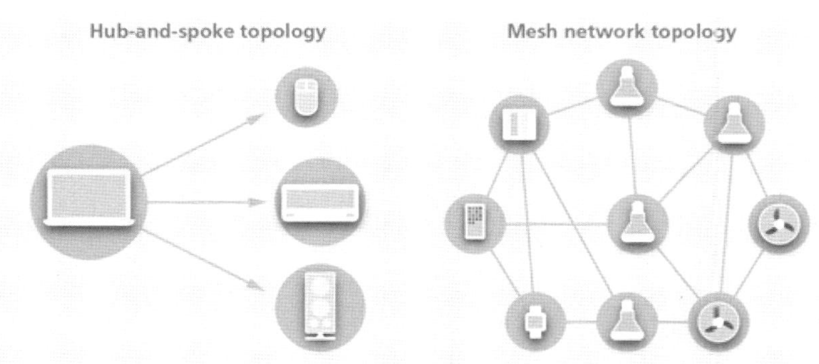

(a) Star Network (b) Mesh Network

그림 4-54 Star Network, Mesh Network 비교

Mesh Network은 일반적으로 인터넷과 연결되는 Gateway 노드를 중심으로 다수의 노드(인증된 디바이스를 노드라고 함)가 임의로 Network을 구성할 수 있고, 기기들이 서로 연결되어

정보를 주고받기 때문에 Centralized Network 대비 Network 구축이 용이하다.

하지만 Mesh Network구조는 ① 연결된 노드가 Network에서 빠지거나 ② 새로운 노드가 Network에 추가되는 경우와 ③ 통신을 연결하는 Relay 노드에 문제가 있는 경우, 망 운용 측면에서 다소 복잡하다. 이러한 사유로 Mesh Network은 구축비용이 저렴하지만, Network 관리에 다양한 경우가 많아서 그동안 활성화에 어려움이 있었다.

Bluetooth SIG는 기존 Mesh Network 구성과 운영의 문제점이 보완된 Bluetooth Mesh 규격을 정의하여 다양한 분야에 Mesh Network 적용 가능성을 제시했다.

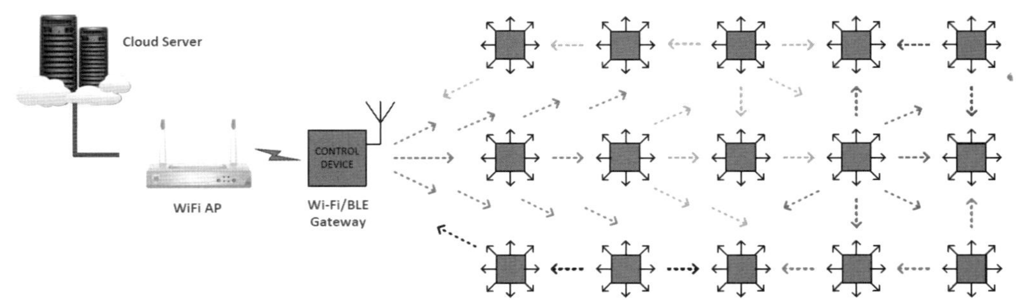

그림 4-55 Bluetooth Mesh Network 관리 방법

Bluetooth Mesh의 노드 관리방법은 일반적으로 Wi-Fi와 BLE가 함께 구현된 Gateway가 전체 노드와 정보를 교환하고, Wi-Fi AP를 통하여 Cloud와 연동된다. 모든 노드에서 송수신되는 정보(예: 검침 데이터), 노드의 S/W Upgrade, Parameter Setting 등은 Cloud의 대쉬보드나 연계된 앱에서 관리된다.

Mesh Network은 Flooding 기법을 사용하여 Network에 노드를 연결하거나, 연결된 노드를 관리한다. Flooding은 하나의 노드에서 모든 노드로 메시지를 전송하는 방법이며, 이 메시지를 받은 노드는 다시 동일한 메시지를 다른 노드로 순차적으로 전송하는 방법이다.

Flooding을 통하여 디바이스가 Network에 추가(Join)되기 위하여 충분한 수신 전계강도, 허가된 UUID(Universally Unique IDentifier), 보안을 위한 Key 등의 조건이 맞아야 한다. Bluetooth Mesh 규격은 하나의 Mesh Network에 최대 32,000개 노드를 수용한다.

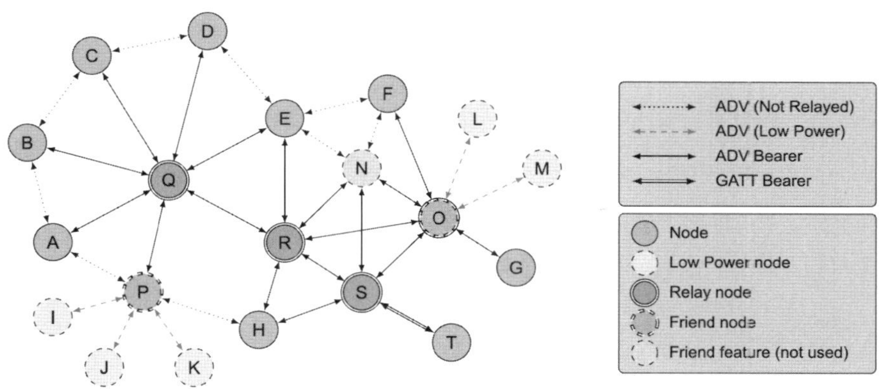

그림 4-56 Bluetooth Mesh에서 노드 종류

Bluetooth Mesh 노드 종류는 Low Power Node, Relay Node, Friend Node 등으로 구분된다. 노드는 Provisioning(인증 처리를 거쳐서 Network에 Join하는 고정) 절차가 완료된 디바이스를 의미한다.

Low Power Node는 초 저전력이 요구되는 노드(예: 하루에 1번 온도를 재는 센서)로써 항상 Friend Node와 연동된다. Friend Node는 Low Power Node의 저전력 동작을 도와주기 위한 노드로 Low Power Node로 전달되는 메시지를 보관했다가 한꺼번에 Low Power Node로 전송한다.

Relay Node는 Flooding에서 메시지를 Relay(받은 메시지를 그대로 다른 노드로 전송)하는 노드이다. Relay Node는 이전 노드에서 받은 메시지의 내용에서 몇 개의 Hop(노드와 노드 사이)까지 Relay해야 할 지를 파악한 뒤, 메시지를 전송한다.

Bluetooth SIG는 Bluetooth Mesh에서 Hop 수를 최대 127개로 정의하여 대규모 Mesh Network 구성을 제한하고 있다. 이것은 노드가 매우 많아질 경우, 관리가 복잡하기 때문이다.

Message relay and managed flooding

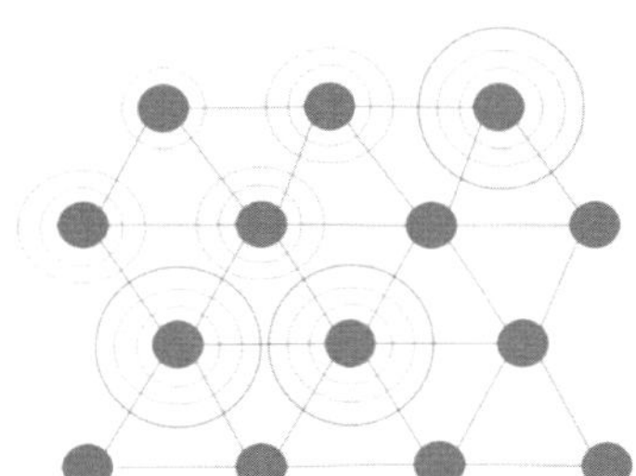

- Resending received packets
- BLE advertising & scanning
- Allows range extension
- Limited by TTL
- Message cache
- Optional relay

그림 4-57 Managed Flood Message(출처: Nordic Semiconductor)

Bluetooth Mesh 규격에는 Flooding을 효과적으로 처리하기 위하여 'Managed Flood Message' 기법을 사용한다. Managed Flood Message에는 메시지가 전달되는 Hop 수 제한, 잦은 Flooding을 방지하기 위하여 노드에서 Message Cache, Flooding 절차에서 Relay Node만 Flooding에 관여하는 방법 등이 있다.

Managed Flood Message에는 최대 Hop 수가 정의되어 있어서, 하나의 노드에서 다른 노드로 전송할 때, Hop Count 값에서 '1'을 빼고 전송한다. Hop Count=0인 경우는 더 이상 Flooding을 하지 않는다. 이와 함께, Flood Message를 받은 노드는 일정 기간(예: 1분) 저장했다가 다른 노드로 메시지를 전송하므로, 다수의 동일한 메시지가 수신되면 1개의 메시지로 처리한다.

Flooding을 효과적으로 처리하기 위하여 Flooding Message 전달은 일종의 Tree Network 구조로 Relay Node가 담당한다. 즉, Relay Node들이 순차적으로 주변 Node에 메시지를 전달하는 단순한 방법이 사용된다.

Network에서 Relay Node가 빠질 경우, 주변 Node에서 Heartbeat Message(주기적으로 노드가 정상 동작 여부 확인)를 체크해서 노드가 Network에서 빠지면, 인접한 다른 노드가 Relay Node로 할당된다.

Bluetooth Mesh를 위한 Protocol Stack은 하위 Layer로부터 BLE, Bearer Layer, Network Layer, Transport Layer, Access Layer, Foundation Models, Models로 구성된다. Bluetooth Mesh Protocol Stack은 기존 BLE Physical Layer와 Link Layer가 사용되지만, 별도의 Mesh Protocol Stack이 사용된다.

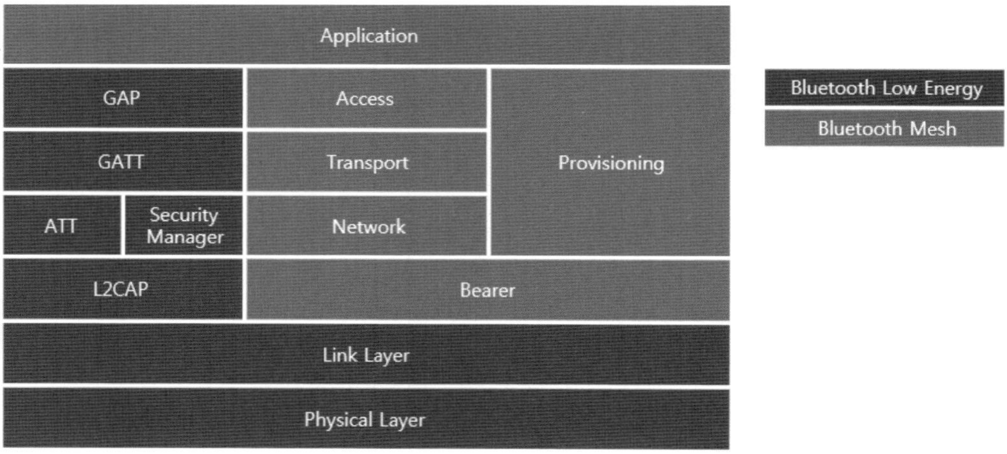

그림 4-58 Bluetooth Mesh Protocol Stack

Bearer Layer는 기존 BLE Message의 PDU(Packet Data Unit)를 받아서 Bluetooth Mesh Message 규격에 맞게 분류하는 역할을 한다.

Network Layer는 Mesh Profile에 정의된 메시지 종류에 따라서 Node Addressing, Transport Layer는 상위 Layer에서 처리를 위한 Message Segmentation과 Reassembly 역할(Lower Transport Layer)과 메시지의 암호화/복호화/인증(Upper Transport Layer) 등의 기능을 한다.

Models는 각 영역별 Application이며, 예를 들어, 전등 ON/OFF, 온도측정을 위한 응용 분야별 세부 처리가 정의되며, Foundation Models은 해당 Models에 맞게 메시지를 재정의하는 역할을 한다.

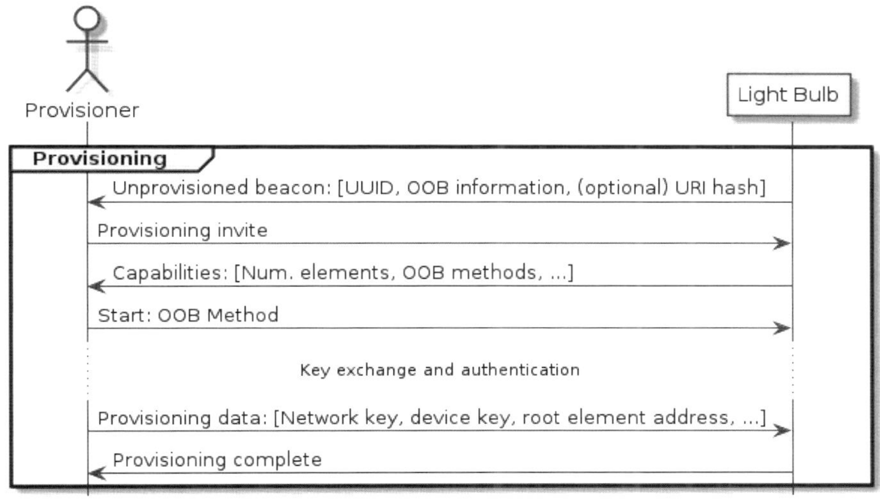

그림 4-59 Provisioning 절차

Provisioning은 Unprovisioned Device(Network에 등록이 안된 디바이스)를 인증 처리를 거쳐서 Network의 노드로 추가하는 절차이다. 예를 들어, 전구(Light Bulb)가 Provisioning으로 Mesh Network에 추가하는 절차는 다음과 같다.

① 전구에서 UUID, OOB(Out of Band) 등의 정보를 Provisioner로 전송, ② Provisioner에서 Provisioning Invite, ③ 전구에서 Capability 전송, ④ Provisioner에서 OOB Method 수행, ⑤ 인증처리, ⑥ Provisioning 절차 완료이다.

<u>Bluetooth Mesh는 고유의 Distributed Network을 특징으로 가지고 있으며, 다른 방식(예: Wi-Fi)보다 저렴한 비용으로 빌딩 자동화, BLE Beacon 관리, 전등관리, 물류창고나 오프라인 매장에서 자산관리 등에 적용될 수 있다.</u>

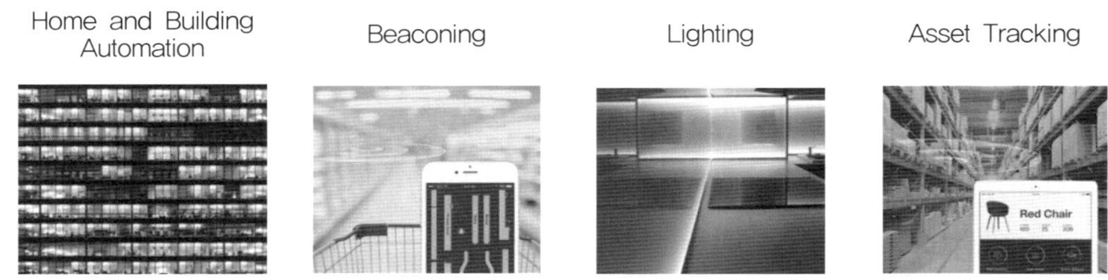

그림 4-60 Bluetooth Mesh 적용 분야

Zigbee, Z-Wave 등의 기술로 Mesh Network 기반 서비스를 제공할 수 있지만, Zigbee와 Z-Wave는 대부분 스마트폰에 구현되어있지 않아서 앱으로 Mesh Network 제어가 용이하지 않다. 하지만, 대부분 스마트폰은 BLE 기능을 가지고 있어서 앱으로 Bluetooth Mesh 노드를 제어할 수 있다.

Bluetooth Mesh는 유동적으로 Network(예: 노드 이동)을 구성할 수 있어서 움직이는 사물에도 노드를 할당할 수 있다. 대규모 물류센터에서 상품을 싣고 이동하는 차량이나 로봇 Tracking에 Bluetooth Mesh 기술이 사용될 수 있다.

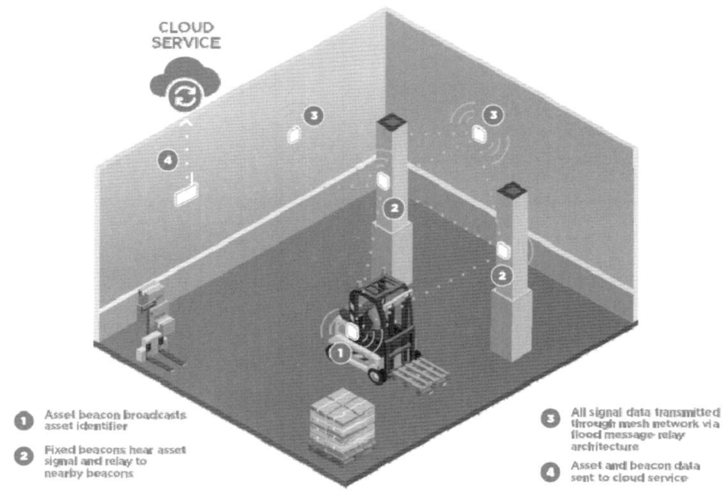

그림 4-61 Bluetooth Mesh를 활용한 물류센터 관리

물류창고에서 Bluetooth Mesh을 활용하는 경우, ① 이동형 노드가 설치된 차량은 지속적으로 ID를 Broadcasting하여 주변 노드에 알려주고, ② 고정형 노드는 이동형 노드의 신호를 수신하여 Gateway 노드로 전송하고, ③ Gateway 노드는 Cloud로 해당 정보를 전

송하여 Cloud에서 노드관리와 물류상황이 파악된다.

따라서, Bluetooth Mesh는 임의의 형태로 Network이 구성될 수 있어서 다수의 제품이 불규칙적으로 이동하는 대형 물류센터에 사용될 수 있다. 이때, Bluetooth Mesh는 다른 통신 방식 대비 저렴하게 Network을 구축할 수 있다.

다수의 전등이 있는 공간(사무실, 가정 등)이나 가로등에 Bluetooth Mesh를 적용하여 전등을 관리할 수 있다. 사용자는 스마트폰 앱으로 원하는 구역이나 특정 전등을 선택적으로 ON/OFF할 수도 있다.

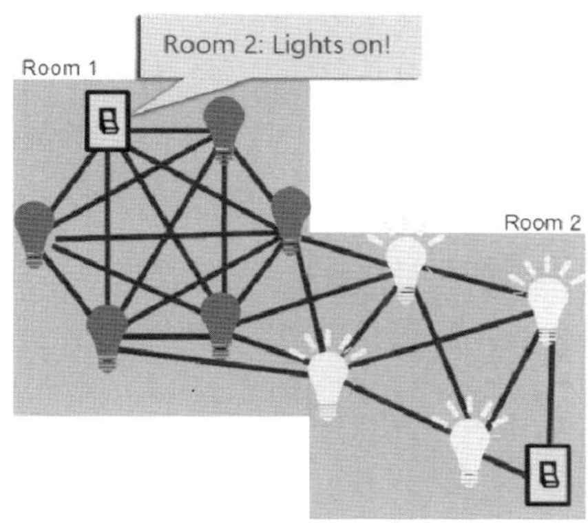

그림 4-62 Bluetooth Mesh를 활용한 전등 관리

Philips사는 IoT(Internet of Things) 모듈이 적용된 전구인 'Hue'를 판매하고 있으며, Hue에 BLE 기능을 추가하여 Bluetooth Mesh로 전등을 제어할 수 있다. 이 경우, 기존의 전기 배전반이나 전기시설 변경 없이 전구에 BLE만 추가하여 전체 전등을 관리할 수 있다.

2) 측위

Bluetooth SIG는 Bluetooth 5.1부터 BLE(Bluetooth Low Energy)를 활용한 측위기술인 'Direction Finding'을 추가했다. 측위란 대상 단말기가 있는 지점에서 위치(위도, 경도, 고도 등)를 파악하는 방법이다. Bluetooth Direction Finding은 대부분 실내 위치파악(측위)에 중점을 두고 있다.

스마트폰에서 GPS 기반 위치 측위 정확도는 5m 이상의 오차가 있고(오부 Open Space 기준), 이동통신망을 사용하는 실내측위 정확도는 오차가 100m 이상으로 크다. 반면 BLE Beacon을 활용한 실내측위 기술은 이동통신망 방식보다 더 정확한 실내 측위(약 10m 오차)

가 가능하다.

기존 BLE를 활용한 측위는 3개 이상의 BLE Beacon에서 송출하는 신호의 전파세기를 기준으로 3각 측량법을 사용하는데, 측위 정확도는 높지 않다. 하지만, Bluetooth 5.1 이상의 규격에는 전파의 각도(Angle)을 활용한 측위기술을 사용하여 정확도가 개선되었다.

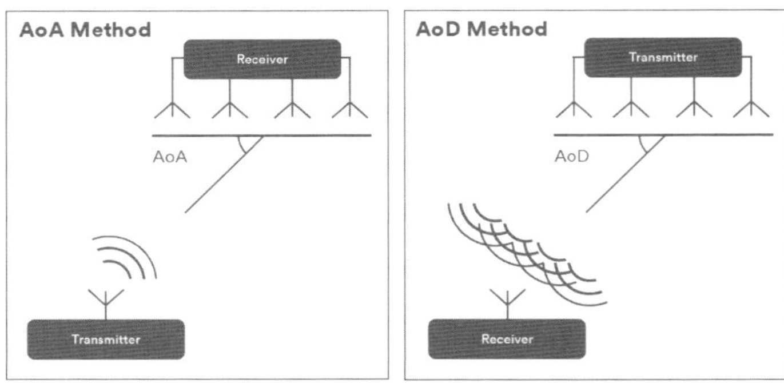

그림 4-63 Bluetooth SIG에서 정의한 AoA, AoD 개요

Bluetooth 5.1에는 BLE 전파의 도달과 송신각도를 활용한 AoA(Angle of Arrival)와 AoD(Angle of Departure)를 활용한 측위기술이 지원된다. 전파의 각도를 활용하기 때문에 송수신 단말기에는 다수의 Element가 있는 안테나(즉, Array Antenna)가 있어야 한다.

AoA는 하나의 송신측 안테나를 사용하고, 수신측은 다수의 안테나를 사용하는 방식이다. 즉, BLE Beacon은 하나의 안테나로 신호를 보내면, 다수의 안테나가 있는 BLE 디바이스(스마트폰도 해당)에서 전파의 수신각도를 측정하여 현재 위치를 파악한다.

AoD는 BLE Beacon이 다수의 안테나를 사용하고, BLE 디바이스는 하나의 안테나를 사용하는 방식이다. 이렇게 AoA와 AoD는 구현방식이 다르기 때문에 서비스를 제공하는 환경에 따라 적합한 기술을 선택해야 한다.

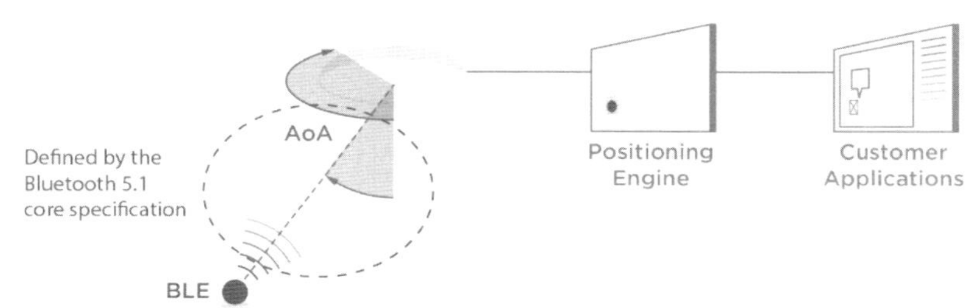

그림 4-64 AoA 기준의 시스템 구성도

AoA를 기반으로 측위서비스를 제공할 경우, BLE Beacon과 디바이스 이외에 측위 알고리듬이 동작되는 'Positioning Engine'과 사용자가 원하는 서비스를 제공해 주는 'Customer Applications'가 필요하다.

즉, 측위 서버인 Positioning Engine에서 해당 디바이스의 위치가 파악되면, Customer Applications 서버는 해당 디바이스에 적절한 서비스(매장의 쿠폰전송, 실내 네비게이션 등)를 제공해준다.

Bluetooth 규격에는 Direction Finding을 위하여 CTE(Constant Tone Extension) 메시지를 정의했으며, 이 메시지는 측위에 사용된다. CTE는 기존 메시지 포맷을 최대한 변경하지 않고, 기존 메시지 뒤 쪽에 있다.

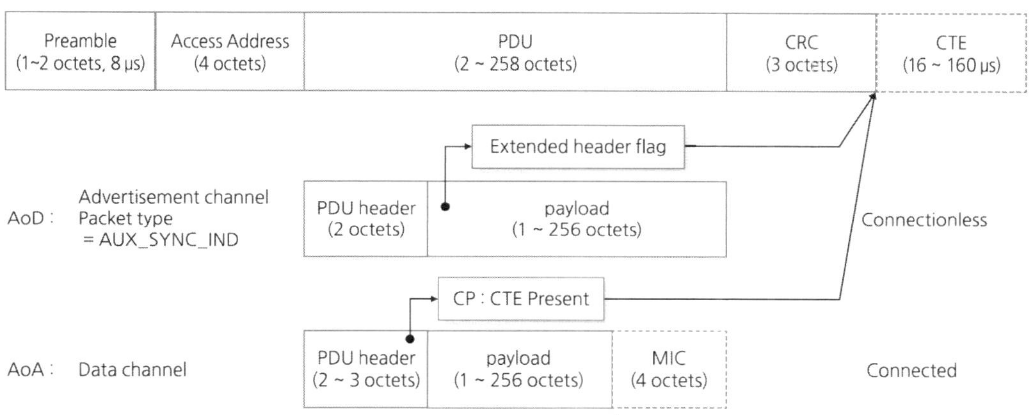

그림 4-65 Direction Finding을 위한 CTE 메시지 포멧

실내측위 기술에는 Wi-Fi, 지구 자계장, BLE 전계강도, 모션센서, 카메라와 모션센서 등 다양한 기술방식이 있지만, 대부분의 기술은 투자대비 수익문제, 장치 구축비용, 측위 정확도 등 여러 가지 문제로 범용화되지 않고 있다.

하지만, 다수의 보고서에 따르면, Bluetooth Direction Finding기술은 저렴한 가격에 실내측위 기술을 구현할 수 있다고 평가했다. 이것은 저렴한 측위용 BLE Beacon을 사용하고, 스마트폰에 탑재된 BLE를 활용하면 상대적으로 저렴한 가격에 서비스를 제공할 수 있기 때문이다.

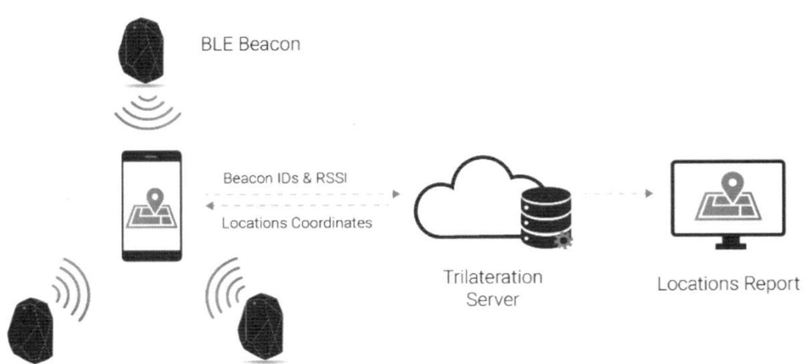

그림 4-66 BLE Beacon을 활용한 측위 시스템 〉 출처: Behrtech

BLE를 활용한 측위 시스템을 보면, 특정 실내 공간에 BLE Beacon을 설치하고 이 BLE Beacon 신호를 휴대폰이 수신하게 된다. 휴대폰은 수신한 신호를 삼변측량 서버로 전송하고, 이 서버가 위치파악 결과를 다시 휴대폰으로 전송한다.

5 VIO, 관성센서

1) VIO

VIO(Visual Inertial Odometry)는 주로 휴대폰을 사용하여 카메라와 관성센서(Inertial Sensor)를 활용하는 측위기술이다. 즉, VIO는 카메라를 활용한 이미지 인식과 관성센서 기반의 상대적인 이동거리를 동시에 사용하는 Hybrid 기술이다.

이러한 VIO 기술은 Apple과 Google 주도로 기술을 개발하고 있어서 시장에서 확산속도가 빠르다. Google과 Apple은 AR(Augmented Reality) 서비스 개발을 위한 Platform인 ARCore와 ARKit을 각각 제공하고 있다.

따라서 AR 앱 개발시 Markerless 방식을 활용하여 현실환경에서 사물추적 기술, 3D 모델링, 3D 렌더링을 위하여 별도의 절차없이 쉽게 구현할 수 있다.

ARCore와 ARKit은 사실상 유사한 기술이며, 크게 보면 Device Tracking, 현실환경 이해, 렌더링의 절차로 이루어진다. 즉, 디바이스의 카메라와 모션센서를 동시에 동작시켜 현재 위치를 파악한 후, ① 이동 위치를 Tracking, ② 현실환경의 이미지를 분석하여 상황인식, ③ 현실환경에 가상의 이미지를 겹쳐서 표시(디스플레이)한다.

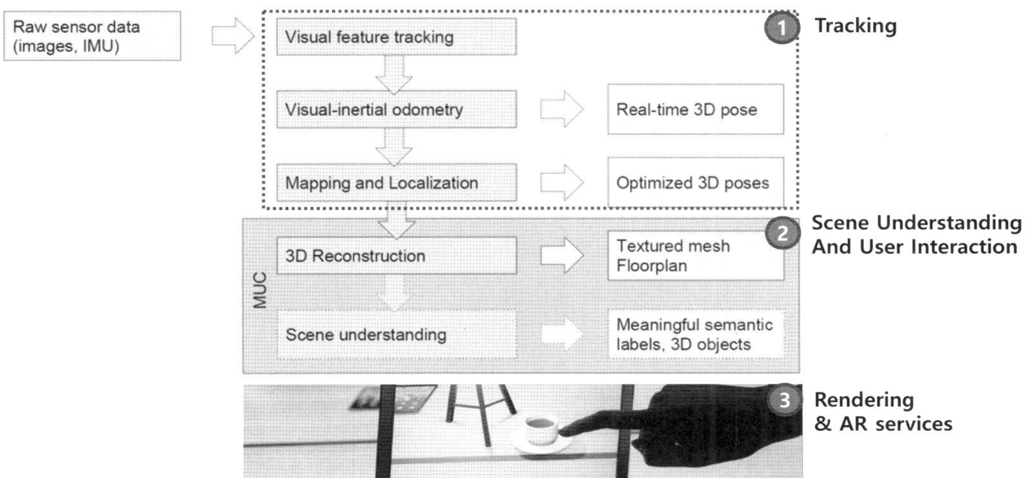

그림 4-67 Mobile AR 처리 절차

Mobile AR 처리절차에서 핵심적인 기술은 Device Tracking과 사물인식(평면정보 검출 포함)으로 Device Tracking은 주로 휴대폰 카메라와 관성센서를 이용하는 VIO 기술이 사용된다.

VIO는 Mobile 디바이스의 카메라와 모션센서를 동시에 적용시켜 카메라에 촬영되는 사물을 중심으로 디바이스의 이동방향과 거리를 Tracking하는 기술이다. 디바이스에 탑재된 모션센서는 Accelerometer(가속도계), Gyro(각속도계) 등이 포함되어있는데, Accelerometer는 이동거리, Gryo는 이동방향을 감지하여 디바이스 이동위치를 파악하고 Tracking한다.

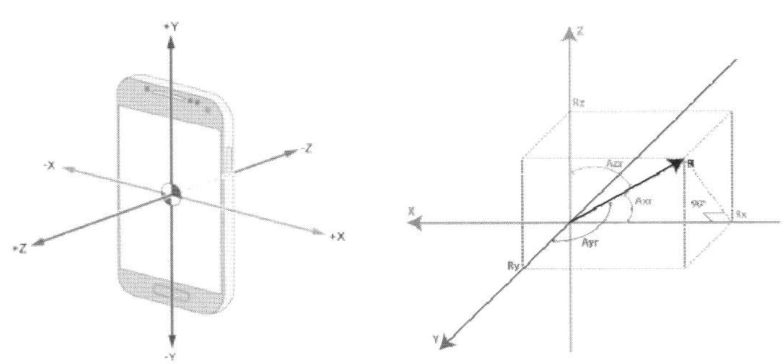

그림 4-68 모션센서를 활용한 위치 파악

Mobile Device에 내장된 Accelerometer, Gyro 등은 일반적으로 하나의 칩에 구현되어 모션센서 또는 관성센서(Inertial Sensor)라고 한다. Accelerometer의 출력은 가속도인데, 가속도를 적분(Integral)하면 속도가 나오고, 속도는 이동거리를 시간으로 나눈 값이기 때문에

Acceleromter를 활용하여 디바이스의 이동거리를 산출할 수 있다.

Gyro는 각속도를 측정하는 것으로 각속도를 적분하면 이동방향을 알 수 있다. 따라서, Accelerometer, Gyro 출력값을 산출하면 초기 위치 X, Y = (0, 0)에서 X, Y = (x1, y1) 값을 산출할 수 있다.

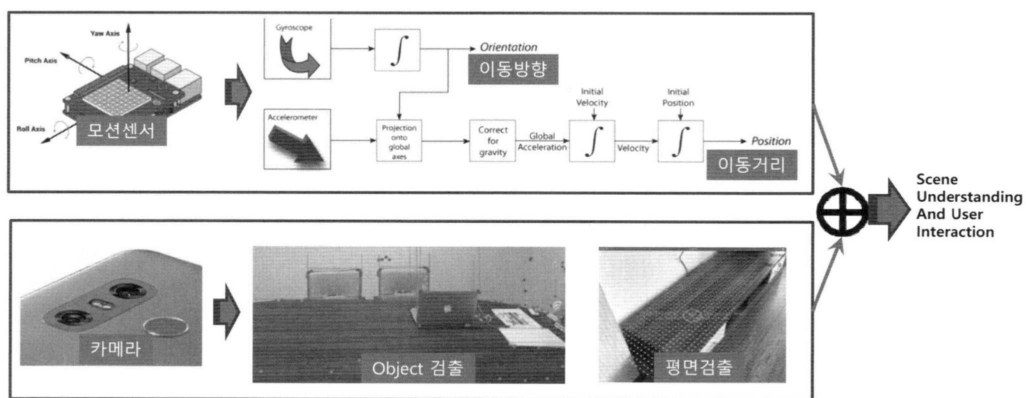

그림 4-69 Device Tracking과 사물인식

카메라는 촬영되는 환경에서 특징점을 추출하여 사물의 형태를 파악한다. 추가적으로 가상 정보가 표시되는 평면(Plane) 정보 검출은 사물의 색상/밝기가 급격히 변화하는 부분을 경계선으로 설정하여 평면정보를 획득한다.

과거의 스마트폰을 활용한 Mobile AR 서비스는 Browser의 WebGL 기술을 활용하여 구현했다. 이 경우, Computing Power가 충분해야 하고, Browser의 Webkit을 동작시키기 위한 H/W 사양이 디바이스마다 달라서 호환성 문제로 범용화에 어려움이 많았다.

하지만, Google의 ARCore, Apple의 ARKit은 Native 방식(mobile에 최적화된 언어로 개발되며, 주로 SDK로 개발되는 방식)으로 Motion Tracking, 현실환경 이해 등의 기술을 적용하여 3rd Party에서도 쉽게 AR 앱을 개발할 수 있다.

2) 관성센서

<u>관성센서(Inertial Sensor)는 Accelerometer(가속도계), Gyro(각속도계), Magnetic Field Sensor(지자기 센서) 등 가속도, 각속도, 자기장 등을 측정할 수 있는 센서이다.</u> 관성센서는 성격이 다른 여러개 센서를 모아놓은 센서조합으로도 볼 수 있다.

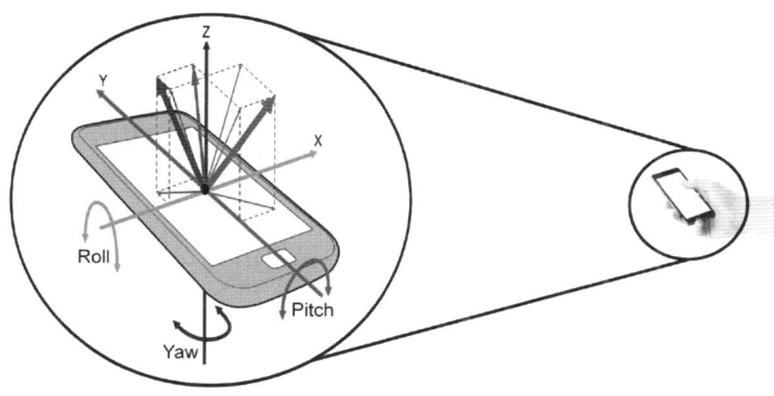

그림 4-70 휴대폰에서 관성센서 동작 예

IMU(Inertial Measurement Unit)는 관성센서를 활용하여 특정목적(예, 항법)을 위해 만들어진 전자장치이다. 최근 관성센서는 대부분 소형 칩으로 구현되어 IMU 크기가 작지만, 과거에는 물리적인 장치로 IMU를 구현하여 크기가 컸다.

휴대폰에서 관성센서는 주로 Gesture 기반 UX(User eXperience)를 위하여 사용되고 있다. 대표적인 예로 휴대폰 가로 세로 화면 전환, 전화를 받을 수 없을 때 휴대폰 방향을 바꾸면 전화를 받을 수 없는 상태 전송 등에 사용된다.

GPS 항법과 관성센서 항법을 비교해보면, GPS는 위성신호를 활용하여 항법을 하지만, 관성센서를 활용한 항법은 초기 기준점(Initial Position 또는 Reference Point)에서 상대적으로 이동한 거리를 측정하여 항법에 사용한다.

Necessity of Hybridization

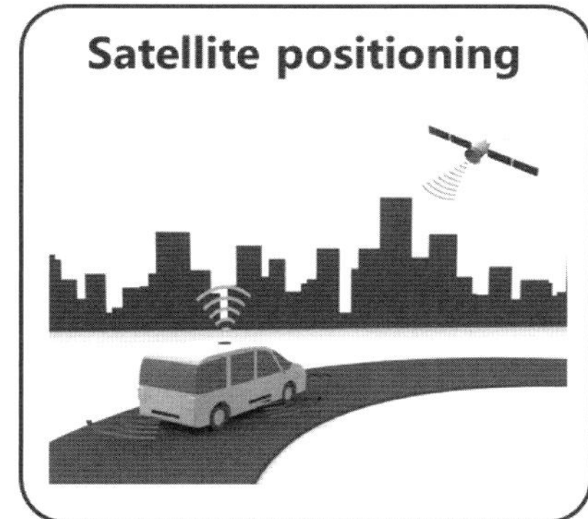

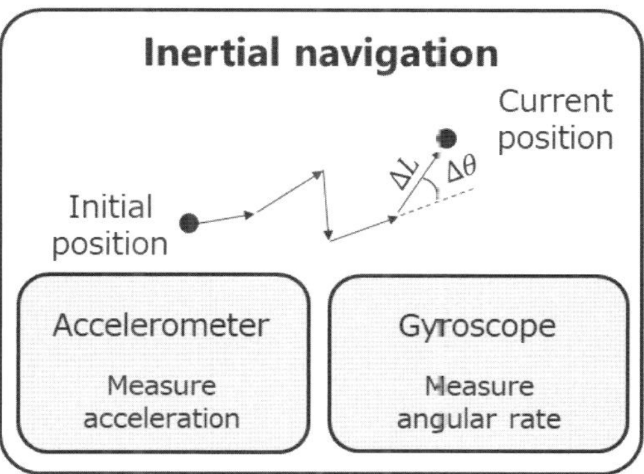

그림 4-71 GPS 항법과 관성센서 항법 비교

관성센서를 활용한 측위는 별도의 Infrastructure(Access Point 등)를 구현하지 않아도 되기 때문에 구축비용 측면에서 장점이 있다. 또한 대부분 휴대폰은 관성센서가 포함되어 있어서 쉽게 측위 기술이 적용될 수 있다.

관성센서를 이용한 측위는 Accelemeter는 이동거리, Gryo는 이동방향 측정이 가능하므로, 기준점(Reference Point)으로부터 상대적인 이동위치를 산출하는 방법이다. 이러한 관성센서는 대부분 휴대폰에 적용되기 시작하면서 크기가 작아지고 성능이 좋아지고 있다.

Inertial Sensor에서 Accelemeter 출력값을 수학적인 수식으로 적분(Integral)하면 이동거리가 산출되고, Gryo 출력값을 적분하면 최초 위치로부터 이동한 방향(즉, 각도)가 출력된다. 또한 Magnetic Field Sensor는 지구 자기장을 활용하여 동서남북과 같이 정확한 방향을 알려준다.

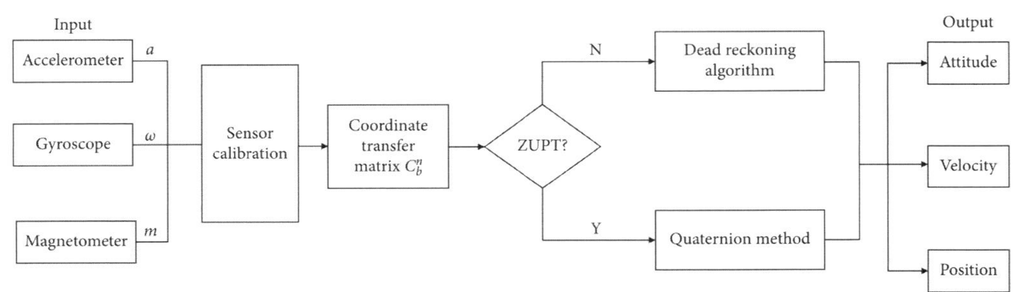

그림 4-72 관성센서를 활용한 측위절차(출처: Hindawi)

관성센서 측위는 기준점에서부터 단말기가 이동한 상대적인 값을 계산하는데, 이동하면서 여러 가지 오류가 발생될 수 있다. 예를 들면, 사람이 뛰거나 지그재그 형태로 이동 등 다양한 이동 패턴이 있기 때문에 정확한 이동거리 산출은 어려울 수 있다.

즉, 관성센서 측위는 상대적인 이동값을 측정함으로써 측위오차가 누적되고, 시간이 지날수록 오차가 커지는 단점이 있다. 이러한 문제점을 보완하기 위하여 사람의 위치추적에는 이동패턴 분석을 반영하여 어느 정도 오류를 줄이고 있다.

관성센서를 이용한 측위는 센서 자체의 여러 가지 오류(Bias, 열잡음 등)와 동작상의 오류(걷기, 뛰기, 방향 전환, 층간 이동 등)가 있을 수 있으므로 실내측위를 위해서는 이러한 오류를 보정하는 것이 핵심기술이다.

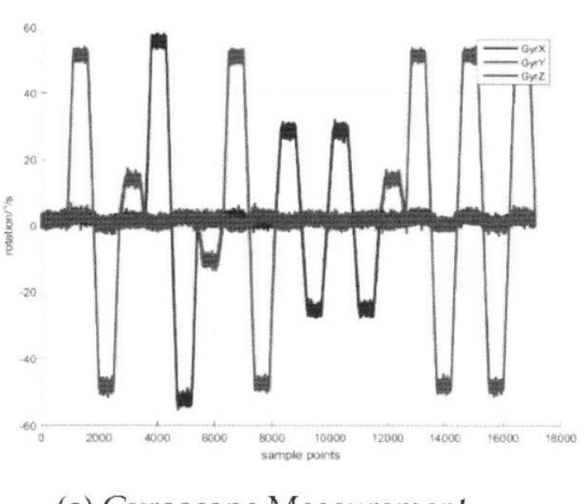

(a) Gyroscope Measurement

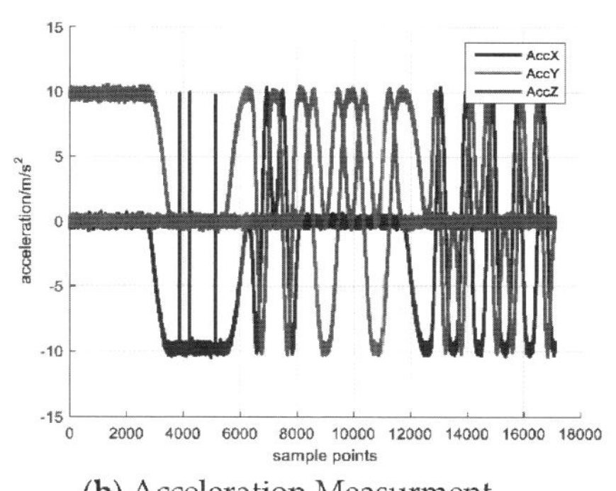

(b) Acceleration Measurment

그림 4-73 관성센서 자체 오류(출처: MDPI)

측위절차는 먼저 센서자체의 열잡음 등의 오류를 일반화하는 과정을 거쳐야 하고, 사람의 경우 보행패턴을 분석하여 이동거리를 분석하고, 마지막으로 여러 가지 이동상황을 예측하여 측위를 하게 된다.

이동위치 계산은 몇 가지 분류를 할 수 있는데, 대표적인 것은 행동패턴(달리기, 걷기, 정지), 이동패턴(평지, 오르막, 내리막), 회전패턴(우회전, 좌회전, 되돌아옴) 등으로 구분하여 처리한다. 이러한 방법은 이미 군용이나 산업용에 사용되고 있으며, 여러 문헌에 연구결과가 발표되고 있다.

행동패턴은 센서의 출력값이 5m/s를 기준으로 이상일 경우, 달리기로 예측하고, 그 이하인 경우는 걷기로 예측하게 된다. 정지상황은 센서 출력값이 매우 낮을 때로 가정한다. 이동패턴의 경우, 상위 이동은 Z 축을 기준으로 평지, 오르막, 내리막으로 결정한다. 그리고 회전패턴은 X, Y축의 변화를 측정하여 우회전, 좌회전, 되돌아옴을 계산할 수 있다.

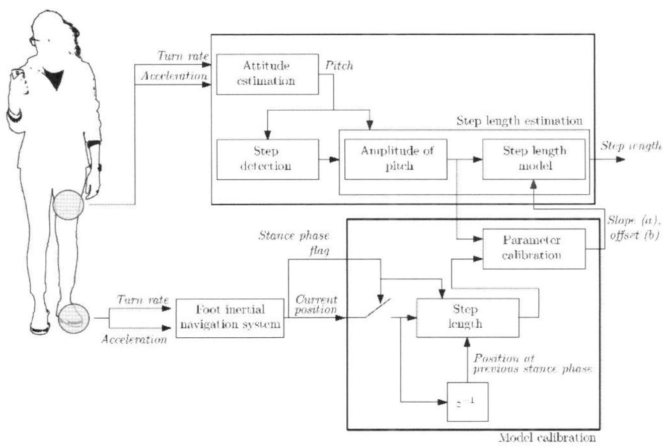

그림 4-74 개인별 이동패턴 분석을 통한 관성센서 최적화

보폭계산은 어린이, 남성, 여성 등 사람마다 보폭이 다르므로 사전에 사용자의 보폭을 측정하여 입력하는 학습을 통해 보폭을 결정해야 한다. 따라서 관성센서 기반 측위를 위해서는 사전에 학습과정을 거쳐야 한다.

사람의 비직선 이동에 대한 보정도 필요한데, 사람의 진행 경로(비직선 운동)에 대한 패턴을 분석한 결과로 자이로 센서의 측정 오차를 예측하여 각속도의 오차를 줄이기 위한 알고리듬 적용이 필요하다.

물론, 관성센서를 이용한 측위는 건물내부에 별도의 장비 구축이 요구되지 않지만, 여러 가지 오류에 대한 보정과 사람의 이동, 행동, 방향전환, 비직선 이동 등 다양한 경우에 대한 분석과 보정이 함께 검토되어야 한다.

앞에서 설명한 바와 같이 관성센서를 이용한 실내측위는 기준점이 필요한데 이것은 GPS를 이용하거나 Wi-Fi를 이용할 수 있다. 일반적인 경우는 고객이 GPS가 수신되는 외부에 있다가 건물로 진입하는 경우인데, 이때 GPS 신호가 약해질 경우, 이 지점을 기준점으로 설정하여 실내측위에 사용할 수 있다. 만약, 지속적으로 실내에 있는 경우는 Wi-Fi 측위, 기지국기반 측위와 관성센서 측위를 혼용하여 사용할 수 있다.

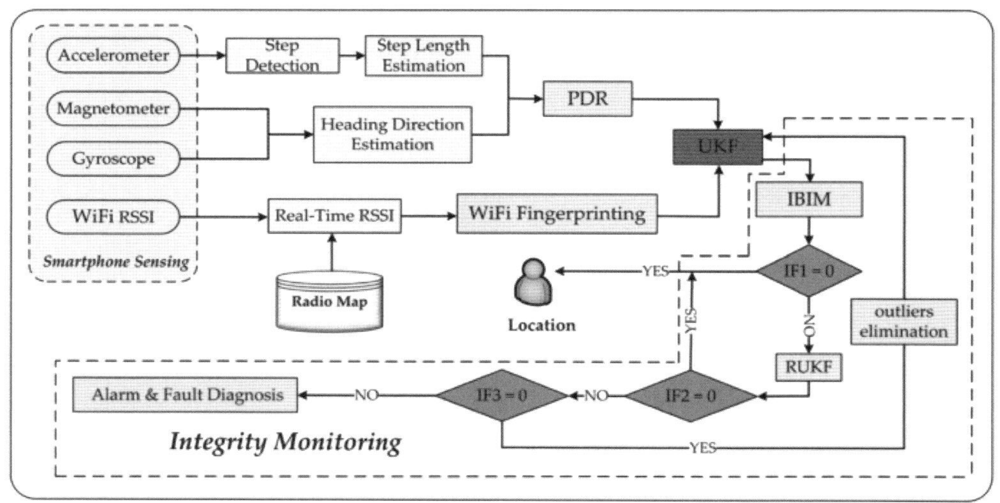

그림 4-75 관성센서와 Wi-Fi를 결합한 Hybrid 측위 예

Hybrid 방법을 이용한 실내측위는 Wi-Fi, 기지국기반 측위와 관성센서 측위를 동시에 모두 이용하는 방식으로 각 방식의 단점을 보완할 수 있다. 이러한 실내측위 기술은 LBS(Location Based Service)를 위한 기술로 사용될 수 있다.

Hybrid 측위기술을 도입하기 위해서는 사업자의 LBS 관련 장비가 하나로 통합동작을 해야 하고, 이에 대응하는 단말기 S/W가 추가로 개발되어야 한다. 단말기 측면에서는 셀룰러, Wi-Fi, 센서를 모두 동작시켜야 하기 때문에 Power Consumption, Corner Case 등을 면밀히 분석하여 적용하여야 한다.

6 기타 기술

1) RFID

RFID(Radio Frequency Identification)는 단어가 의미하듯이 상품에 RFID Tag(태그)가 붙어있고, RFID Reader(리더)기를 활용하여 무선으로 상품정보를 읽는 기술이다. 이때 상품에 붙어있는 RFID Tag는 별도의 전원없이 RFID Reader기가 송출하는 전자장에 의하여 Tag 정보를 읽을 수 있다.

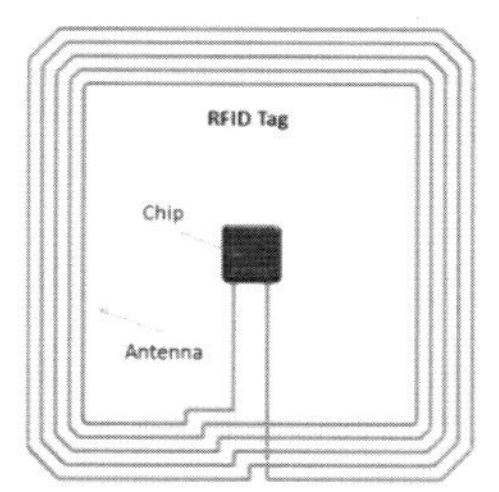

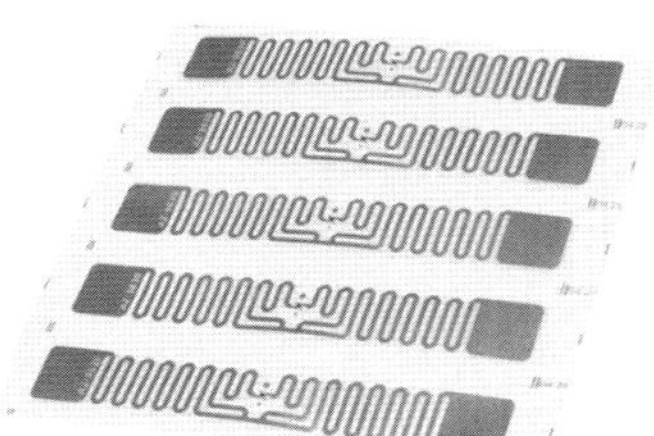

그림 4-76 RFID Tag, RFID Reader기

RFID Tag에 저장된 정보는 Bar Code와 동일한 내용과 추가 사항이 있으며, RFID Tag는 스티커 형태로 대량 생산이 가능하여 저렴한 가격으로 각 상품에 부착될 수 있다. 즉, RFID Tag는 테이프처럼 상품에 붙일 수 있으며, 별도로 전원이 공급되거나 배터리가 사용되지 않는다.

RFID Tag에는 안테나가 있어서 RFID Reader기가 전파를 송출하면, RFID Tag 안테나는 RFID Reader기의 전파를 수신하고, 유도전류(일종의 전원역할)를 발생시켜 Tag 내부 칩에 저장된 정보를 다시 송출하여 RFID Reader기가 정보를 읽게 된다.

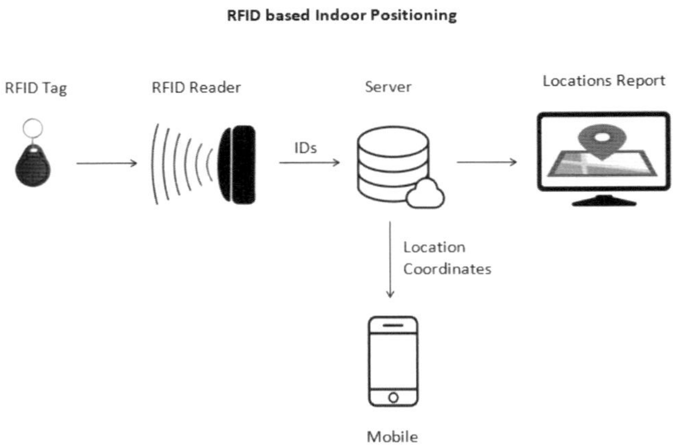

RFID based Indoor Positioning
RFID Tag
RFID Reader
Server
Locations Report
IDs
Location
Coordinates
Mobile

그림 4-77 RFID를 활용한 측위 시스템

RFID를 활용한 측위 시스템은 고정된 RFID 장치(해당 위치를 저장하고 있음)에 근접한 단말기가 위치정보가 포함된 해당 RFID 값을 읽어서 현재 단말기 위치를 파악한다. 대부분 RFID를 활용한 측위시스템은 위치정보 이외에 주변에 위험한 장치가 있음을 알려주는 기능과 같이 추가 정보를 단말기로 보내기 때문에, 단말기는 서버와 연동되어 동작하게 된다.

RFID 기반 측위는 일반적으로 절대적인 위치보다는 상대적인 위치를 파악하기 위한 목적으로 사용된다. 예를 들어, 주변에 위험한 기계장치가 있음을 알리기 위해서 기계장치 주변에 다수의 RFID Tag를 설치하여 위험지역을 알릴 수 있다.

RFID 기반 측위를 활용한 다른 예는 실내에서 동작하는 자율주행차(Autonomous Vehicle)가 있다. 이 자율주행차는 격자형태로 구성된 RFID Tag를 활용하여 원하는 위치로 이동할 수 있다.

Autonomous Vehicle
with RFID reader
UHF RFID tag

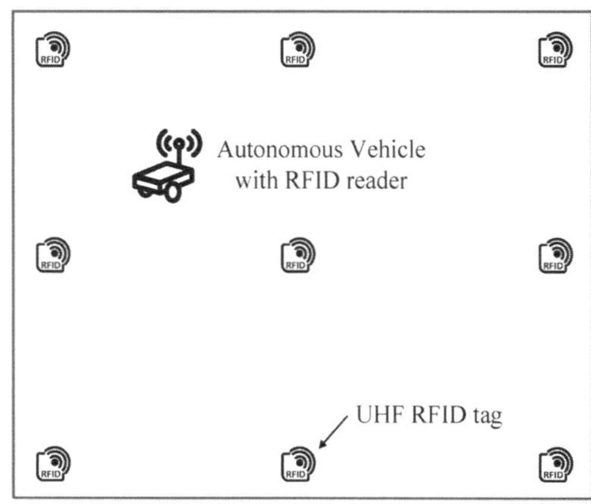

그림 4-78 RFID를 활용한 자율주행차

이때, RFID Tag는 정해진 간격(예. 5m)으로 설치되어있고, 자율주행차가 RFID Tag 값을 읽어서 해당 위치를 파악한다. 이때, RFID Tag에는 위도, 경도, 고도와 같은 위치정보가 포함되어 있다. 자율주행차는 전파를 RFID Tag로 송출하고, 유기전력을 활용하여 다시 RFID Tag에 저장된 값을 읽어오는 절차을 수행한다.

RFID 기반 측위에는 RFID Tag 타입에 따라서 Passive RFID와 Active RFID가 있다. Passive RFID는 Tag에 전원이 공급되지 않고, 외부의 유기전력에 의하여 동작하는 방법으로 보통 측위거리는 약 1m 정도이다.

반면, Active RFID는 RFID Tag에 전원이 공급되어(일반적으로 배터리) RFID Tag에 저장된 정보를 외부에 보낼 수 있는 방법이다. 이것은 수신하는 RFID 장치에는 전원이 없는 단순한 RFID Tag가 될 수 있고, 전원을 사용하므로 측위거리는 5m 이상이 된다.

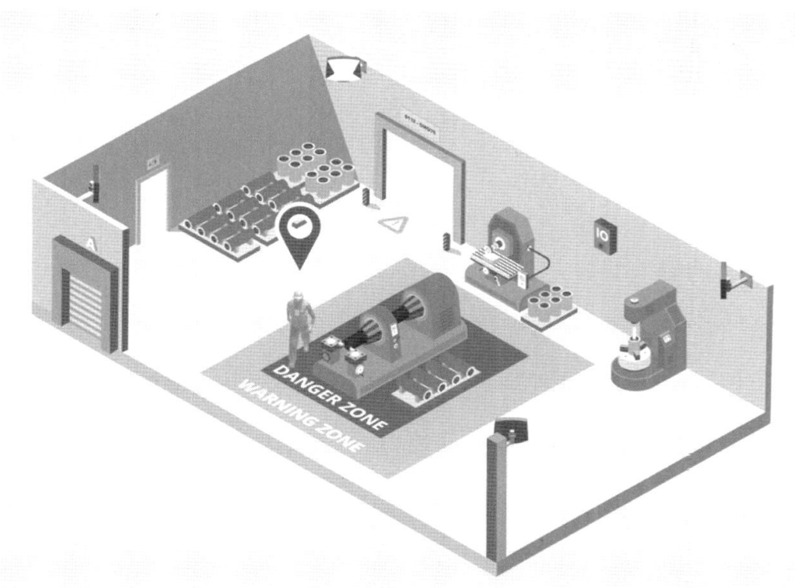

그림 4-79 RFID 측위를 활용한 RTLS(출처: sewio)

RFID 측위를 활용한 서비스로 RTLS(Real Time Location System)이 있다. RTLS는 이동중인 사물이나 사람에게 실시간으로 관련된 정보를 제공해주는 서비스이다. 예를 들어 위험한 기계장치가 있는 공장에서 사람이 위험지역에 진입할 때 경고신호를 주는 경우이다.

이러한 RFID 측위와 유사하게 QR Code를 사용할 수 있는데, 이것은 건물 벽에 QR 코드가 인쇄된 종이나 디스플레이가 있고, 이 QR 코드는 휴대폰 카메라로 읽어서 위치를 파악하는 방법이다.

2) VLC

VLC(Visible Light Communication)는 사람이 인지하지 못할 정도로 높은 주파수로 점멸하는 가시광을 활용하는 통신기술이다. VLC를 활용한 측위는 이러한 VLC 특성을 이용하여 빛을 발생시키는 각각의 전구에 주파수로 구분되는 ID를 할당하는 방법이다.

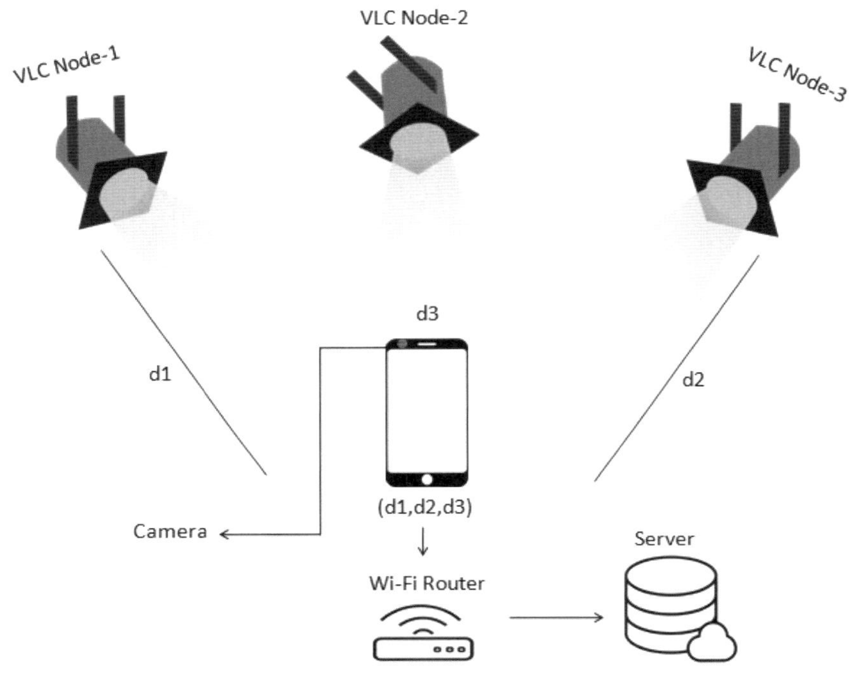

그림 4-80 VLC를 활용한 측위 개념

VLC를 위하여 빛을 발생시키는 장치는 대부분 LED이며, VLC는 빠르게 깜빡이기 때문에 사람은 인지하지 못한다. 따라서 하나의 전구로 VLC 기능을 처리할 수 있다.

이 방식도 3개 이상의 VLC 발생장치를 활용하여 이동하는 단말기가 삼변측량으로 위치를 파악한다. 물론, 단말기는 서버와 연동하여, 수신정보를 서버로 전송하고, 서버는 위치를 파악하고, 그 정보를 단말기로 전송한다.

전구에 VLC를 구현할 수 있어서 인프라 구축은 유리한 면이 있지만, VLC 신호를 수신하는 카메라 또는 PD(Photo Diode)가 포함된 별도의 단말기가 필요하다. 물론 휴대폰을 사용할 수 있지만, 사용자는 휴대폰 카메라를 항상 불빛이 나오는 전구방향으로 위치시켜야 하는 불편함이 있다.

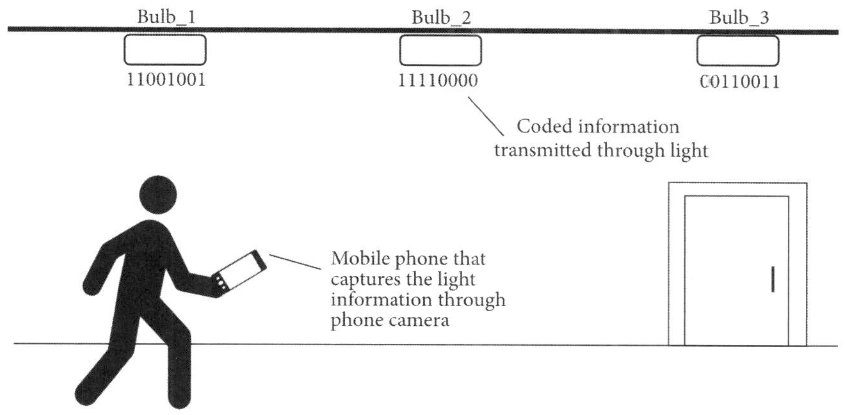

그림 4-81 VLC 측위를 활용한 비상시 대응 방안

하지만, VLC 측위와 휴대폰을 활용하여 비상시 경로를 알려주는 기능으로 사용될 수 있다. 이때, 사용자는 휴대폰 카메라를 VLC가 가능한 전구방향으로 위치시키고, 전구의 ID를 활용하여 비상구를 찾는데 사용될 수 있다.

3) 지구 자기장

대부분 휴대폰은 많은 센서를 가지고 있으며, 이 중 지자계 센서(지구 자기장 신호를 검출하는 센서)를 활용해서 실내측위 기술로 사용한다. 지구 자기장을 활용한 측의는 각 지점마다 지구 자기장 분포가 고유한 특성을 활용한 위치파악 기술이다.

지구는 커다란 자석이고, 특정 지점마다 고유의 자기장이 분포한다. 지자계(또는 지구 자가장) 센서를 이용한 측위기술은 해당 위치에서 자기장 분포를 감지하여 위치를 결정하는 방식이다.

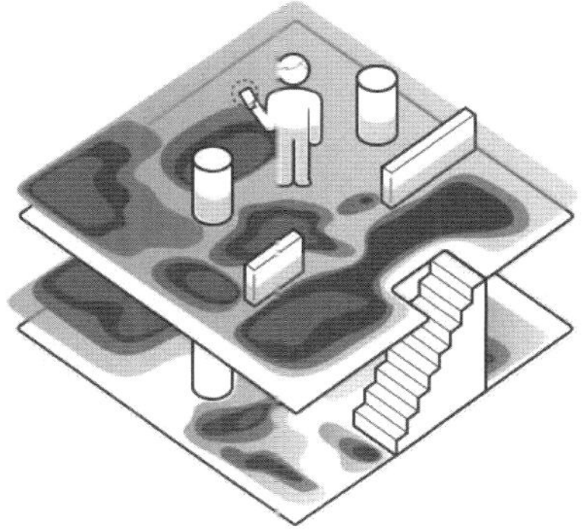

그림 4-82 지자계 분포 지도

지자계 센서를 활용한 측위기술은 주로 실내 측위에 사용되는데, 건물의 철골 구조물에 포함된 금속성분에 의해 발생되는 지자계 왜곡이 측위에 활용된다. 즉, 특정공간에서 지자계 왜곡은 고유한 형태(또는 패턴)를 가지기 때문에 이를 활용하는 것이다.

지구 자기장을 활용한 측위는 일종의 Fingerprinting 방식으로 해당공간에 지구 자기장 분포를 사전에 측정하여 DB로 구축하여 휴대폰이 측정한 값과 비교하여 위치를 파악하는 기술이다.

즉, 지구 자기장을 활용한 측위를 위하여 사전에 해당 공간(주로 실내)에 지자계 분포지도를 측정해야 한다. 이것은 전계강도를 활용하는 Fingerprinting과 같이 지구 자기장을 측정할 수 있는 장치를 활용하여 정해진 구역(Cell 또는 Grid)별로 지자계 분포지도를 구축해야 한다.

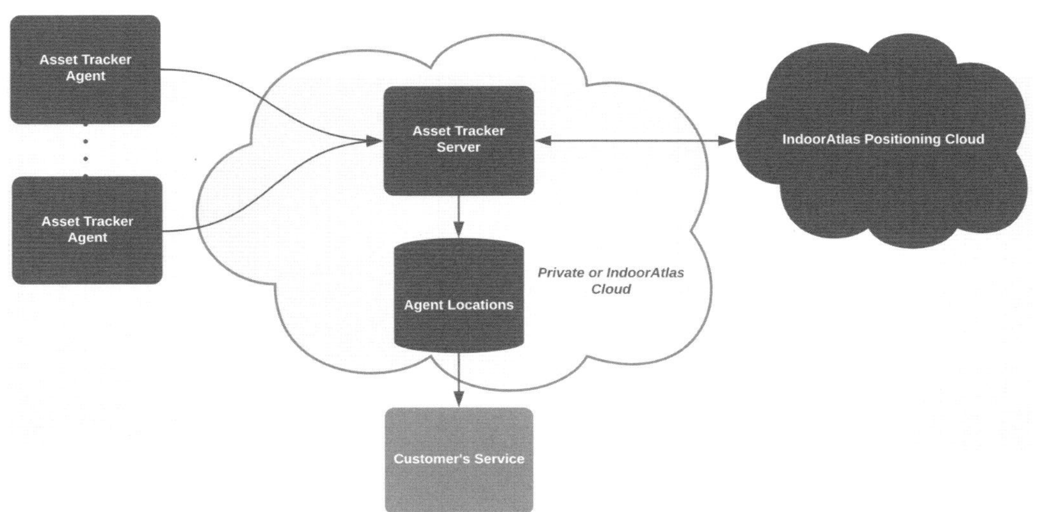

그림 4-83 지구 자기장을 활용한 측위로 RTLS 활용 예(출처: IndoorAtlas)

따라서 이 방식은 Wi-Fi Fingerprinting과 유사한 형태의 시스템으로 구성된다. 대부분 휴대폰은 지자계 센서가 있어서 앱으로 쉽게 구현할 수 있고, 별도의 장치를 설치하지 않아도 되는 장점이 있다.

Wi-Fi, UWB, BLE를 활용한 측위는 실내 공간에 고정된 장치(Wi-Fi AP, UWB Anchor, BLE Beacon)가 필요하지만, 지구 자기장을 활용한 측위는 이러한 장치가 필요없다. 따라서 지구 자기장을 활용한 측위는 별도의 인프라가 필요없고, 만약 건물의 구조가 변하지 않으면 한번의 지자계 지도 구축으로 서비스를 제공할 수 있다.

반면, 이 방식은 건물 구조가 자주 변하거나 재건축시 지구 자기장 분포가 변하기 때문에 지자계 지도를 새로 구축해야 하는 단점이 있다. 또한, 휴대폰에서 지자계 센서의 소모전력이 커서 배터리 소모량이 많다는 단점이 있다.

또한 해당 구역별로 유사한 지자계 분포지도가 많아서 측위오차가 발생될 수 있는 문제점도 있다. 이 문제는 이전의 사용자 이동방향성을 활용하여 어느 정도 오차를 줄이고 있다. 특히, 건물 내부에 도체 성분이 많은 구조물(예, 철골)이 있는 경우, 시간에 따라 지자계 분포가 조금씩 변하기 때문에 측위에 문제가 될 수 있다.

Memo

CHAPTER

05

측위기반 서비스

CHAPTER

05 측위기반 서비스

1 LBS, RTLS

1) LBS

측위기술을 활용한 서비스는 크게 ① 정확한 위치를 기반으로 하는 LBS(Location Based Service, 위치기반서비스)와 RTLS(Real Time Location System, 실시간 위치 추적 시스템)가 있고, ② 넓은 영역을 기반으로 하는 Proximity 서비스가 있다. 서비스 분류기준에 따라 일부 전문가는 LBS에 RTLS를 포함시키는 경우도 있다.

LBS는 사용자의 현재 위치를 중심으로 사용자가 원하는 정보를 제공해주는 서비스이다. 즉, LBS는 사용자의 위치가 변경되더라도 해당 위치에서 정보를 제공해준다. LBS는 사용자 단말기가 항상 인터넷에 연결되어 있고(대부분 이동통신 사용), LBS Platform을 통해서 서비스가 제공된다. 이런 의미에서 LBS는 이동통신망을 기반으로 사람이나 사물의 위치를 파악하고 이를 활용하는 시스템과 서비스로도 정의될 수 있다.

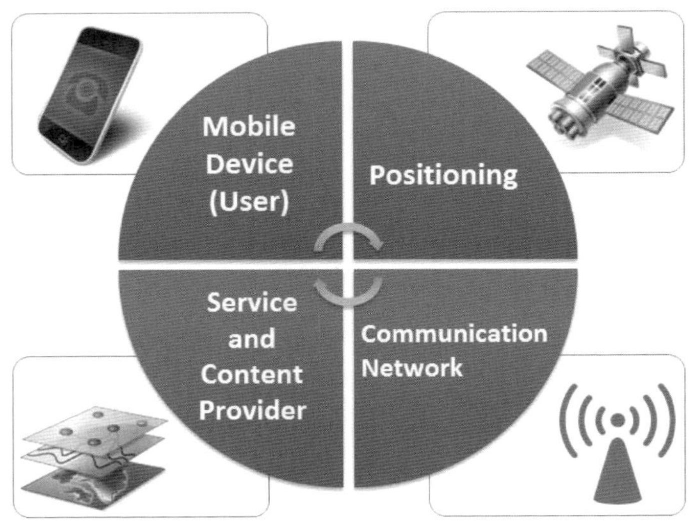

그림 5-1 LBS를 위한 구성요소

LBS를 위한 구성요소는 측위기술(Positioning), 통신망(Communication Network), 사용자(User), 컨텐츠로 구분된다. 측위기술은 실외측위(예, GNSS)와 실내측위(예, Wi-Fi Fingerprinting) 기술을 의미하며, 통신망은 이동통신이나 Wi-Fi와 같이 사용자 단말기와 서버를 연결해주는 통신기술이다. 이외에도 LBS를 위하여 지도정보가 필요한데, 특히 자율주행차의 경우 정밀지도가 있어야 한다.

LBS를 LCS(Location Services)라고도 하는데, LBS와 LCS 용어는 이동통신에서 유래되었다. 이동통신 기술표준을 정의하는 단체에서 사용하는 용어로써 LBS는 미국위주의 이동통신 표준화 단체에서 사용하고, LCS는 유럽위주의 이동통신 표준화 단체에서 사용한다.

대부분 국가는 이러한 LBS를 위해서 위치기반서비스사업자(일종의 LBS 사업자), 위치정보사업자 등을 법적으로 정의하고 있다. 이것은 그만큼 개인의 위치정보가 매우 중요한 가치를 가지고 있으므로 법적으로 관리, 감독된다고 볼 수 있다.

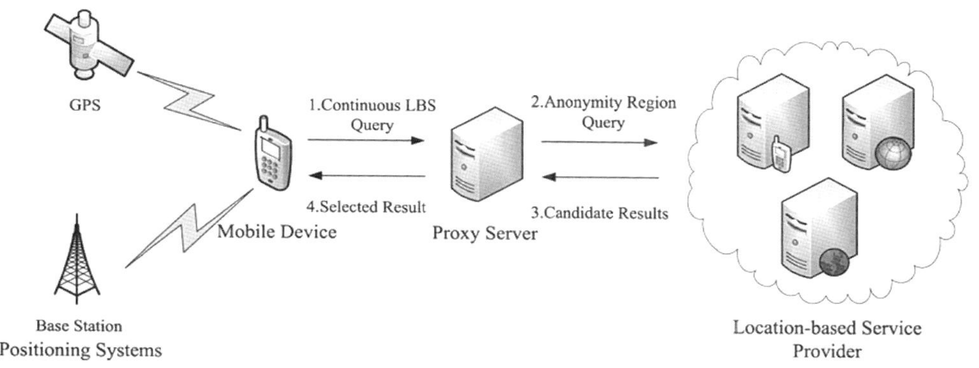

그림 5-2 LBS 시스템 구성도

LBS를 위한 시스템 구성도는 단말기가 이동통신망을 통하여 LBS Platform과 연동되는 구조이다. 이때, 단말기는 측위에 필요한 정보를 LBS Platform으로 전송하고, LBS Platform이 측위결과를 단말기에 알려준다.

이후, 사용자 단말기가 원하는 서비스를 LBS Platform으로 전달하고, LBS Platform은 필요시 외부 정보제공자와 연동되어 서비스를 제공한다. 국내의 경우, 이동통신 사업자가 위치정보를 외부 정보제공자에 전달해주고, 이 정보제공자가 사용자에게 직접 서비스를 제공한다.

LBS의 대표적인 서비스는 사용자가 원하는 정보 서비스와 Entertainment 서비스이다. 정보 서비스에는 뉴스, 날씨, 주식정보, 친구찾기, 위치기반 광고 서비스 등이 있고, Entertainment 서비스에는 SNS(Social Networking Service), Social Gaming 등이 있다.

그림 5-3 LBS 예(출처: KISA)

현재 정부는 LBS와 관련된 사업자를 법률로 제정하여 관리하고 있으며, 위치정보를 하나의 중요한 개인정보로 분류하여 별도의 법률(위치정보 보호법)을 제정하여 시행하고 있다.

위치정보 보호법의 목적은 "위치정보의 유출 · 오용 및 남용으로부터 사생활의 비밀 등을 보호하고 위치정보의 안전한 이용환경을 조성하여 위치정보의 이용을 활성화함으로써 국민생활의 향상과 공공복리의 증진에 이바지함을 목적으로 한다".

위치정보법에 의하여 사업을 할 수 있는 영역은 크게 '위치정보 사업자'와 '위치기반 서비스 사업자'가 있다. 위치정보 사업자는 위치정보를 제공해주는 주체이며, 위치기반 서비스 사업자는 이용자에게 위치기반 서비스를 제공해주는 주체이다.

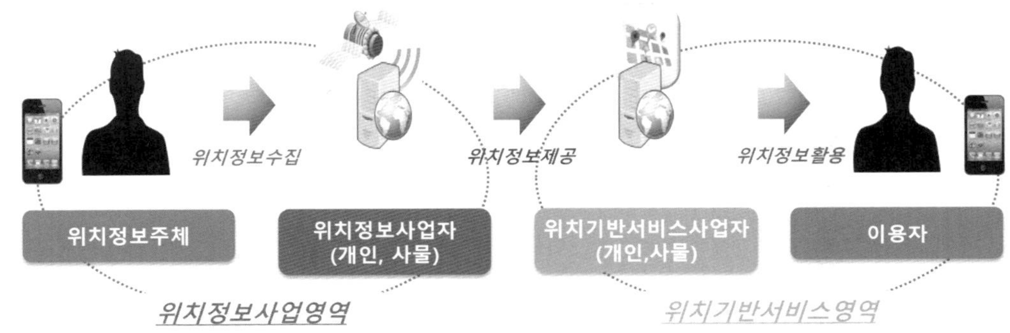

그림 5-4 위치를 활용한 사업 영역(출처: 국내 정부)

좀 더 자세히 보면, 위치정보 사업자는 위치정보를 수집하여, 위치기반 서비스 사업을 하는 자에게 제공하는 사업자이다. 즉, 위치정보 사업자는 이동통신 기지국 정보, GPS, RFID, 그 밖의 무선 통신망 등을 통해 이동성 있는 물건 또는 사람의 위치정브를 수집하여 위치기반 서비스 사업자와 계약을 맺고 이러한 위치정보를 제공하는 사업자로서 대표적으로 이동통신 사업자가 여기에 해당된다.

위치기반 서비스 사업자는 위치정보를 이용하여 위치기반 서비스를 제공하는 사업자이다. 즉, 위치기반 서비스 사업자는 이동통신 사업자로부터 고객의 휴대전화 위치정보를 취득하여 경호서비스를 제공하는 경호업체, 휴대폰 위치정보를 본인이 지정한 자에게 알려주는 친구찾기 서비스 제공사업자, 위치정보 사업자로부터 고객의 위치정보를 확인하여 고객에게 모바일 할인권 등을 통신 단말기로 발송하는 백화점이나 대형 할인마트 등이다.

한편, 자신이 수집한 위치정보를 이용하여 직접 고객을 대상으로 주변 맛집 찾기, 길안내 등의 서비스를 제공하는 경우에는 위치정보 사업자도 위치기반 서비스 사업자에 해당된다.

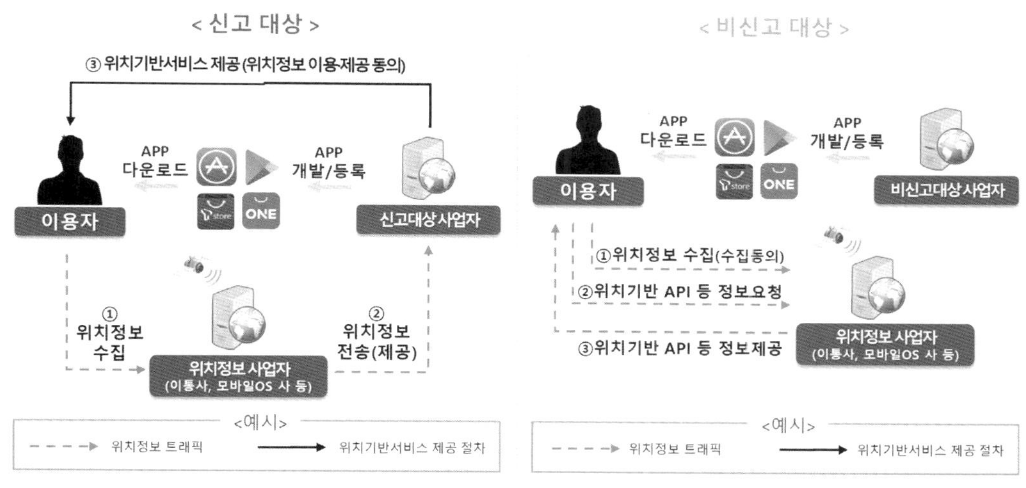

그림 5-5 LBS 사업에서 신고/비신고 대상 영역(출처: 국내 정부)

위치정보사업에서 위치정보가 서버로 전송되어 사업자 DB와 연동되고, 가공/처리된 정보를 제공하는 사업은 정부기관(방송통신위원회)에 신고서를 제출해야 한다. 즉, 개인위치정보를 이용한 서비스를 제공하는 사업인 경우, 사업자와 이러한 개인위치정보의 활용상황을 정부에서 관리하기 위해서이다.

하지만, 단말기에서 수집된 위치정보를 사업자 서버로 전송하지 않고, 단말기 자체에서 위치정보를 처리한다면 정부에 신고하지 않아도 된다.

2) RTLS

RTLS(Real Time Location System, 실시간 위치 추적 시스템)는 사물의 위치를 실시간으로 파악하여 다양한 서비스를 제공하는 시스템이다. 이러한 RTLS는 네비게이션, 자율주행차, 물류처리, 헬스케어, 공장, 오프라인 매장 등에서 활용되고 있다.

그림 5-6 실내 RTLS 예(출처: Infsoft)

RTLS가 다른 측위기반 서비스와 다른 점은 실시간으로 현재의 위치를 파악하는 것으로 과거에는 실내환경에서 많이 사용되었지만, 최근에는 자율주행차 니즈가 증가되면서 실외환경에서 적용이 많아지고 있다.

박물관에서 RTLS 활용 예를 보면, 실내에서 실시간으로 사용자의 이동 정보를 파악하여 사용자의 현재 위치에서 관련된 정보를 알려주는 서비스이다. 이때, 실시간으로 사용자를 추적하지 못하면, 정확한 정보를 제공할 수 없게 된다.

실내환경에서 RTLS 서비스가 증가되는 이유는 공장이나 물류센터 등에서 효율적인 프로세스를 통한 운영비 절감이 목적이다. 특히, 대규모 공장에서 RTLS는 생산공정을 효율화시키고, 작업자가 위험한 환경에 접근할 때 관련 정보를 알려줄 수 있다.

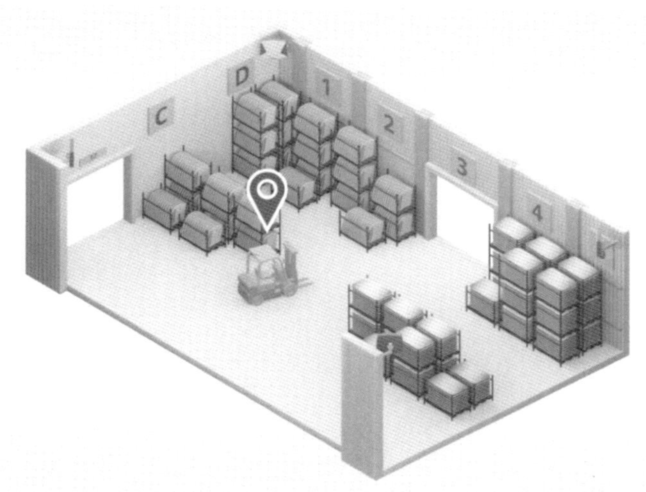

그림 5-7 RTLS를 활용한 창고에서 지게차 이동 상황 파악(출처: Sewio)

또 다른 RTLS 예는 창고에서 지게차 이동 상황을 파악하여 관리하는 경우이다. 창고 외부에서 관리자가 지게차의 위치를 실시간으로 파악하여 원하는 위치로 이동을 유도하거나, 위험한 상황을 알려줄 수 있다.

자율주행차는 현재 위치를 실시간으로 파악해야 하므로 자율주행차에도 RTLS 기술이 있어야 된다. 물론 자율주행차는 현재 위치에서 정교한 고해상도 지도와 연동되어 동작된다. 또한 RTLS는 현재 위치를 빠르게 파악해야 하므로 Computing Power가 높은 단말기가 필요하다.

2 Proximity 서비스

1) 기술

Proximity 기술은 사용자가 특정 장소로 가까이 다가가는 '접근'을 인지하는 기술이다. Proximity의 사전적인 의미는 "장소, 시간, 순서, 발생관계 등이 가까움, 근접, 접근"이다.

가까움, 근접함은 정량적으로 정확하게 표현되기 어렵고, 상황에 따라 상호 이해가 다를 수 있는 정성적인 요소이다. 따라서 Proximity 기술에 대한 특징, 장단점, 한계 등을 명확히 정의해야만 Proximity 서비스 품질을 향상시킬 수 있다.

Proximity 기술은 해당 위치의 절대 좌표 파악에 중점을 두는 단순한 측위기술이 아니다.

Proximity기술은 측위기술을 기반으로 하지만, 해당 장소가 어떤 장소인지 정의를 내리고, 사용자가 어떤 장소에 접근하는지를 파악하는 기술이다.

Proximity 기술은 특정 장소에 대한 접근 여부를 판단하는 Proximity 인지기술과, 관심 장소의 데이터를 관리하는 Proximity Infra로 구성된다. Proximity 기술은 주로 O2O(Online to Offline) Commerce 서비스에 활용하고 있고, 관심장소 Proximity Infra는 상권과 매장을 관리하는 역할을 한다.

" Location Positioning 기술 ≠ Proximity 기술"
"Proximity기술 = Proximity 인지기술 + 관심장소Proximity infra"

온라인과 오프라인 서비스를 결합하기 위한 많은 기술이 개발되고 있고, 이를 지원하기 위한 대표적인 기술은 Proximity(근접인식) 기술이다. 관련 사업자는 개선된 Proximity 기술을 개발하고 있고, Proximity 기반 서비스에서 파생되는 데이터 활용에 집중하는 이유는 "특정영역 접근 = 사용자 관심"이라는 명제로 서비스를 제공할 수 있기 때문이다.

우리는 식품을 사러 마트에 가고, 옷을 사러 의류매장으로 가는 것처럼 일상 생활에서 의도를 가지고 행동한다. 즉, 사용자가 어떤 곳으로 접근하는 것은 그곳에 관심이 있기 때문이다.

이러한 관점에서 어떤 사람이 특정 상권과 매장을 방문할 때, 그 사람의 의도와 관심이 무엇인지 파악하여 그와 관련된 정보를 사전에 제공한다면 사용자에게는 유용한 정보가 된다.

또한 Proximity Awareness 기술은 특정 영역에 대한 이해를 바탕으로 해당 영역에 사람의 방문 여부를 판단한 후, 적합한 서비스를 적기에 제공하거나 방문이력을 분석하여 방문자의 관심을 사전에 해석하는 것이다.

(1) BLE Beacon

BLE(Bluetooth Low Energy) Beacon은 간단한 방법으로 Proximity 서비스를 제공하는 무선통신 기술이다. BLE는 Bluetooth 규격에 있는 기술로써 저전력 통신기술이다. <u>BLE Beacon은 BLE 통신채널에서 방송채널(Advertising Channel)을 활용하여 주로 오프라인 매장의 상품정보를 보내는 역할을 한다.</u>

그림 5-8 Apple의 iBeacon과 Google의 Eddystone 로고

BLE Beacon 관련, Apple은 2013년에 BLE 기반 자체 규격인 'iBeacon'을 발표했고, Google은 브라우저와 Android에 BLE Beacon 신호인식과 같은 몇 가지 기능을 추가한 'Eddystone' 규격을 발표했다. 즉, BLE Beacon을 활용한 기술규격은 표준화 단체에서 시작된 것이 아니고, Apple과 Google 등에서 자체 정의한 것이다.

BLE Beacon을 활용한 서비스 시나리오는 여러 개의 BLE Beacon에서 각각의 BLE Beacon을 구분하는 ID(Identifier)인 UUID(Universally Unique IDentifier)가 사용되고, 해당 UUID(즉, 각각 BLE Beacon)에 서비스 제공자가 원하는 정보를 사용자에게 전송한다.

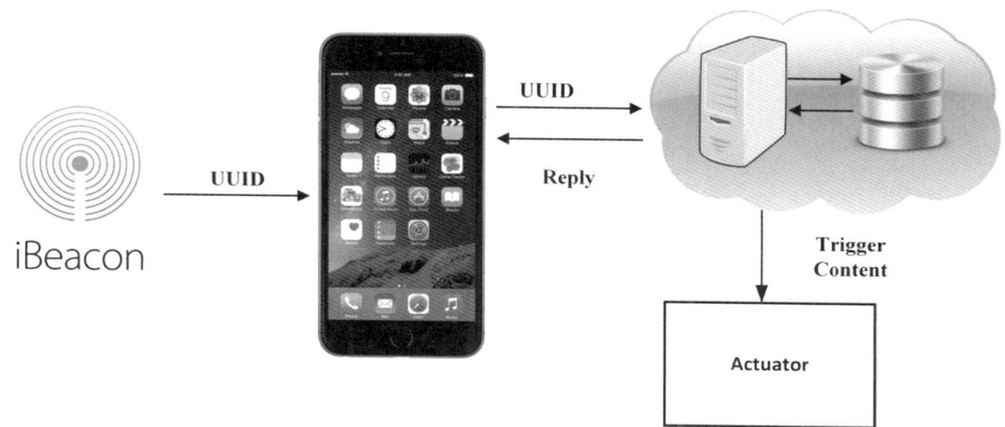

그림 5-9 BLE Beacon 동작 시나리오

예를 들어 커피샵에 설치된 BLE Beacon에서 UUID는 해당 커피샵 이름이 되고, 전송되는 정보는 커피 할인정보가 될 수 있다. 휴대폰에는 이러한 BLE Eeacon 신호와 정보를 수신할 수 있는 앱이 설치되어야 한다.

일반적으로 휴대폰은 BLE Beacon으로부터 서버에 접속하기 위한 URL(Uniform Resource Locator) 정보를 받고, 사용자가 해당 URL을 접속하면 커피샵의 할인 정보를 받는다. 물론 짧은 텍스트 정보는 BLE Beacon이 휴대폰으로 바로 전송할 수 있다.

BLE Beacon을 활용한 서비스는 인프라 구축비용이 다른 무선통신 대비 상대적으로 적지만, ① 별도의 하드웨어(즉, BLE Beacon)를 설치해야 하고, ② 주기적인 BLE Beacon 배터리 교체와 ③ 최초 BLE Beacon 설치시 매장을 방문해야 하는 단점이 있다.

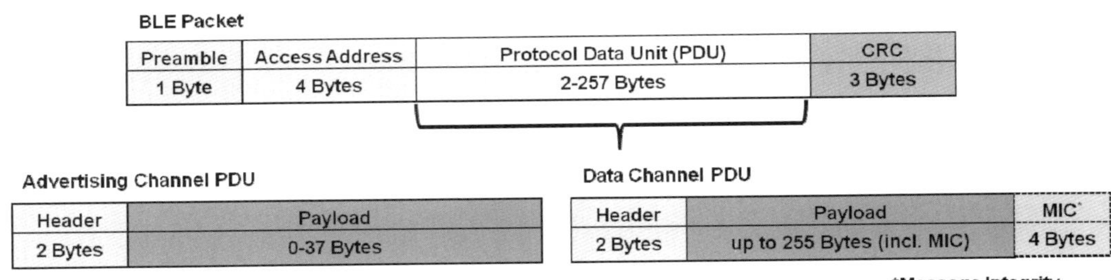

그림 5-10 BLE Channel

BLE Packet은 Preamble, Access Address, PDU(Protocol Data Unit)와 CRC(Cyclic Redundancy Check)로 구성된다. Preamble은 특정 정보가 포함된 것은 아니고, 수신기가 BLE 신호를 수신할 수 있도록 도와주는 신호이다.

Access Address는 BLE 장치의 주소(Public, Static, Non-Resolvable, Resolvable)이며, 필요 시 BLE 디바이스 제조사가 임의로 주소를 할당할 수 있다. PDU는 BLE 장치간 송수신되는 실제 데이터가 포함되어 있고, CRC는 패킷의 오류를 검사하는 부분이다.

BLE 패킷의 PDU는 Advertising Channel 또는 Data Channel이 될 수 있다. Proximity에 사용되는 채널은 단방향 통신인 Advertising Channel로써 수신기로부터 메시지에 대한 응답은 받지 않는다.

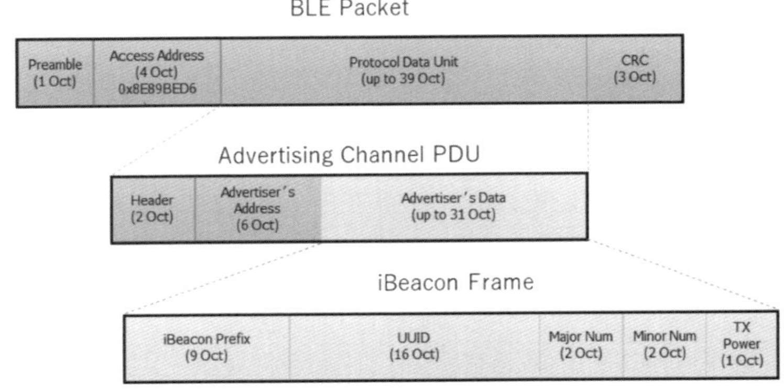

그림 5-11 iBeacon PDU 구조

Apple이 정의한 iBeacon에는 BLE Advertising Channel에 있는 PDU 값을 표준과 다르게 정의한 것이다. iBeacon을 위하여 별도로 정의된 필드는 iBeacon Prefix, UUID, Major Number, Minor Number, TX Power이다.

iBeacon Prefix는 iBeacon이라는 것을 알리는 구분자이며, UUID는 오프라인 매장인 경우, 각 매장을 구분하는 인자이다. Major Number는 iBeacon이 서비스하는 전체 지역, Minor Number는 전체 지역에서 일부지역을 설정할 수 있다.

물론, Major Number는 특정 매장정보(예. 의류매장)를 설정하고 Minor Number에는 그 의류매장에서 판매하는 특정 의류의 할인정보가 될 수 있다.

TX Power는 iBeacon이 송출하는 전파세기인데, 이 출력값을 기준으로 휴대폰은 수신하는 전파세기와 비교하여 서비스에 사용된다. 예를 들어, 휴대폰이 iBeacon과 얼마나 떨어져있는지를 파악하여, 수신 전파세기가 크면 해당 매장에 가까이 위치함을 알려줄 수 있다.

(2) Wi-Fi Beacon, Wi-Fi Aware

Wi-Fi는 무선 인터넷 접속 기술로써 디바이스에서 Wi-Fi AP(Access Point)를 스캔할 때, AP 응답 메시지를 Beacon 신호로 활용하여 Proximity 기술로 사용 가능하다. 또한, Wi-Fi는 BLE Beacon 대비 먼 거리 신호 전송이 가능하여 넓은 범위의 서비스 제공이 가능하다.

하지만, Wi-Fi가 상대적으로 넓은 범위를 커버할 수 있다는 것은 인식할 수 있는 공간 해상도(정확도)가 낮은 단점이 있다.

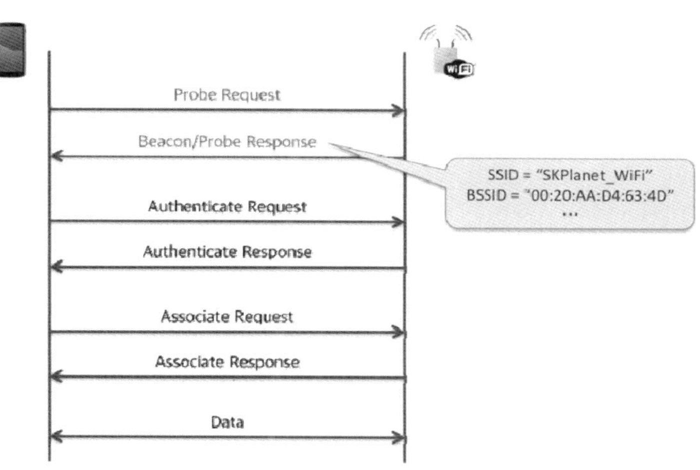

그림 5-12 Wi-Fi 신호를 Beacon으로 활용

이런 단점에도 불구하고, Wi-Fi는 사용자의 Needs에 의해 많은 매장에 자체적으로 설치되어 있는 장점이 있다. 또한 근접 고객 인식을 위하여 Wi-Fi AP와 연결(IP할당 등)이 필요 없어서 타인이 설치한 Wi-Fi도 인증절차 없이 활용할 수 있다.

Wi-Fi Aware는 Wi-Fi AP 연결없이 Device간 독립적인 연결을 위한 규격이며, 이 기능을 활용하여 Proximity 기반 서비스를 제공할 수 있다. Wi-Fi Alliance는 Bluetooth의 Proximity 기술과 경쟁을 위해 Wi-Fi Aware를 정의했다.

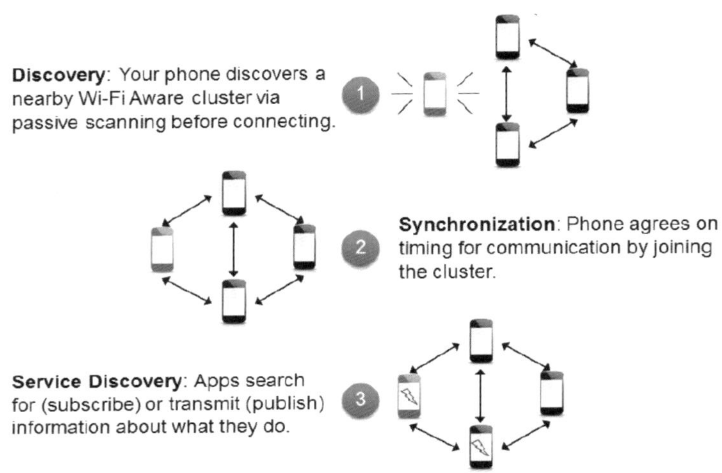

그림 5-13 Wi-Fi Aware에서 단말기 연동 절차

Wi-Fi Aware의 단말기 연동 절차는 ① 주변 단말기 검색, ② 해당 단말기와 동기화, ③ 해당 Application 수행 단계이다. Wi-Fi Aware는 기존의 Wi-Fi Direct 기능(1:1 통신)을 보완하여 다수의 Wi-Fi Device가 서로 연결(N:N 통신) 가능한 기술이다.

기존 Wi-Fi Device에 적용시 S/W 업그레이드만으로 Wi-Fi Aware 기능의 추가가 가능하며, Wi-Fi Aware는 BLE Beacon과 같이 별도의 장치 설치 없이, 기존의 Wi-Fi AP를 사용하여 Offline 매장에서 도입할 수 있다.

또한 Wi-Fi Aware는 약 300m까지 전송 가능하며, BLE(약 100m) 대비 상대적으로 먼 거리로 Proximity 정보를 전송할 수 있다.

(3) Sound Beacon

사람은 일반적으로 20Hz에서 20kHz의 주파수 대역의 소리를 인지할 수 있지만 보통의 사람은 18kHz 이상 주파수의 음을 들을 수 없다. Sound Beacon은 18kHz 이상의 가청 고주파 대역에 음파를 활용하여 데이터를 휴대폰으로 전송하는 방식이다.

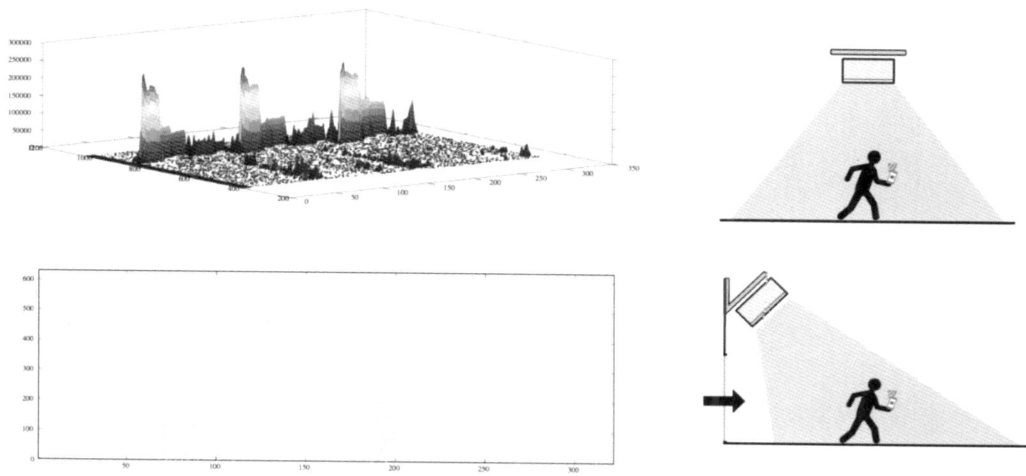

그림 5-14 Sound Beacon 적용 예

Sound Beacon은 투과력이 약한 음파의 특성으로 실외로 신호 유출이 많지 않기 때문에 닫힌 공간에서 인식률은 좋지만, 음파의 직진성과 외부 노이즈로부터 취약해서 단말기 파지형태, Sound Beacon 및 단말기 마이크의 방향에 따라 인식율의 차이가 있다.

따라서 Sound Beacon을 운영하는 사업자는 Beacon의 설치방향과 주변환경 등을 많이 고려해야 한다.

2) 서비스

(1) O2O

O2O(Online to Offline)는 온라인과 오프라인의 소비채널을 융합한 마케팅을 통해 소비자가 상품을 구매하도록 도와주는 비즈니스 모델이다. 즉, O2O는 인터넷의 온라인 서비스를 통해 오프라인 채널로 소비를 유도하거나, 반대로 오프라인 매장에서 고객에게 정보를 제공하여 온라인으로 구매를 유도하는 방식이다.

그림 5-15 O2O 서비스 예(출처: The IoT Magazine)

O2O 서비스 예는 오프라인 매장 주인이 매장에 BLE Beacon을 설치하고, 근처에 있는 사용자에게 매장 정보(예, 상품할인)를 휴대폰으로 보내주는 서비스이다. 이런 방식은 온라인으로 사용자에게 오프라인 정보를 알려줘서 상품 구매를 유도하는 것이다.

물론, O2O 서비스에는 온라인으로 음식을 주문하여 오프라인으로 받는 서비스, 온라인으로 택시를 호출하여 오프라인에서 사용하는 서비스, 커피샵 근처에서 온라인으로 커피를 주문한 후 오프라인으로 커피를 받는 서비스 등 다양하다.

이러한 O2O 서비스를 위한 Proximity 기술로 BLE와 Wi-Fi가 많이 사용된다. 이 중에서도 BLE는 Wi-Fi보다 상대적으로 간단한 방법으로 근거리에 있는 사용자를 대상으로 서비스를 제공할 수 있다.

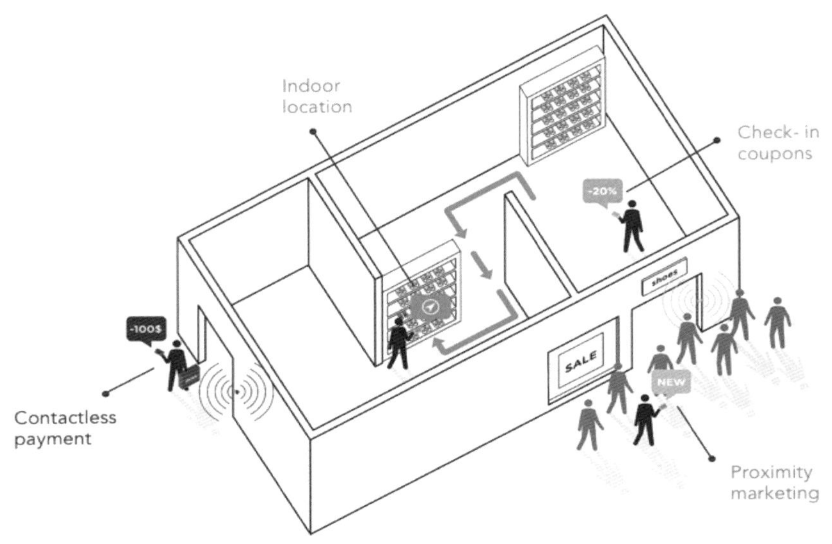

그림 5-16 BLE Proximity를 활용한 O2O 서비스

BLE Beacon을 활용한 Proximity 서비스 중에 대표적인 예로 오프라인 매장의 O2O 서비스가 있다. 먼저 오프라인 매장 입구에 BLE Beacon을 활용하여 매장 정보를 제공할 수 있고, 사용자가 매장에 진입하게 되면 할인쿠폰을 받을 수 있다.

이후, 사용자가 매장내에 있으면, BLE 측위를 통하여 사용자의 이동위치가 파악되고, 매장은 사용자 위치에서 진열된 상품 정보나 쿠폰을 보낼 수 있다. 필요시, 사용자가 매장을 나올 때, 자동으로 결재되는 기술이 적용될 수 있다.

그림 5-17 사용자 위치에 따른 Proximity 서비스

Proximity 서비스를 위해서 많이 사용되는 BLE와 Wi-Fi를 조합하여 사용자 위치에 따라 서로 다른 서비스를 제공할 수 있다. BLE 통신거리는 Wi-Fi보다 짧기 때문에 매장과 아주 근접한 사용자에게는 BLE로 Proximity 서비스를 제공하고, 이보다 먼거리에 있는 사용자에게는 Wi-Fi로 서비스를 제공할 수 있다.

예를 들어 먼거리에 있는 사용자에게는 Wi-Fi를 활용하여 매장 전체 정보(예, 매장내 주요 상품)를 제공해주고, 가까운 거리에 있는 사용자에게는 BLE로 세부 상품의 할인정보를 제공할 수 있다.

또한, 가까운 거리에 있는 사용자를 대상으로 BLE 전파 수신세기를 기준으로 세그멘트된 서비스를 제공할 수 있다. BLE Advertising Channel에 정해진 전파세기를 활용하여 단말기가 수신하는 정보를 다르게 표시하는 방법이다.

(2) Geofencing

Geofencing(지오펜싱)은 지리(Geography)와 울타리(Fence)를 합친 단어로써 현실 공간에서 가상의 경계나 구역을 만드는 기술이다. 즉, Geofencing 기술은 "현재 내 위치가 어디인가?"라는 절대적 위치를 파악하는 것이 아니라, "가상의 경계로 구획된 영역에 사용자(디바이스)의 진입과 진출을 감지하는 측위를 활용하는 기술"이다.

그림 5-18 Geofencing 개념

Geofencing의 예를 보면, 특정 지역(예, 반경 100m)에 진입(Enter), 진입 후 머물기(Dwell), 이후 이 지역을 벗어나는(Exit) 행위를 감지하여 해당 행위별 서비스를 제공한다. 이러한 Geofencing에서 구역을 탐지하는 기술은 이동통신, Wi-Fi, BLE 등이 사용된다.

Geofencing 서비스를 제공받는 사용자는 특정 위치 주변에 설정한 가상의 경계선, 즉 지오펜스(Geofence) 안으로 모바일 기기가 진입하거나 나가는 순간, 앱을 통하여 사전에 설정된 동작으로 화면에 표시된다.

Geofencing을 상권에 적용할 경우, 가상의 지리적인 영역을 설정하여 쿠폰, 이벤트, 프로모션 등의 서비스 제공에 활용되고, 해당 지역의 맛집, 지역 행사, 특정 영역의 자동 체크인 기능 등도 제공한다. 또한 사용자가 특정 상권에 "얼마나 많이 방문했는가", "어느 시간 동안 해당 상권에 체류했는가" 등을 파악하는데 활용될 수 있다.

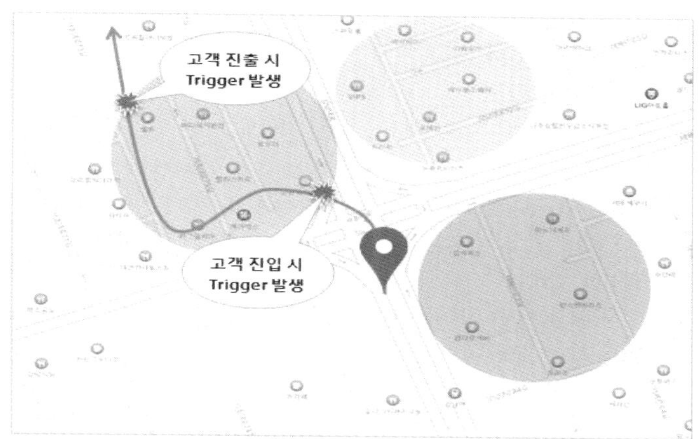

그림 5-19 Geofencing 동작 형태

또한 Geofencing은 공장이나 생산 현장의 제품 위치 기록과 추적에 활용될 수 있고, 일반 회사에서 출퇴근 기록, 보안 구역 감시 등에 사용될 수 있다. 또한 위험물 관리, 재난상황, 차량공유, 드론 등에도 적용될 수 있다.

저자소개 • Author introduction

▌김현욱

경북대학교 전자공학과(학사, 석사)를 졸업한 이후, SK Telecom ICT 기술원에 입사하여 20년 이상 이동통신 신기술, 이동통신 부가서비스, 단말기 기술 등을 개발하여 상용화했으며(연구위원), 이후 SK Planet에서 신기술 기반 사업을 개발하고 있습니다.
그동안 이동통신(2G, 3G, 4G, 5G), IoT, 멀티미디어(화상통신, DMB 등), 보안기술, 실내외 측위, 해외 로밍, AR/VR, WiBro, RFID, eCommerce, O2O, Wireless Connectivity(Wi-Fi, Bluetooth 등), Blockchain, AR/VR, USIM/eUICC, AI 기반 서비스 등 다수의 기술을 상용화하면서 실무경험을 보유하고 있습니다.
주요 저서로는 'IoT 기술과 서비스', '5G 이동통신 기술과 서비스', '재미있는 CDMA 단말기', 'IMT-2000 이동통신 원리' 등이 있고, SK Telecom 사내 직원 교육용으로 다수의 교육자료와 정보통신 관련 논문이 있습니다. 신기술 개발과정에서 특허를 작성하여 국내 특허 약 200개, 해외 특허 25개를 보유하고 있습니다.
본 서적과 관련된 문의사항은 대표 저자인 김현욱(hwkim7@gmail.com)에게 연락 부탁드립니다.

▌김성일

'86년 인하대학교 전자공학과 입학, '95년 동 대학원 전자통신전공 졸업 및 SK Telecom 중앙연구원 입사, 이후 이동통신 단말개발 및 규격검증, 신규서비스 개발 및 상용화를 수행하였으며, '07년부터 '14년까지T map application 개발 모듈에서 신규기능 및 측위기술 연동을 담당했으며, 현재는 SK Telecom IoT Co.에서 신규솔루션 발굴 및 정밀측위 RTK 솔루션 사업화, IoT 연계 사업을 수행하고 있습니다.
주로 이동통신 단말 개발(2G, 3G, 4G), Mobility 서비스 개발(Navigation, 대중교통, 실내안내), IoT(LTE-M, UWB, BLE, RTK) 분야의 사업화를 추진하였으며, 이러한 경험을 기반으로 다수의 특허와 논문을 보유하고 있으며, IITA(정보통신연구진흥원), NIPA(정보통신산업진흥원), RAPA(전파기술협회), 국토지리정보원 등에서 과제 평가 및 자문을 수행해 왔습니다.

▌임종태

연세대학교에서 학사, 석사, 박사학위 취득후 The Wharton School 최고 경영자과정 및 KAIST 최고 경영자 과정을 이수하였습니다. 1993년부터 SK Telecom에서 플랫폼연구원장, 엑세스 기술원장, 네트워크기술원장, 데이터 네트워크 본부장 및 기술정책실장 등을 역임하며 우리나라 이동통신 2세대 CDMA, 3세대 WCDMA, 4세대 LTE 등의 단말, 네트워크 시스템, 플랫폼 및 각종 서비스개발을 주도하였습니다.
SK Telecom 이후 2015년부터 대전 창조경제혁신 센터 센터장으로 근무하면서 대덕 특구를 중심으로한 지역 창업생태계 및 기술창업 활성화를 통한 국가경제 발전에 기여하였습니다. 대외 활동으로는 한국 클라우드 컴퓨팅 연구조합 이사장, WPAN 표준화 포럼 의장등을 역임하며 클라우드 산업 발전과 센서산업의 표준화 및 기반구축에 기여하였습니다.
이런 공로를 인정받아 산업 포장, 대통령 표창 및 장관표창을 수차례 수여받았고, 2020년부터 산업체 및 공공기관의 근무 경험을 토대로 국립 한밭대학교 산학융합학부 교수 및 한밭대학교 기술지주(주) 대표이사로 재직하면서, 후학 양성 및 대학을 중심으로한 공공기술사업화 및 창업생태계 확산을 위해 노력중입니다.

측위기술의 이해

발　　행 / 2021년 11월 15일

•

저　　자 / 김현욱, 김성일, 임종태

펴 낸 이 / 정 창 희

펴 낸 곳 / 동일출판사

주　　소 / 서울시 강서구 곰달래로31길7 (2층)

전　　화 / (02) 2608-8250

팩　　스 / (02) 2608-8265

등록번호 / 제109-90-92166호

•

ISBN 978-89-381-1459-4 13000

값 / 20,000원